Middleton Public Library
7425 Hubbard Avenue
Middleton, WI 53562

El instante mágico

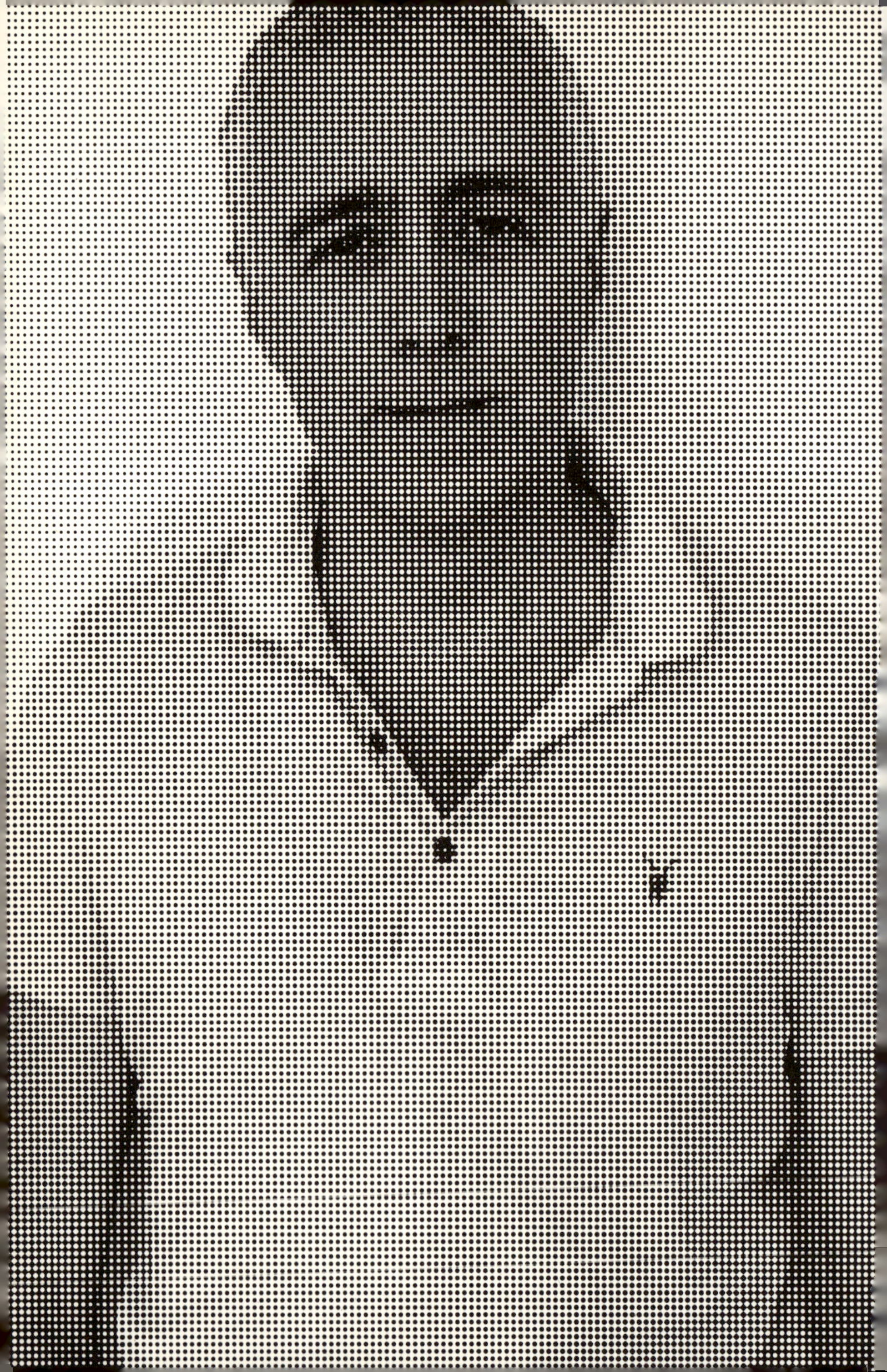

MARCUS CHOWN (1959) es periodista, escritor y divulgador, además de colaborador en revistas como *The New Scientist*. Titulado en universidades londinenses y californianas, sus libros sobre astronomía y física explican como pocos conceptos opacos con meridiana claridad. También colaboró en el programa cómico de ciencia de la BBC Four *It's only a Theory* y a menudo aparece en Channel 4. *Gravedad*, que publicamos en 2019, fue el libro científico del año según *The Sunday Times*, así como un éxito de crítica y ventas. Con *Magicians*, Chown consigue contagiarnos de su fascinación por las matemáticas y los secretos de la naturaleza, y la misteriosa capacidad predictiva de aquellos que ambicionan desentrañarlos.

MARCUS CHOWN

El instante mágico
Los diez descubrimientos asombrosos que cambiaron la historia de la ciencia

BA15

Traducción de Francisco J. Ramos Mena

Título original: *The Magicians*

Diseño de colección y cubierta: Setanta
www.setanta.es
© de la fotografía del autor: Eleanor Crow

© del texto: Marcus Chown, 2020
© de la traducción: Francisco J. Ramos Mena, 2020
© de la edición: Blackie Books S.L.U.
Calle Església, 4-10
08024 Barcelona
www.blackiebooks.org
info@blackiebooks.org

Maquetación: David Anglès
Impresión: Liberdúplex
Impreso en España

Primera edición en esta colección: julio de 2021
ISBN: 978-84-18187-95-7
Depósito legal: B 2096-2021

Todos los derechos están reservados.
Queda prohibida la reproducción total o parcial
de este libro por cualquier medio o procedimiento,
comprendidos la reprografía y el tratamiento informático,
la fotocopia o la grabación sin el permiso expreso
de los titulares del copyright.

A Manjit, con amor, Marcus.

Hay dos tipos de genios: los «corrientes» y los «magos». Un genio corriente es un tipo con el que tú y yo podríamos llegar a igualarnos solo con que fuéramos muchas veces mejores de lo que somos. No hay misterio en cuanto a cómo funciona su mente. Una vez sabemos lo que han llevado a cabo, tenemos la certeza de que también nosotros podríamos haberlo realizado. No ocurre así con los magos. Aun después de saber lo que han hecho, nos resulta absolutamente impenetrable.

MARK KAC, citado en JAMES GLEICK,
Genius: Richard Feynman and Modern Physics

Índice

Introducción. La magia esencial de la ciencia … 7

1. Mapa del mundo invisible … 13
2. Voces en el cielo … 29
3. A través del espejo … 59
4. Un universo bien afinado … 97
5. Los cazafantasmas … 127
6. El día sin ayer … 159
7. Agujeros en el cielo … 185
8. El dios de las pequeñas cosas … 215
9. La voz del espacio … 253
10. La poesía de las ideas lógicas … 281

Notas … 293
Bibliografía … 319
Agradecimientos … 323
Índice alfabético … 325

Introducción

La magia esencial de la ciencia

> El universo está lleno de cosas mágicas que aguardan pacientemente a que nuestro ingenio se agudice.
>
> Eden Phillpotts[1]
>
> Nada es demasiado maravilloso para ser verdad.
>
> Michael Faraday

Hace unos 3,6 millones de años, tres homininos caminaron por un paisaje volcánico y dejaron huellas en la ceniza recién caída. Las improntas de esas pisadas, que hoy pueden verse en el yacimiento de Laetoli, en Tanzania, resultan sumamente evocadoras. Como señalaba el biólogo Richard Dawkins: «Uno no puede menos que preguntarse qué relación mantendrían aquellos individuos entre sí, si irían cogidos de la mano o incluso si hablarían y qué olvidada misión compartirían en aquel amanecer del Plioceno».[2]

Por supuesto, nunca sabremos las respuestas a estas preguntas, pero podemos intentar adivinar algunas de las cosas que llamaron la atención y despertaron la curiosidad de los tres homininos, probablemente *Australopithecus afarensis*, aquel remoto día, mucho antes de los albores de nuestra propia especie. Gran parte del mundo natural es caótico e impredecible, pero hay algunas cosas que son regulares y fiables: la salida y la puesta del sol; el curso de las estaciones; las cambiantes fases de la luna; la deriva gradual de los patrones de movimiento de las estrellas en el firmamento nocturno... Estos ritmos naturales seguramente debieron de dejar una profunda impresión incluso en nuestros más antiguos ancestros.

Durante decenas de miles de siglos después de que quedaran grabadas las huellas de Laetoli no hubo progresos en la comprensión de esos ritmos. Sin embargo, todo cambió con una invención crucial producida en Oriente Próximo hacia el año 3000 a.c.: la escritura proporcionó el medio para dejar constancia de los eventos acaecidos en el firmamento y reconocer patrones cada vez más sutiles en el movimiento de los cuerpos celestes. En Babilonia, en el actual Irak, se hizo posible predecir espectáculos astronómicos como los eclipses de la Luna y el Sol. Y quienes hacían tales predicciones y controlaban la difusión de aquella información adquirieron la capacidad de infundir temor en la mente de la población. Aunque no sucumbieran a la tentación de hacerse pasar por dioses, obtuvieron un inmenso poder sobre las masas.

Ese dominio, sin embargo, no fue nada en comparación con lo que iba a ser el poder de la ciencia. Fue esta última, que nació en el siglo XVII, la que encontró la razón última de los patrones del mundo: las «leyes» generales que sustentan los ritmos de la naturaleza. Y estas son transferibles. De modo que, aunque —como es bien sabido— Isaac Newton dedujo su ley de la gravedad a partir de la caída de una manzana y el movimiento de la Luna alrededor de la Tierra, también pudo aplicarla en otro dominio completamente distinto para explicar por qué hay dos mareas en los océanos cada veinticinco horas.[3]

Reconocer un patrón en los eclipses, por ejemplo, permitía únicamente predecir eclipses futuros. Pero la ciencia, al recurrir a leyes de alcance universal, podía predecir la existencia de fenómenos que nadie había sospechado siquiera hasta entonces. El primer y más sorprendente ejemplo de ello fue la predicción de la existencia de un planeta desconocido por parte de Urbain Le Verrier. Cuando se descubrió Neptuno en 1846 —casi en el punto exacto del cielo nocturno donde los cálculos del astrónomo francés habían determinado que debería estar—, el asunto causó sensación a escala internacional y convirtió a Le Verrier en una auténtica superestrella. «La ciencia ha convertido a los hombres en dioses», escribiría más tarde el biólogo francés Jean Rostand.[4]

El descubrimiento de Neptuno fue una demostración espectacular de la magia esencial de la ciencia: su capacidad de predecir la existencia de cosas hasta entonces inimaginables que, cuando el ser humano salía a buscarlas, resultaban existir de hecho en el universo real. Esta capacidad es de una naturaleza tan mágica que incluso a los más destacados exponentes de la ciencia a menudo les cuesta creerla. Es bien sabido que Albert Einstein no creía en la veracidad de dos de las predicciones de su propia teoría gravitatoria: los agujeros negros y el Big Bang. Y en lo referente a una tercera predicción, las ondas gravitatorias, su postura osciló, afirmando la predicción en 1916 y desdiciéndose un año después, para volver a predecirlas de nuevo en 1936. Su existencia sería finalmente descubierta el 14 de septiembre de 2015.

La magia esencial de la ciencia parece milagrosa porque nadie sabe por qué funciona. Las predicciones formuladas por los físicos surgen de fórmulas matemáticas, o *ecuaciones*, que resulta que describen determinados aspectos del universo. Pero nadie sabe por qué esas ecuaciones describen tan perfectamente el mundo físico o, parafraseando al físico austriaco del siglo XX Eugene Wigner, por qué las matemáticas se revelan injustificadamente eficaces en las ciencias naturales. Por decirlo de una manera sencilla: el universo tiene un gemelo matemático que se puede escribir en una hoja de papel o garabatear en una pizarra;

pero la razón por la que tiene ese gemelo resulta un inmenso misterio.

La importancia de la magia esencial de la ciencia estriba en que en ella está la clave de por qué funciona la física. Lógicamente, los físicos quieren entender por qué la principal herramienta que utilizan en su vida laboral resulta tan eficaz, y comprender por qué funciona posiblemente nos diga algo muy profundo acerca de nuestro universo y de por qué está construido de la manera en que lo está.

En este libro narraré las historias de algunas de las personas que nos han mostrado la magia esencial de la ciencia. Un hecho sorprendente son sus diferencias de enfoque. El escocés James Clerk Maxwell tal vez fuera el mejor físico que vivió entre Newton y Einstein. Sus procesos mentales eran básicamente como los de un ser humano normal, aunque, obviamente, en una versión mejorada; en su mente ideó modelos mecánicos de fenómenos como la electricidad y el magnetismo utilizando objetos cotidianos como ruedas y engranajes. Solo cuando se sintió satisfecho de haber captado la esencia de la realidad pasó a expresar su modelo en términos matemáticos. En el caso del magnetismo y la electricidad, esto produjo sus famosas *ecuaciones del electromagnetismo*, que revelaban que la luz es una *onda electromagnética* y predecían la existencia de las ondas de radio, algo que posibilitó el mundo ultraconectado del siglo XXI. El enfoque del físico inglés Paul Dirac fue, en cambio, por completo distinto: el hiperliteral «Sr. Spock de la física» simplemente creó de la nada la fórmula que describe cómo un electrón viaja a una velocidad cercana a la de la luz. La *ecuación de Dirac*, que predecía un universo de *antimateria* hasta entonces insospechado y es una de las dos únicas fórmulas que están inscritas en el suelo de piedra de la abadía de Westminster, fue el resultado de que Dirac se dedicara a jugar con ecuaciones en una hoja de papel e insistiera en su coherencia matemática.

Las historias que relato aquí sobre Maxwell, Dirac y muchos otros que nos han revelado la magia esencial de la ciencia se atienen a los hechos en el mayor grado que me ha sido posible. Cuando se trataba de científicos vivos y era factible entrevistarlos, así lo he hecho; en el caso de los que ya han fallecido, he utilizado los datos de los que disponía y he novelado los acontecimientos que los rodeaban. Por ejemplo, mi descripción del día en que Maxwell llegó a la sorprendente conclusión de que la luz es una onda de electricidad y magnetismo es una reconstrucción realizada a partir de los datos disponibles. A su regreso de unas vacaciones estivales en su finca de Glenlair, en Escocia, Maxwell acudió a la biblioteca del King's College de Londres para consultar en una guía de referencia los valores correspondientes a la permitividad y permeabilidad del aire, que Wilhelm Weber y Rudolf Kohlrausch habían medido. Cada día hacía a pie, o en un ómnibus tirado por caballos, el trayecto de ida y vuelta desde su casa en Kensington hasta el Strand, una ruta que pasaba por Piccadilly Street y, tras desviarse por Albemarle Street, lo llevaba a la Royal Institution, donde a veces se detenía. Además, él y su esposa Katherine solían montar regularmente por Hyde Park y Kensington Gardens, puesto que habían mandado traer en tren desde Glenlair el pony de ella, Charlie.

Confío en que novelar estas historias de predicción y descubrimiento científico no solo me permita hacer más vívidos los acontecimientos, sino también dar una idea de cómo debe de ser el instante del descubrimiento y lo estimulante que debe de resultar comprender una profunda verdad sobre el mundo que nadie conocía hasta ese momento. Para los lectores interesados en la historia de la ciencia, he proporcionado asimismo abundantes referencias bibliográficas.

Esta es la historia de los magos que, armados con lápiz y papel, no solo predijeron la existencia de mundos desconocidos, agujeros negros y partículas subatómicas, sino también de antimateria, ondas invisibles que recorren el aire, ondulaciones en el entramado del espacio-tiempo y muchas cosas más. Es la historia de la magia esencial de la ciencia, y de cómo esta ha convertido a los hombres en dioses.

I
Mapa del mundo invisible

> Las hipótesis que aceptamos deberían explicar los fenómenos que hemos observado. Pero tendrían que hacer algo más que eso: nuestras hipótesis deberían predecir fenómenos que aún no se han observado.
>
> WILLIAM WHEWELL[1]
>
> Crecí creyendo que mi hermana era del planeta Neptuno y la habían enviado a la Tierra para matarme.
>
> ZOOEY DESCHANEL

Berlín, 23 de septiembre de 1846

Llevaban casi una hora buscando y ya habían adquirido una cadencia automática. Johann Galle entornó los ojos para observar el despejado cielo nocturno a través del gigantesco refractor de latón, ajustó los controles del telescopio hasta que apareció una estrella en el punto de mira y dijo en voz bien alta sus coordenadas. Su joven ayudante, Heinrich d'Arrest, estaba sentado ante una mesa de madera al otro extremo del suelo de piedra de la cúpula del observatorio. Recorrió con el dedo su carta estelar bajo la luz de una lámpara de aceite, y gritó a su vez: «¡Estrella conocida!». Galle volvió a girar ligeramente los mandos de latón hasta apuntar a una nueva estrella. Y luego a otra. El aire gélido de la noche le estaba provocando tortícolis, y empezaba a preguntarse si no estarían perdiendo el tiempo.

Desde luego, eso era lo que había pensado aquella misma tarde el director del Observatorio de Berlín, Johann Franz Encke, cuando Galle apareció en la puerta de su despacho con su insólita petición. Pero dado que aquella noche Encke tenía la intención de quedarse en casa celebrando su quincuagésimo quinto cumpleaños en lugar de pasarla ante el refractor de 22 centímetros, le había dado permiso a Galle para utilizar el instrumento.

La conversación entre Galle y Encke la había escuchado casualmente D'Arrest, un estudiante de Astronomía que se alojaba en una de las dependencias del observatorio con el propósito de adquirir más experiencia práctica, y este no dudó ni un segundo en rogarle a Galle que le dejara ayudarle. De modo que allí estaban los dos, en la cristalina noche del 23 de septiembre de 1846, escudriñando el firmamento con el gran telescopio Fraunhofer accionado por un rotador de campo, uno de los instrumentos más avanzados de su clase en todo el mundo.

Habían iniciado su búsqueda cuando se apagaron las farolas de gas de Berlín y sumieron la ciudad en la oscuridad, y era ya cerca de la medianoche. Galle maniobró el visor para enfocar la siguiente estrella y de nuevo dijo sus coordenadas en voz alta. Su mente empezó a divagar imaginando el cálido lecho que pronto compartiría con su esposa y se puso a pensar en el ridículo que haría por la mañana cuando le contara a Encke su fracaso. Esperó la respuesta de D'Arrest. Y siguió aguardando. ¿Qué demonios estaba haciendo su ayudante?, se preguntó.

El estrépito de una silla golpeando el suelo devolvió a Galle a la realidad. Tras apartarse del ocular de un salto, vio la silueta de su ayudante recortada a la luz de la lámpara de aceite corriendo hacia él y agitando su carta estelar como si fueran las alas de un pájaro enloquecido. Estaba demasiado oscuro para distinguir la

expresión del rostro de D'Arrest, pero Galle recordaría sus palabras durante el resto de su vida:
—¡La estrella no está en el mapa! ¡No está en el mapa!

París, 18 de septiembre de 1846

El hombre que había sugerido buscar una estrella que no estaba en ninguna carta estelar, en una misiva que había llegado al Observatorio de Berlín el 23 de septiembre, era Urbain Le Verrier. Aunque era astrónomo en la École Polytechnique de París, la especialidad de Le Verrier no era observar cuerpos celestes en cúpulas telescópicas llenas de corrientes de aire, sino sentarse en su escritorio y utilizar la ley de la gravedad de Newton para calcular las órbitas de dichos cuerpos y compararlas con las observaciones existentes. En el curso de ese trabajo había llegado a obsesionarse con un planeta que parecía romper todas las reglas: Urano.

Urano había sido descubierto por un músico de la ciudad alemana de Hannover. En 1757, William Herschel, que por entonces tenía solo diecinueve años, se mudó con su hermana Caroline a Bath, en el oeste de Inglaterra, una hermosa ciudad balneario que habían urbanizado inicialmente los romanos debido a sus aguas termales. Allí encontró trabajo como organista de iglesia, pero su auténtica pasión era la astronomía, hasta el punto de que en el jardín de su casa construyó uno de los mejores telescopios de la época. El 13 de marzo de 1781, mientras escudriñaba el cielo nocturno con aquel instrumento, apareció una estrella de aspecto borroso en el ocular. Al principio Herschel creyó que era un cometa, pero aquel objeto carecía de la vaporosa cola que distingue a los cometas. Es más: al desplazarse a través de la constelación de Géminis en las noches siguientes, el objeto no siguió la órbita extremadamente alargada característica de un cometa, sino una casi circular, propia de un planeta.

Herschel había encontrado el primer planeta nuevo descubierto en la era del telescopio, el primer mundo del todo desconocido para los astrónomos de la Antigüedad. A lo largo de toda la historia escrita los planetas siempre habían sido seis. Ahora, increíblemente, resultaba que eran siete. El descubrimiento de Herschel causó sensación a escala internacional y lo elevó al estatus de una superestrella científica.

El mayor deseo de Herschel, como inmigrante, era que lo aceptaran en su país de adopción y debido a ello bautizó el nuevo planeta con el nombre de Jorge en honor al rey Jorge III (en realidad lo llamó «la estrella de Jorge»). Como cabía esperar, los astrónomos franceses se opusieron a que un planeta llevara el nombre de un rey inglés y, en cambio, prefirieron llamarlo «Herschel». En un intento de poner paz entre los dos bandos, el astrónomo Johann Bode sugirió que el planeta llevara el nombre de Urano, padre del dios romano Saturno, y fue ese nombre el que finalmente cuajó (de no haberlo hecho, hoy los planetas, en orden de menor a mayor distancia del Sol, serían Mercurio, Venus, la Tierra, Marte, Júpiter, Saturno... y Jorge).

En realidad, el astrónomo inglés John Flamsteed ya había observado Urano casi un siglo antes, en 1690, pero había creído erróneamente que se trataba de una estrella y lo había catalogado como 34 Tauri, es decir, la trigésimo cuarta estrella de la constelación de Tauro. Fuera como fuese, los registros históricos de la posición del planeta vinieron a complementar las nuevas observaciones y, gracias a ello, a principios del siglo XIX su órbita se conocía con la suficiente precisión como para poder compararla con la que predecía la ley de la gravedad de Newton. Pero este cotejo revelaba una anomalía.

Cada vez que se predecía una órbita para Urano, en los meses siguientes el planeta se desviaba de ella. Nadie creía seriamente que hubiera algún error en la ley de la gravedad de Newton: sus aciertos habían sido tan abrumadores y completos que se la consideraba poco menos que la palabra de Dios. En cambio, surgió la sospecha de que Urano se desviaba constantemente de su órbita prevista porque la gravedad de otro mundo aún más alejado del Sol tiraba de él. Era una posibilidad tentadora, y Le Verrier no pudo resistir el reto de comprobarla. Sentado en su escritorio de la École Polytechnique en París, se propuso deducir, a partir del efecto observado sobre Urano del hipotético planeta, en qué parte exactamente del cielo nocturno debería estar este último.

El Sol representa la enorme proporción del 99,8 % de toda la masa del sistema solar, por lo que resulta una muy buena aproximación presuponer, para simplificar las cosas, que un planeta se mueve únicamente bajo la influencia del astro rey. Sin embargo, la ley de la gravedad de Newton es universal, lo que implica que existe una fuerza de atracción entre cada trozo de materia y cualquier otro trozo de materia existente; en consecuencia, cada planeta experimenta la influencia no solo del tirón gravitatorio del Sol, sino también del de todos los demás planetas. Para asegurarse de que estaba observando el efecto producido en Urano de un planeta desconocido del sistema solar externo, Le Verrier tenía que restar primero el efecto de todos los planetas conocidos, y especialmente de los dos más masivos: Júpiter y Saturno.

Los cálculos eran largos y complejos. Había que verificar una y otra vez cada uno de ellos, ya que un único pequeño error podía multiplicarse y provocar el desmoronamiento de todo el edificio matemático. Pero ese no era el único problema que afrontaba Le Verrier: la atracción gravitatoria de un planeta liviano situado cerca de Urano resultaría indistinguible de la de un planeta masivo que estuviera lejos de él. Por lo tanto, para poder hacer algún progreso de cara a determinar la órbita del hipotético planeta, Le Verrier tenía que conjeturar su masa y su distancia del Sol.* Fue una tarea colosal que le ocupó por completo muchos días de trabajo y también algunas noches. Pero a la larga Le Verrier logró su objetivo: no solo dedujo una posible órbita para el hipotético planeta, sino también —lo que era más importante— hacia dónde había que apuntar un telescopio para encontrarlo en el cielo nocturno: entre las constelaciones de Capricornio (la cabra) y Acuario (el aguador).

Le Verrier era un hombre seguro de sí mismo, pero mientras su pluma se cernía sobre las densas fórmulas que cubrían las páginas extendidas sobre su escritorio, no pudo evitar sentir un estremecimiento de excitación nerviosa. Saber una cosa que nadie más en el mundo sabía o entendía era algo que producía una sensación de poder de lo más estimulante. Pero ¿y si estaba equivocado? ¿Era un dios, o simplemente un necio? ¿Y cómo era posible que las ecuaciones que tenía ante sí describieran la realidad? Antes de que pudiera verse superado por las dudas, logró tranquilizarse. Solo tenía que hacer una cosa: informar a los astrónomos encargados de realizar la observación.

Le Verrier comunicó la ubicación del nuevo planeta al director del Observatorio de París, François Arago, pero este le dejó claro que no creía que la búsqueda de un nuevo planeta fuera una prioridad. Tenía buenas razones para pensar así. En primer lugar, los observatorios nacionales como el que él dirigía en París existían principalmente para confeccionar mapas de las ubicaciones de los planetas y estrellas con fines de navegación. Esto requería la participación de muchas personas dedicadas a realizar prolongadas y minuciosas observaciones, y, de manera comprensible, Arago no quería desperdiciar su valioso tiempo en la

---

* A la hora de tratar de calcular la distancia del Sol del hipotético planeta, Le Verrier contó con la ayuda de la ley de Titius-Bode, aunque lo cierto es que no se conoce ninguna razón científica por la que los planetas deberían seguir esa regla. Véase http://demonstrations.wolfram.com/TitiusBodeLaw.

búsqueda inútil de un planeta cuya existencia juzgaba como la más remota de las posibilidades. Seguramente tampoco ayudaba mucho que Le Verrier fuera un hombre con fama de arrogante y difícil de tratar.

Capricornio y Acuario no serían visibles desde el hemisferio norte durante mucho tiempo después de noviembre, de modo que era imperativo que cualquier búsqueda del nuevo planeta se iniciara pronto. Al principio Le Verrier fue paciente, pero a medida que pasaba el tiempo sin que Arago le diera una fecha concreta de inicio, su frustración iba en aumento. Cuando finalmente lo hizo, Le Verrier ya había empezado a sondear otras vías y había enviado un artículo con sus predicciones a Heinrich Schumacher, director de la revista alemana *Astronomische Nachrichten*. En la carta que acompañaba al artículo, expresaba su frustración por no haber podido lograr que los astrónomos franceses buscaran su planeta. Schumacher se mostró comprensivo y le respondió con una sugerencia: ¿por qué no contactaba con otros astrónomos que dispusieran de telescopios potentes? Los dos nombres que le vinieron de inmediato a la mente fueron Friedrich Struve, en Alemania, y lord Rosse, en la población irlandesa de Birr, cuyo *Leviatán*, con su espejo de 180 centímetros, era en aquel momento el telescopio más grande del mundo. Y Le Verrier probablemente habría contactado con ellos si la sugerencia de Schumacher no le hubiera recordado una carta que había recibido el año anterior de un joven astrónomo que trabajaba en el Observatorio de Berlín.

Lo que hacía atractiva la opción de Johann Galle era que este era un astrónomo auxiliar de bajo rango. Le Verrier contaba con que Johann Encke, el director del Observatorio de Berlín, se mostraría tan reacio a buscar un nuevo planeta como su homólogo parisino, pero probablemente Galle estuviera deseoso de hacerse un nombre. De modo que Le Verrier razonó que su empresa podría tener más éxito si evitaba a Encke y contactaba de forma directa con el más joven de los dos astrónomos. Pero ¿Galle le tomaría en serio o, por el contrario, Le Verrier se vería decepcionado una vez más? Solo había una forma de saberlo.

El único problema era que el astrónomo francés había hecho caso omiso de la carta de Galle un año antes, junto con la tesis que este había incluido con ella, lo cual resultaba embarazoso ahora que tenía que pedirle un favor. Sin embargo, unas cuantas lisonjas podían sortear esa dificultad, de modo que, antes de formular la petición de que Galle se embarcara en la búsqueda de su planeta, Le Verrier escribió algunos elogios cargados de intención, por más que tardíos, felicitando a Galle por la «perfecta claridad» y el «absoluto rigor» de su tesis. Luego, el 18 de septiembre de 1846, envió su carta a Berlín, con una estimación aproximada de la ubicación del nuevo planeta.

Berlín, 24 de septiembre de 1846

Mientras las agujas del reloj se aproximaban a la hora del alba, tres hombres se reunieron ante el telescopio Fraunhofer, situado en la cúpula del Observatorio de Berlín. D'Arrest, que había ido a todo correr hasta la casa de Encke, había regresado con el director del observatorio, que andaba con paso algo vacilante tras la celebración de su cumpleaños. Los tres hombres, luchando por mantener la calma, se turnaron para mirar por el ocular hasta que estuvieron absolutamente seguros. El objeto que habían observado Galle y D'Arrest definitivamente no estaba en la carta estelar. Y la razón era muy clara: no era una estrella. Estas, debido a lo lejos que están de la Tierra, aparecen como puntitos de luz con independencia de la potencia que tenga la capacidad de ampliación de un telescopio. Pero este objeto no era un puntito adimensional: era un minúsculo disco brillante.

¡Lo habían encontrado! ¡Habían encontrado el planeta de Le Verrier! Galle apenas podía creerse los acontecimientos producidos en el último medio día. Había abierto con un abrecartas lo que parecía una misiva normal y corriente procedente de Francia, sin sospechar ni por un momento que esta iba a cambiar su vida para siempre. De inmediato reconoció el nombre de Le Verrier y podría haberse vengado con facilidad del francés por haberle ignorado dejando que su carta se perdiera entre los papeles de su escritorio. Pero el favor que le pedía Le Verrier despertó su interés.

La carta contenía una predicción de la existencia y ubicación de un nuevo planeta. Galle sabía que tal predicción era ridícula, pero algo le llevó a no descartarla sin más. «Desearía encontrar a un observador persistente —escribía Le Verrier— que estuviera dispuesto a dedicar algún tiempo a examinar una parte del cielo en la que puede que haya un planeta por descubrir.» Galle decidió que sería aquel observador persistente.

A decir verdad, Galle no esperaba encontrar nada. No parecía posible. ¿Cómo podría un hombre sentado en un escritorio en París «ver» el universo con la ayuda de las matemáticas? Eso era casi tan probable como que un astrónomo con los ojos vendados descubriera un cometa utilizando el telescopio Fraunhofer. Sin embargo, se había producido el milagro, y ahí estaba: el planeta de Le Verrier, surgiendo de las negras profundidades del espacio, exactamente donde él había predicho que estaría.

Aquel nuevo mundo llevaba arrastrándose alrededor del Sol en la gélida oscuridad que había más allá de la órbita de Urano desde el mismo nacimiento del sistema solar, y hasta hacía una hora ningún ser humano había sabido de su existencia. Por el momento, ellos eran las únicas tres personas en la Tierra que lo habían visto, y todavía no tenía nombre. Pronto, sin embargo, todo el mundo lo conocería como Neptuno.

París, 29 de septiembre de 1846

En la capital francesa, unos días después, Le Verrier abrió una carta procedente de Berlín y fechada el 24 de septiembre de 1846. «Señor —rezaba esta—: el planeta cuya posición ha señalado realmente existe.»

¡Galle había encontrado su planeta! Le Verrier se sintió ebrio de euforia, pero también aliviado. Por supuesto que él había creído en todo momento en la existencia del nuevo mundo, pero al mismo tiempo también había albergado dudas. Al fin y al cabo, era humano. Había apostado su reputación a una arcana fórmula matemática que el Creador podía haber decidido respetar o no. Puede que a la hora de hacer su predicción pareciera seguro de sí mismo, pero solo él sabía cuánto había en ella de bravuconada.

El 1 de octubre, Le Verrier respondió a Galle. Agradeció de manera efusiva al astrónomo alemán que hubiera sido el único que se había tomado en serio su petición y añadió: «Gracias a usted, estamos definitivamente en posesión de un nuevo mundo».

El descubrimiento de Urano había sido un auténtico éxito: dado que se hallaba al doble de distancia del Sol que Saturno, de la noche a la mañana había duplicado el tamaño del sistema solar. Pero el éxito que suponía el descubrimiento de Neptuno era de un orden por completo distinto. Mientras que Herschel se había tropezado con Urano por accidente, Le Verrier había predicho la existencia de Neptuno, su ubicación e incluso su aspecto armado únicamente con lápiz y papel.

«Sin abandonar su estudio, sin mirar siquiera al cielo —escribiría el astrónomo francés Camille Flammarion—, Le Verrier encontró el planeta desconocido tan solo mediante el cálculo matemático, y, por así decirlo, ¡lo tocó con la punta de su pluma!»[2]

Descubrir algo del mundo real desde un escritorio —como Flammarion supo reconocer— era un hecho muy novedoso. «¡Probablemente en todos los anales de la Observación no se exhibe en ninguna otra parte una verificación tan extraordinaria de una conjetura teórica aventurada por el espíritu humano!», escribiría el astrónomo escocés John Pringle Nichol.[3]

Pero el descubrimiento de Neptuno no solo representó un triunfo para Le Verrier. También lo fue para Isaac Newton y la teoría de la gravitación universal que este había concebido casi dos siglos antes: la ley de Newton no se limitaba a explicar lo que veíamos, sino que se había mostrado capaz de predecir asimismo lo que no veíamos.

Le Verrier había revelado de manera espectacular la magia esencial de la ciencia: su asombrosa capacidad de predecir cosas hasta entonces insospechadas que resultaba que existían en el mundo real. Esta facultad ponía a prueba la convicción de que las ecuaciones matemáticas garabateadas en una página pudieran captar tan perfectamente la realidad; pero, de manera milagrosa, lo hacían. Utilizando fórmulas abstractas, Le Verrier había descubierto un cuerpo real en el mundo real, y nadie en toda la historia humana había hecho algo así. Le Verrier fue el primero de los magos.

El descubrimiento de Neptuno desencadenó una acalorada disputa sobre la primacía entre Francia e Inglaterra debido a que un matemático inglés también había utilizado el movimiento anómalo de Urano para predecir la ubicación del nuevo planeta. John Couch Adams era un genio matemático autista nacido en el condado británico de Cornualles. En 1841, mientras estudiaba en la Universidad de Cambridge, se propuso deducir en qué parte del cielo nocturno tenía que estar el nuevo planeta para ejercer el efecto observado en Urano. Tardó cuatro años en completar sus cálculos, pero en 1845 le llevó los resultados a sir George Biddell Airy, astrónomo real y director del Real Observatorio de Greenwich. Por desgracia —como le ocurrió a Le Verrier en Francia—, este le dio largas. Cuando Airy finalmente decidió hacer caso a Adams, en lugar de publicar su predicción y autorizar la búsqueda con uno de los telescopios de Greenwich, decidió pasarle la información a George Challis, que le había sucedido en el puesto de director del Observatorio de Cambridge.

Challis vio de inmediato que la predicción de Adams no era una ubicación precisa, sino una extensa zona del cielo donde podría encontrarse el hipotético planeta. Una búsqueda exhaustiva requeriría casi un centenar de barridos con el telescopio de tránsito de Cambridge, cada uno de los cuales duraría varias horas. Estimando que todo el proceso requeriría unas 300 horas de tiempo de observación, Challis decidió posponer el asunto por un tiempo. Cuando por fin inició la búsqueda, observó Neptuno —dos veces, por más señas— sin reconocerlo. Pero para entonces ya era demasiado tarde: en Berlín, Galle ya había encontrado el nuevo planeta.

El episodio resultó bastante vergonzoso para Airy y Challis, ya que Adams les había hecho llegar su predicción de la ubicación del nuevo planeta antes de que Galle recibiera la de Le Verrier. Y el asunto se vio agravado por la decisión de mantener en secreto la predicción de Adams, tal vez para asegurarse de que, si finalmente se descubría el nuevo planeta, Cambridge se llevara todo el mérito. Fuera como fuere, el hecho de que ninguno de los cálculos de Adams se hubiera publicado hacía recelar a los franceses de que hubiera llegado a existir siquiera una predicción inglesa.

La disputa internacional en torno a Neptuno fue larga y encarnizada, pero hay que decir en honor de Adams y Le Verrier que ninguno de los dos participó en ella. Quizá porque cada uno de ellos supo apreciar la genialidad matemática del otro y ambos habían afrontado obstáculos similares para conseguir que los simples mortales les tomaran en serio, en cuanto se conocieron en persona, en Inglaterra, se hicieron amigos íntimos de por vida. Hoy en día, en general, el descubrimiento de Neptuno se atribuye a Adams y Le Verrier de manera conjunta.

Después de su triunfal predicción de la existencia de Neptuno, la estrella de Le Verrier ascendió en el firmamento científico y en 1854 se convirtió en el director del Observatorio de París. Pero ninguno de sus logros llegaba a igualar ni de lejos la exultación que había sentido al desvelar mágicamente la existencia de un mundo desconocido en los confines del sistema solar. Lo habían cortejado reyes y los científicos lo habían reverenciado como si fuera un dios. La fama y la adulación lo habían embriagado, y, ansiando experimentar de nuevo esa sensación, decidió desplazar su atención del sistema solar exterior al interior.

El objetivo de Le Verrier era ahora llegar a conocer plenamente las órbitas de los planetas interiores: Mercurio, Venus, la Tierra y Marte. Si lo conseguía, entonces tal vez —solo tal vez— podría aparecer una anomalía como la de Urano que condujera a otro descubrimiento digno de acaparar los titulares. Sorprendentemente, esa anomalía de hecho existía y afectaba al más interior de los planetas: aun teniendo en cuenta el efecto del tirón gravitatorio de los demás planetas sobre Mercurio, este último no se movía como cabía esperar.

Le Verrier se convenció de que había un planeta orbitando aún más cerca del Sol que Mercurio, y en febrero de 1860 este ya tenía un nombre. Todos los planetas llevan el nombre de antiguos dioses, y Vulcano era el señor de la fragua del monte Olimpo, la residencia de los dioses griegos. Parecía un nombre apropiado, dado que el nuevo mundo nunca podría escapar de las llamas del Sol.

Durante casi medio siglo los astrónomos estuvieron buscando a Vulcano, pero poco a poco este fue cayendo en desgracia, dado que todos sus supuestos avistamientos resultaron ser espejismos. El movimiento de Mercurio seguía siendo anómalo, pero nadie sospechaba lo que realmente nos estaba diciendo ese hecho: que, por increíble y aun imposible que pareciera, Newton se equivocaba con respecto a la gravedad. Nadie, hasta que llegó Albert Einstein, que en 1915 concibió una teoría gravitatoria mejorada —la teoría de la relatividad general— en sustitución de la de Newton.

Pero por más que Vulcano hubiera resultado ser un callejón sin salida, era indudable que no ocurría lo mismo con Neptuno. Le Verrier había demostrado que era posible utilizar la ley de la gravedad de Newton para predecir lo que no podíamos ver; es decir, para hacer un mapa del mundo invisible.

En las primeras décadas del siglo XX se postuló que también en la órbita de Neptuno —al igual que en la de Urano— existía una perturbación. Eso resultó ser falso. Sin embargo, sirvió para desencadenar la búsqueda de un presunto Planeta X, aún más alejado del Sol. Dicha búsqueda culminó el 18 de febrero de 1930 con el descubrimiento de Plutón, el único planeta bautizado por un menor: Venetia Burney, una niña de once años que vivía en Oxford.[4]

Plutón, que es más pequeño aún que la luna terrestre, resultó ser demasiado diminuto para que su gravedad afectara a Neptuno. De hecho, a finales del siglo XX se descubrió que era tan solo uno de entre decenas de miles de cuerpos similares que giran alrededor del Sol más allá de la órbita de Neptuno. Fue el descubrimiento de este *cinturón de Kuiper* de helados escombros resultantes de la formación del sistema solar hace 4.550 millones de años el que en agosto de 2006 llevó a la Unión Astronómica Internacional a degradar a Plutón de la categoría de planeta a la de «planeta enano».

Pero puede que la ley de la gravedad de Newton aún no haya agotado su capacidad de revelar lo invisible en nuestro sistema solar. A principios de 2016, dos astrónomos del Instituto de Tecnología de California, con sede en Pasadena, señalaron que en el cinturón de Kuiper hay al menos media docena de objetos que se mueven de manera extraña. Mike Brown y Konstantin Batygin afirman que su movimiento se debe a que sufren el tirón de un planeta desconocido que orbita alrededor del Sol en la periferia del sistema solar.[5] Pero en lugar de ser un celeste alfeñique como Plutón, este planeta tendría unas diez veces la masa de la Tierra.

Brown y Batygin afirman que la órbita media del denominado *Planeta Nueve* se halla aproximadamente unas veinte veces más lejos del Sol que la de Neptuno. Dado que los planetas tan solo brillan debido a la luz solar que reflejan, la de este resultaría extremadamente débil y difícil de detectar; pero muchos astrónomos están ansiosos por ser el nuevo Johann Galle, de manera que ya están en marcha varios intentos de búsqueda del Planeta Nueve.

Sin embargo, el auténtico éxito de la técnica de la que Adams y Le Verrier fueron pioneros estriba en la posibilidad de detectar movimientos anómalos en las estrellas causados por el tirón gravitatorio de sus planetas invisibles. 51 Pegasi b —descubierto en 1995 y bautizado más tarde como Dimidio— fue el primer planeta detectado en la órbita de una estrella normal distinta del Sol; hoy se conocen más de cuatro mil *exoplanetas*, y la cifra total aumenta a un ritmo cada vez mayor.

Pero podría decirse que el elemento invisible más importante revelado por la ley de la gravedad de Newton es la *materia oscura*. Aunque el estadounidense de origen suizo Fritz Zwicky y el holandés Jan Oort ya postularon su existencia en la década de 1930, haría falta el trabajo de dos astrónomos del Departamento de Magnetismo Terrestre del Instituto Carnegie de Washington para confirmarla. A finales de la década de 1970 y a lo largo de la de 1980, Vera Rubin y Kent Ford descubrieron que las estrellas de las regiones periféricas de las galaxias espirales orbitan demasiado rápido en torno a sus centros. Como niños en un tiovivo que girara a toda velocidad, deberían verse empujadas hacia el espacio intergaláctico.

Los astrónomos han explicado esta anomalía postulando que en las galaxias espirales hay mucha más materia de la que podemos ver en forma de estrellas, y que es la gravedad adicional proporcionada por esa invisible materia oscura la que sujeta a las estrellas más exteriores. En todo el conjunto del universo, la masa de la materia oscura es aproximadamente seis veces la de las estrellas y galaxias visibles. Nadie sabe de qué está hecha esa materia, aunque las conjeturas que parecen más razonables son que se trate de partículas subatómicas aún no descubiertas o agujeros negros de masa joviana resultado del Big Bang. Si logras descubrir la identidad de la materia oscura, hay un Premio Nobel esperándote en Estocolmo.

2

Voces en el cielo

Esta velocidad es tan cercana a la de la luz que parece que tenemos sólidas razones para concluir que la propia luz (incluido el calor radiante y otras radiaciones si las hay) es una perturbación electromagnética en forma de ondas que se propagan a través del campo electromagnético y según las leyes electromagnéticas.

JAMES CLERK MAXWELL

Desde una perspectiva a largo plazo de la historia de la humanidad —pongamos por caso dentro de diez mil años—, no cabe duda de que se juzgará como el acontecimiento más significativo del siglo XIX el descubrimiento de las leyes de la electrodinámica por parte de Maxwell.

RICHARD FEYNMAN[1]

Karlsruhe, Alemania, 13 de noviembre de 1887

Hoy era el día. Estaba seguro de ello. Heinrich Hertz engulló su desayuno, se despidió con un beso de su esposa Elisabeth y su hijita Johanna, y caminó a toda prisa por las calles de Karlsruhe en dirección al campus universitario. Al llegar a su laboratorio, bajó las persianas y encendió el circuito *oscilador* que él y su ayudante, Julius Amman, habían estado construyendo durante los días anteriores. La corriente inundó la bobina de inducción de 20.000 voltios y Hertz escuchó un leve crujido, pero no vio nada. Solo cuando sus ojos se acostumbraron a la penumbra pudo comprobar que había una chispa crepitando en la pequeña separación o intervalo aéreo de 7,5 milímetros que había dejado en el circuito. Satisfecho de que su *transmisor* funcionara según lo previsto, pasó a centrarse en su *receptor*.

En el mismo banco de trabajo, pero a un metro y medio de distancia, Hertz había montado un circuito vertical de alambre de cobre que también contenía un diminuto intervalo aéreo. Ajustó este último con un tornillo para hacerlo lo más pequeño posible y lo observó con atención entornando los ojos en la penumbra del laboratorio. Nada.

Volvió a su transmisor. Dado que la frecuencia de su circuito oscilador era tan alta, la chispa saltaba de un lado a otro del intervalo aéreo demasiado rápido para poder detectar cualquier movimiento a simple vista. En cada extremo del intervalo había un alambre conductor de 1,5 metros de longitud rematado por una bola de zinc de 30 centímetros de diámetro. Moviendo las bolas de zinc a lo largo de los alambres, Hertz podía modificar la *capacitancia* del circuito y, con ella, la frecuencia de la chispa. Lo hizo varias veces mientras observaba atentamente su receptor, que había «sintonizado» para que, si detectaba una vibración de una determinada frecuencia concreta, oscilara por simpatía. Pero nada aún.

Fue desplazando las bolas de zinc a lo largo de los alambres tan solo unos pocos milímetros cada vez y siguió trabajando así toda la mañana, constante, paciente y sin prisas. Era una alegría tener por fin su propio laboratorio, un lujo con el que tan solo había podido soñar cuando estaba en la Universidad de Berlín, donde hasta 1885 había sido ayudante de Hermann von Helmholtz, el científico más famoso de Alemania. También se sentía paradójicamente agradecido por la recesión económica en la que se había sumido el país desde hacía poco tiempo: aunque esta había dejado sin estudiantes el departamento que él dirigía, el efecto colateral de ello era que ahora podía dedicarse a su investigación.

Tras realizar un nuevo ajuste, Hertz se quedó pensativo acariciándose la barba mientras una idea cruzaba su mente: ¿de verdad iba a funcionar? Pero un cambio sutil en los sonidos del laboratorio interrumpió el movimiento de su mano. Frunció el ceño y se inclinó hacia su receptor.

¡Había una chispa en el intervalo aéreo! Este tenía solo unas centésimas de milímetro de separación, de modo que la chispa resultaba más fácil de oír que de ver, pero no había ninguna duda: era evidente que estaba allí.

Apagó el oscilador y la chispa del receptor se desvaneció; volvió a encenderlo y reapareció de nuevo. ¡Algo invisible viajaba por el aire de su transmisor a su receptor! Aunque todavía no podía demostrarlo, estaba seguro de saber lo que era: lo había predicho quince años antes un brillante físico escocés que había muerto prematuramente.

Londres, octubre de 1862

Cuando salió del King's College, James Clerk Maxwell se sentía como si flotara en el aire. La lluvia otoñal había cesado, había salido el sol, y se detuvo frente a la iglesia de St. Mary le Strand, contemplando absolutamente transpuesto la luz que reflejaba la superficie de un charco de la calle. Hasta hacía una hora aquella idea solo había sido una sospecha en su mente; pero ahora, tras consultar un libro de referencia en la biblioteca de la institución y añadir algunas cifras a su teoría, ya era un hecho. Sabía algo que nadie en toda la historia de la humanidad había sabido hasta entonces: sabía qué era la luz.

El grito de un hombre que conducía un carro de heno lo sacó de su ensoñación justo a tiempo de evitar que una de sus pesadas ruedas le aplastara el pie. Bajó por el Strand, esquivando a los vendedores ambulantes, las floristas y los vagabundos. Aunque habitualmente tenía la costumbre de recorrer a pie cada mañana los seis kilómetros y medio que separaban su residencia en Kensington del King's College, y luego coger un ómnibus de tracción animal para volver a casa, hoy, debido a su deseo de llegar a la biblioteca lo antes posible, había cogido el autobús a la ida y ahora regresaba andando.

Pasó por Trafalgar Square, recorrió Pall Mall East, subió por Haymarket y finalmente llegó a la amplia Piccadilly Street. Tenía la intención de ir directo a casa, ya que le había prometido a su esposa, Katherine, que irían a montar a caballo por Hyde Park, pero cuando llegó a Albemarle Street sintió un repentino impulso que le hizo desviarse. Dejó tras de sí el alboroto de la bulliciosa Piccadilly, y se dirigió hacia el edificio de fachada neoclásica y gigantescas columnas corintias que se alzaba al final de la calle.

La Royal Institution era el lugar donde Michael Faraday había llevado a cabo sus innovadores experimentos sobre electricidad y magnetismo, y donde aquel gran hombre había instituido sus «conferencias navideñas» para niños y adultos en 1825. El propio Maxwell también había dado allí numerosas conferencias desde su traslado de Aberdeen a Londres en 1860. Durante una de ellas, realizada en mayo del año anterior con gran éxito, incluso había proyectado en una gran pantalla una imagen de una cinta de tartán: la primera «fotografía» en color del mundo.[2]

Faraday, que era cuarenta años mayor que Maxwell, tenía por entonces setenta y uno. Cuatro años antes, debido a sus problemas de salud, se había retirado a Hampton Court, a orillas del río, al oeste de Londres. Sin embargo, todavía acudía de vez en cuando a la institución, y Maxwell confiaba en ser lo bastante afortunado como para pillar allí a su amigo y compartir su descubrimiento con él. Pero no tuvo suerte. Tras pedir permiso al conserje del edificio, Maxwell bajó las escaleras que llevaban al sótano. En el abandonado laboratorio de magnetismo de Faraday, examinó las bobinas, las baterías y las botellas de productos químicos cubiertas de polvo. Maxwell sabía que, sin los experimentos que Faraday había realizado allí abajo, su extraordinario descubrimiento hubiera sido imposible.

Los inicios de Faraday no podrían haber sido más diferentes de los de Maxwell. Este último había heredado la finca de Glenlair, una propiedad de 600 hectáreas situada en el valle del Urr, cerca de Dumfries, en el sur de Escocia; precisamente desde allí había regresado a Londres en tren un día antes. Faraday, en cambio, era hijo de un pobre herrero.[*] A los catorce años trabajó como aprendiz de un encuadernador de libros en Marylebone, a un tiro de piedra de Oxford Street, la ruta por la que hasta solo unas décadas antes se trasladaba en carro a los prisioneros condenados a muerte desde la prisión de Newgate hasta las horcas ubicadas en la cercana población de Tyburn.

George Ribeau, un refugiado hugonote, alentó a su aprendiz a leer los libros que encuadernaba, muchos de los cuales eran de temas científicos. Asimismo, en su esfuerzo por adquirir una mayor cultura, Faraday asistía a las conferencias semanales que organizaba una asociación denominada City Philosophical Society e impartía el fundador de dicha entidad, el platero John Tatum, en su propia casa, en la cercana Dorset Street. Inspirándose en la idea de que solo debía creer en aquello que pudiera

---

[*] Sorprendentemente, en la calle londinense de Jacob's Well Mews, situada en las inmediaciones de Marylebone High Street, no hay ninguna placa identificativa que señale el lugar donde se hallaba la fragua, pese a su importancia en la vida de Faraday.

evidenciar por sí mismo, Faraday empezó a realizar sus propios experimentos científicos con el equipo que le permitía su exiguo salario. También tomaba apuntes —acompañados de hermosas ilustraciones— de las conferencias de Tatum. Estos resultarían ser de vital importancia para proporcionarle una oportunidad que cambiaría su vida cuando Ribeau se los mostró a un cliente de su establecimiento en el número 48 de Blandford Street.

Al ver los apuntes de Faraday, el arquitecto y artista George Dance preguntó si podía enseñárselos a su padre, que era miembro de la Royal Institution. Al día siguiente regresó al establecimiento con un pase para asistir a una serie de conferencias del químico Humphry Davy. Como el billete dorado en la obra de Roald Dahl *Charlie y la fábrica de chocolate*, para Faraday aquel regalo resultaría ser el pasaporte a una vida mejor, aunque no de manera inmediata.

Davy era el científico británico más famoso de su época, un hombre que había inventado la lámpara de seguridad de los mineros, había descubierto numerosos elementos nuevos y rodeaba sus conferencias de una espectacular parafernalia que parecía propia de una estrella del teatro de variedades.[3] La mitad de su audiencia eran mujeres, que supuestamente caían desvanecidas ante su imponente presencia. Faraday apenas podía contener su emoción cuando llegó la tarde de la primera conferencia y se encontró entre una bulliciosa multitud de la alta sociedad haciendo cola al calor de los parpadeantes braseros de la Royal Institution.

En 1812, cuando su aprendizaje con Ribeau llegó a su fin, Faraday, que a la sazón tenía veintiún años, se convirtió en encuadernador profesional, resignado a un futuro de trabajo pesado y rutinario. Pero la fortuna le sonrió cuando Davy quedó temporalmente cegado por una explosión en su laboratorio y Dance padre sugirió que Faraday podría ayudarle; así, durante unos eufóricos días, se convirtió en el ayudante de su héroe.

Después de eso, Faraday temió que nunca más pudiera experimentar la vida científica. Pero tuvo una idea y, utilizando las habilidades que había adquirido durante su aprendizaje, encuadernó los apuntes que había tomado en las conferencias de la Royal Institution y se los envió a Davy. Era un intento desesperado, pero el caso es que el día de Nochebuena recibió una respuesta en la que se le prometía una entrevista en Año Nuevo. Esta tuvo lugar, pero Faraday no pudo por menos que sumirse de nuevo en la tristeza cuando Davy le comunicó que no tenía ningún puesto vacante.[4] Entonces, un día, se produjo un milagro. Se detuvo un carruaje frente a la casa de los Faraday y de él bajó un lacayo con una carta de Davy. Había despedido al encargado de lavar los frascos de su laboratorio por pendenciero. El puesto, si lo quería, era de Faraday.

Por entonces Davy era el mayor científico de Europa. En su país natal lo habían nombrado caballero y en Francia era tan venerado que le habían otorgado el Premio Napoleón a pesar de que por entonces el país estaba en guerra con Gran Bretaña. Pero el mayor de todos los éxitos de Davy resultaría ser Michael Faraday.

Tanto Davy como Faraday, que a la larga se convertiría en su ayudante, se sentían fascinados por la electricidad. Davy había sido pionero en el campo de la *electroquímica*, una técnica mediante la cual había aislado nueve elementos químicos, entre ellos el potasio, el sodio, el calcio, el bario, el estroncio y el magnesio.

A comienzos del siglo XIX la electricidad estaba a la vanguardia de la ciencia y de la imaginación popular. Parecía tan misteriosa y sobrenatural que algunos incluso la consideraban satánica. El descubrimiento que hiciera Luigi Galvani en torno a 1781 de que la electricidad podía contraer la pata de una rana muerta había inspirado a la precoz autora Mary Shelley, de solo dieciocho años, a escribir *Frankenstein* en 1818.[5] Pero el avance más significativo de la época fue la invención de la pila eléctrica por parte de Alessandro Volta en 1799: al generar una corriente continua, posibilitó el estudio científico de la electricidad.[6] Sin embargo, fue la noticia de un descubrimiento sensacional producido en Dinamarca la que hizo que Davy y Faraday dejaran todo lo que tenían entre manos. El 21 de abril de 1820, Hans Christian Ørsted estaba dando una conferencia en la Universidad de Copenhague cuando observó que la aguja de una brújula se desviaba del norte magnético cada vez que él encendía o apagaba la corriente eléctrica en un cable cercano. La aguja se desviaba exactamente tal como lo habría hecho de haber estado cerca de un imán; la conclusión inevitable, pues, era que un cable por el que circulaba corriente era un imán. ¿Podía este descubrimiento explicar también por qué algunos materiales como el hierro tenían propiedades magnéticas? ¿Era posible que por el interior de dichos materiales circulara una corriente eléctrica? Hasta entonces nadie había aventurado tal cosa, pero lo cierto es que existía un vínculo entre la electricidad y el magnetismo.

El 4 de septiembre de 1821, Faraday utilizó el efecto descubierto por Ørsted de una manera de lo más ingeniosa.[7] En su laboratorio magnético del sótano dispuso un alambre por el que circulaba corriente de tal modo que un imán fijo lo desviara de manera constante haciéndolo girar sin parar sobre sí mismo. No era un ingenio muy práctico —requería la presencia de un baño conductor de mercurio, que era altamente tóxico—, pero aquel resultaría ser el principio del motor eléctrico. En realidad, Faraday había creado el primer motor eléctrico del mundo ya el día anterior, utilizando un alambre fijo y un imán que giraba sin parar, en lugar de un alambre giratorio y un imán fijo.

A Maxwell le habría encantado haber visto con sus propios ojos cómo aquel imán giraba sobre sí mismo bajo la influencia de una fuerza misteriosa e invisible mientras los carruajes tirados por caballos pasaban con estruendo por Albemarle Street. Debía de parecer como si una maravilla imposible procedente de un futuro remoto hubiera aterrizado en el Londres del siglo XIX a través de una rendija en el tiempo. Aquel día Faraday estaba acompañado de su sobrino George, de catorce años, y los dos se sintieron tan eufóricos al ver el imán girando sin parar sobre sí mismo que se pusieron a bailar en torno a la mesa del laboratorio, antes de dirigirse juntos al circo para celebrarlo.

La pregunta obvia era: si la electricidad podía crear magnetismo, ¿el magnetismo podía crear electricidad? Faraday no encontraría la respuesta hasta el verano de 1831, cuando Davy ya había fallecido y él le había sustituido como director de la Royal Institution.

Poco después del descubrimiento de Ørsted de que un cable por el que circula corriente se comporta como un imán, el científico francés André-Marie Ampère —el «Newton de la electricidad»— descubrió que era posible potenciar aún más ese efecto utilizando una espiral cilíndrica de alambre.[8] Cuantas más vueltas de cable enrollado contuviera ese *solenoide*, más potente resultaba su efecto magnético. La única condición era que las secciones de cable vecinas no debían tocarse entre sí para que la electricidad no saltara directamente entre ellas, lo que requería la interposición de materiales *aislantes*, es decir, que no condujeran la electricidad.

Faraday recurrió también a un solenoide en su intento de utilizar el magnetismo para crear electricidad. Se sabía que el hierro aumentaba en gran medida el magnetismo de un solenoide, de modo que optó por emplear este metal en forma de un anillo de 15 centímetros de diámetro. En cada una de las dos caras del anillo arrolló una apretada espiral de alambre. Entre cada vuelta de la bobina y su vecina interpuso tiras de cuerda, y utilizó trozos de tela para aislar cada capa de la siguiente y del anillo de hierro. Aunque los dos solenoides —el interior y el exterior— se hallaban físicamente desconectados, Faraday esperaba que, cuando circulara una corriente eléctrica por la primera bobina y la convirtiera en un imán, su influencia magnética llegaría a través del aire hasta el segundo solenoide.

Faraday conectó un interruptor y así hizo que una corriente eléctrica circulara por el primer solenoide; para su deleite, apareció fugazmente una corriente en la segunda bobina. Luego, cuando desconectó el interruptor del primer solenoide, de nuevo apareció una corriente en la segunda bobina, pero esta vez, de manera desconcertante, lo hizo circulando en sentido opuesto. Era un descubrimiento de los que hacen época: había logrado producir electricidad a partir del magnetismo.

Más tarde Faraday encontró una forma más fácil de lograr el mismo fin: simplemente debía introducir una barra imantada en la bobina de un solenoide. Al meterla se generaba una corriente que circulaba en un sentido, mientras que al sacarla se generaba otra que circulaba en sentido opuesto. Faraday no podía saberlo, pero su descubrimiento de la *inducción electromagnética* cambiaría el mundo gracias al desarrollo de *dinamos* capaces de generar energía eléctrica a gran escala.

La conexión entre la electricidad y el magnetismo era ahora algo que se hallaba fuera de toda duda, pero las preguntas fundamentales seguían sin resolverse: ¿Qué era la electricidad? ¿Y qué era el magnetismo? Aunque esos misterios seguían tentando a Faraday, sus innovadores experimentos le habían permitido entrever cómo funcionaban la electricidad y el magnetismo, lo que le llevó a concebir una idea radical; de hecho, herética.

Cuando Faraday sostenía un trozo de hierro cerca de un imán, sentía cómo la fuerza de atracción magnética se extendía hasta agarrarlo, y de ello concluía que debía de haber algo invisible, pero real, en el aire dentro del espacio que había alrededor. Y cuando frotaba un pedazo de ámbar con un trozo de piel, «cargándolo» así de electricidad *estática*, este atraía trocitos de papel, lo que le llevaba a creer que había algo invisible, pero real, en el aire que rodeaba la carga eléctrica.

En la visión de Faraday, un imán creaba un *campo* de fuerza magnética a su alrededor, y era este el que actuaba sobre un trozo de metal. De manera similar, un cuerpo cargado eléctricamente creaba un campo de fuerza eléctrica sobre el espacio que lo rodeaba, y era ese el que actuaba sobre los trocitos de papel. En su imaginación, Faraday casi podía ver los campos, como un viento o una niebla arremolinándose, impregnando el espacio vacío.

Pero Faraday estaba completamente solo en esa percepción del mundo. Por entonces todos pensaban en la importancia de las corrientes eléctricas, pero él estaba seguro de que la clave eran los campos. Para él, un conductor era simplemente una guía para un campo eléctrico, que existía en el espacio alrededor del cable y era el principal portador de energía. Una corriente eléctrica no era más que un efecto secundario, un flujo de «carga» eléctrica estimulada por el campo eléctrico allí donde casualmente se cruzaba con el conductor.

El concepto de *campo* revelaba una agradable simetría entre los descubrimientos de Ørsted y Faraday: el hallazgo de Ørsted de que un alambre por el que circulaba una corriente era un imán mostraba que un campo eléctrico cambiante crea un campo magnético, mientras que el descubrimiento de Faraday de la inducción electromagnética probaba que un campo magnético cambiante genera un campo eléctrico.

La razón por la que el concepto de campo de Faraday resultaba tan chocante como herético era el éxito previo de Isaac Newton. El que fuera el mayor científico de la historia había tenido un éxito espectacular a la hora de explicar de qué modo otra fuerza fundamental —la gravedad— actuaba de manera instantánea a través del espacio. Según la teoría de la gravitación universal de Newton, el efecto gravitatorio del Sol actúa de manera directa sobre la Tierra y no existe ningún medio a través del cual se transmita esa fuerza. Esta idea de «acción instantánea a distancia» es, obviamente, absurda. El propio Newton lo dijo: era solo un presupuesto pragmático que le permitía obtener una teoría viable. Por desgracia, los físicos que vinieron tras él se sintieron tan cautivados por su teoría de la gravedad que ignoraron sus reservas y aceptaron a ciegas el concepto de unas fuerzas que actuaban instantáneamente a distancia.

De nada servía, pues, pensar que el propio Newton seguramente se habría mostrado receptivo a las ideas de Faraday, puesto que el resto del estamento científico estaba convencido de lo contrario. Debido a ello, se ridiculizó a Faraday, una humillación que se vio agravada por su autodidactismo, su origen humilde y su notable ignorancia de las matemáticas, la *lingua franca* de los físicos con formación universitaria.

Lo irónico del caso es que fue justamente la falta de conocimientos matemáticos de Faraday la que lo liberó de la camisa de fuerza del pensamiento newtoniano —o, al menos, *presuntamente* newtoniano— y le permitió «ver» los campos eléctricos y magnéticos que impregnan el espacio, y, gracias a la intuición que le proporcionó dicha cosmovisión, pudo diseñar experimentos que no se le habrían ocurrido a nadie más.

Maxwell fue prácticamente el único de entre los físicos matemáticos del siglo XIX que supo reconocer la importancia de Faraday y su trabajo. Como él, había desarrollado una fascinación por el enigma de la electricidad y el magnetismo rayana en la obsesión. En febrero de 1854, cuando iniciaba su carrera como investigador tras completar sus estudios de posgrado en el Trinity College de Cambridge, Maxwell, que por entonces tenía veintitrés años, escribió al físico William Thomson para pedirle consejo acerca de qué obras debía leer para llegar a entender la desconcertante variedad de fenómenos eléctricos y magnéticos.

Thomson, que más tarde se convertiría en lord Kelvin, iniciaba en ese momento su participación en un ambicioso plan para tender un cable telegráfico bajo el Atlántico entre Gran Bretaña y Estados Unidos —lo que vendría a ser el Programa Apolo de su época—, pero aun así encontró tiempo para recomendarle un libro a Maxwell: *Experimental Researches in Electricity* ('Investigaciones experimentales de electricidad'), de Faraday. Este tratado en tres volúmenes resumía de forma magistral todo lo que se sabía en ese momento sobre el tema, gran parte de lo cual lo había descubierto el propio Faraday. Al examinar detenidamente sus nítidas descripciones de fenómenos eléctricos y magnéticos, Maxwell sintió que estaba penetrando en la mente del hombre que las había elaborado. Faraday era un experimentador con una visión muy clara que no aceptaba nada hasta que podía demostrarlo por sí mismo. Maxwell quedó tan impresionado que decidió no leer ningún trabajo sobre electricidad escrito por quienes abordaban el tema desde la perspectiva de un análisis de fuerzas que actuaban a distancia hasta que estuviera familiarizado por completo con el trabajo de su predecesor.

Maxwell se sintió especialmente cautivado por el concepto de los campos eléctricos y magnéticos de Faraday. En una sencilla demostración de su idea, el científico había esparcido limaduras de hierro alrededor de una barra imantada, y la disposición que estas adoptaron, el patrón que formaron, le llevó a pensar que había «líneas» de fuerza magnética en el aire que rodeaba el imán. Cuando publicó su idea, esta había hecho troncharse de risa a otros científicos; pero al repetir aquel sencillo experimento Maxwell pudo comprobar por sí mismo la certeza de la afirmación de Faraday.

Para Maxwell, el reto estaba claro: encontrar una forma de expresar las ideas de Faraday —de naturaleza visual— en el lenguaje de las matemáticas. Como primer paso, se propuso concebir un «modelo simplificado» que imitara los resultados de

Faraday y le permitiera darles sentido. No fue una tarea fácil. Partió del concepto de que los campos magnéticos y eléctricos se comportaban como un fluido y, en consecuencia, se regían por las leyes matemáticas de la dinámica de fluidos, considerando que la velocidad y la dirección del fluido en cualquier punto dado representaban la densidad y la dirección de las líneas de fuerza. En febrero de 1857, no sin cierta inquietud, le envió a Faraday un documento preliminar acerca de sus progresos titulado «Sobre las líneas de fuerza de Faraday». Aunque Maxwell estaba firmemente convencido de que Faraday y él eran almas gemelas, no podía estar seguro de que el viejo científico sintiera lo mismo por él.

No tendría por qué haberse preocupado. Para Faraday, a quien sus colegas científicos habían humillado, leer la carta de un físico formado en Cambridge que se tomaba en serio su trabajo representó uno de los mejores momentos de su vida. El veterano científico le escribió a Maxwell: «Al principio casi me asusté al ver la fuerza matemática aplicada al tema, pero luego me maravillé al ver lo bien que este la resistía».

Alentado por la carta de Maxwell, Faraday le pidió a este su opinión con respecto a su propia conjetura de que podría haber también líneas de fuerza gravitatorias además de magnéticas, algo que sabía que resultaba tan extravagante que seguramente suscitaría la irrisión de los demás físicos. Pero Maxwell se tomó en serio la idea y le envió una respuesta larga y meditada, a la que Faraday contestó a su vez: «Su carta es la primera intercomunicación sobre el tema con alguien de su talante y hábito de pensamiento. Me hará mucho bien, y la leeré y meditaré sobre ella una y otra vez [...]. Me aferro a sus palabras porque me parecen importantes y [...] me proporcionan un gran consuelo».

Las cuatro décadas que separaban a Faraday y Maxwell les impedirían llegar a convertirse en íntimos amigos, pero los dos hombres se veneraron mutuamente y compartieron un fuerte vínculo: ambos se atrevieron a desafiar al estamento científico y, asimismo, ninguno de los dos podría haber llegado a alcanzar el prestigio que logró sin el otro. Como Faraday, Maxwell sabía lo que era sentirse humillado. Su madre había muerto cuando él tenía solo ocho años y su padre lo había criado en la aislada soledad de Glenlair. En su primer día en la prestigiosa Academia de Edimburgo, los otros alumnos se burlaron de él por su pueblerina forma de hablar, su torpeza a la hora de relacionarse con los demás y sus zapatos y su guardapolvo de fabricación casera, hasta el punto de apodarlo «el Tontorrón».

A Maxwell le costó muchos años poder explicar los resultados de Faraday. Si bien había partido de la idea de que los campos magnéticos y eléctricos se comportaban como un fluido, con posterioridad ideó un modelo más elaborado. Este abordaba uno de los aspectos más curiosos del magnetismo, que además desafiaba abiertamente a los newtonianos que creían que cualquier tipo de fuerza entre dos cuerpos actuaba siempre a lo largo de la línea que los unía. En realidad la fuerza magnética, como había descubierto Ørsted, era circular. La aguja de su brújula, suspendida junto a un alambre vertical por el que circulaba corriente, no se alineaba con el alambre, sino que formaba un ángulo recto con él, y seguía haciéndolo si se desplazaba la brújula a lo largo del alambre. La fuerza magnética parecía girar en torno al alambre como un tornado invisible. De hecho, era precisamente ese «tornado» el que había explotado Faraday para crear el primer motor eléctrico del mundo.

En su nuevo modelo simplificado, Maxwell imaginó que todo el espacio, ya estuviera vacío u ocupado por materia, estaba repleto de diminutas ruedas dentadas capaces de girar sobre sí mismas. Una rueda dentada en contacto directo con un imán adquiriría un movimiento rotatorio, que a su vez hacía girar la rueda dentada que tenía al lado, que a su vez hacía girar la siguiente rueda dentada, y así sucesivamente. De ese modo se transmitía una fuerza circular a través del espacio desde un imán hasta un trozo de metal situado en sus proximidades.

Pero aquellos invisibles engranajes constituían únicamente el punto de partida del modelo mecánico de Maxwell. Este imaginó también pequeñas cuentas que podían moverse como una especie de cojinetes de bolas a lo largo de los canales formados entre los engranajes y que representaban las corrientes eléctricas. Además, fue modificando de manera constante su modelo para imitar cada vez más características del mundo real. Por ejemplo, en su intento de reproducir el hecho de que la fuerza magnética de un material dependiera de este último, decidió que la facilidad con la que giraban los engranajes dentro de la materia dependería del tipo de materia que ocupaban. Por último, hizo que los engranajes fueran elásticos a fin de que pudieran transmitir fuerzas internas a través de sus cuerpos sin perder energía. Incorporó este último cambio en Glenlair, durante el verano, antes de que él y Katherine regresaran a Londres, y en el mismo momento en que lo hizo se percató de un hecho de enorme trascendencia: aquel medio de engranajes y cuentas que había ideado tenía exactamente las propiedades necesarias para la propagación de una onda.

En el caso de una onda producida en un estanque, una perturbación causada por una gota de lluvia crea un montículo temporal de agua. La existencia de una fuerza restauradora —la gravedad— hace que el montículo vuelva a hundirse para recuperar el nivel del estanque. Pero dado que el agua tiene masa, o *inercia*, en realidad se desploma por debajo de dicho nivel, de manera que el montículo pasa a convertirse en una depresión y todo el proceso se repite de nuevo. Sin embargo, el agua es un medio continuo, así que no se limita simplemente a oscilar arriba y abajo en un mismo sitio: la perturbación se transmite, con una cierta demora, a la siguiente masa de agua, que a su vez la transmite a la siguiente, con una demora adicional.

De este modo, a través de la superficie del estanque se propaga una perturbación de tipo ondulatorio de dentro afuera en círculos concéntricos.

El medio de dientes y cuentas de Maxwell incorporaba tanto la inercia como la fuerza restauradora. Por lo tanto, si se agitaba, también se propagaría a través de él una perturbación de tipo ondulatorio como una onda en un estanque. Había, no obstante, una condición: si el medio era conductor, dicha onda no podría mantenerse a cualquier distancia, puesto que las corrientes que generaba no tardarían en debilitar la onda de energía; en cambio, esta únicamente podría sustentarse en un medio no conductor en el que tan solo se pudiera hacer circular las corrientes más efímeras.* Tales materiales *dieléctricos* incluían el agua, el aire y el vacío.

Maxwell concibió que ese tipo de onda consistiría en un campo eléctrico oscilando en ángulo recto con un campo magnético, ambos perpendiculares a su dirección de movimiento. Cuando el campo eléctrico perdía fuerza, el cambio generaba automáticamente un campo magnético; y cuando decaía el campo magnético, el cambio generaba automáticamente un campo eléctrico. El proceso se repetiría de manera ininterrumpida y, una vez puesto en marcha, continuaría para siempre en una onda autosostenida de electricidad y magnetismo.

Según la teoría de Maxwell, la velocidad de tal *onda electromagnética* dependía de dos parámetros: la *permeabilidad* magnética del medio y su *permitividad* eléctrica. La primera indicaba

---

* Un material dieléctrico está formado por moléculas que tienen una carga positiva neta en un lado y una carga negativa neta en el otro. En presencia de un campo de fuerza eléctrica —que, por convención, apunta en la dirección en la que se mueven las cargas positivas—, las moléculas se alinean en la dirección del campo. El campo eléctrico de tales moléculas «polarizadas» siempre actúa para oponerse y reducir el campo eléctrico aplicado. Maxwell bautizó la breve corriente que se produce cuando la carga eléctrica está polarizada, o «desplazada», como *corriente de desplazamiento*.

la capacidad de un determinado medio de potenciar un campo magnético —es decir, su fuerza restauradora—, mientras que la segunda denotaba su capacidad de obstaculizar un campo eléctrico —esto es, su inercia—. Maxwell sabía que ambas magnitudes se habían medido experimentalmente en el caso del vacío pero, atrapado como estaba en su retiro estival de Glenlair, no disponía del libro de referencia que contenía los resultados pertinentes. El volumen estaba en la biblioteca del King's College, y esa era justamente la razón por la que aquella mañana de octubre de 1862 no había esperado a que su cocinero sirviera el desayuno para salir corriendo a coger el ómnibus que pasaba por Kensington High Street.

El tráfico londinense solía ser espantoso. De ahí que se estuviera construyendo un revolucionario sistema de transporte subterráneo —el denominado Ferrocarril Metropolitano— entre los barrios de Paddington y Farringdon. Maxwell no sabía muy bien qué pensar del humo y el hollín de los trenes de vapor que iban a circular bajo tierra, pero por entonces Londres era una ciudad como ninguna otra en la historia, y el ferrocarril subterráneo no era el único gran proyecto de ingeniería que había en marcha en la metrópoli: Joseph Bazalgette, ingeniero jefe de la Junta Metropolitana de Obras Públicas de Londres, estaba construyendo un gigantesco sistema de alcantarillas subterráneas.

Finalmente, el ómnibus llegó a su destino y Maxwell se apeó cerca del puente de Waterloo. Esquivando a los peatones del Strand, pasó a toda prisa frente a Somerset House y accedió al King's College. Una vez en la biblioteca, pronto identificó el libro de referencia y encontró los datos que necesitaba a partir de los experimentos de Wilhelm Weber y Rudolf Kohlrausch. Al incorporar las cifras a su teoría, obtuvo la velocidad de una onda electromagnética en el vacío: era de 310.745 kilómetros por segundo.

Las mediciones de laboratorio realizadas por el físico francés Hippolyte Fizeau a finales de la década de 1840 habían establecido que la velocidad de la luz era de 310.793 kilómetros por segundo. Ambas cifras eran demasiado similares para tratarse de una mera coincidencia. De modo que no solo existía una conexión entre la electricidad y el magnetismo, sino que también la había entre la electricidad, el magnetismo y la luz. Aquel era un descubrimiento extraordinario que Maxwell no había previsto en absoluto cuando se embarcó en su trabajo, pero, increíblemente, sus cálculos demostraban que la luz era una ondulación producida en los campos eléctrico y magnético; es decir, una onda de electromagnetismo.

En realidad, había otra persona en el mundo que había conjeturado que existía una conexión entre la electricidad, el magnetismo y la luz: Faraday. A finales de septiembre de 1845, había hecho pasar un haz de luz de una lámpara de aceite a través de un trozo de vidrio de borosilicato de plomo que había colocado entre los polos norte y sur de un potente electroimán. Cuando encendió la corriente, de inmediato observó un cambio en la *polarización* de la luz.* «He conseguido —escribió jubiloso en su cuaderno— magnetizar un rayo de luz.»

La *rotación de Faraday*, o *efecto Faraday*, era una evidencia incontrovertible de que la luz respondía al magnetismo, lo que sugería que la propia luz era de algún modo de naturaleza magnética. Y dado que el magnetismo se hallaba vinculado a la

---

* Cuando, finalmente, Maxwell descubrió que la luz era una onda electromagnética, con un campo eléctrico oscilando con fuerza en ángulo recto con el campo magnético oscilante, y con ambos perpendiculares a la dirección de movimiento de la onda, se hizo evidente lo que era la «polarización». El campo eléctrico (y, por ende, el campo magnético) podía variar libremente en cualquier plano. Eso era lo que ocurría con la luz normal, que resultaba ser una mezcla de ondas en las que el campo eléctrico variaba en todos los planos posibles. En cambio, la luz polarizada consistía en ondas en las que el campo eléctrico oscilaba en un único plano: el denominado *plano de polarización*.

electricidad, tenía sentido deducir que la luz también debía de ser de algún modo de naturaleza eléctrica. «Resulta que he descubierto la existencia de una relación directa entre el magnetismo y la luz, además de entre la electricidad y la luz, y el campo que se abre es extremadamente amplio y creo que rico», escribió de manera profética Faraday.[9]

Allí solo, en el laboratorio del sótano de Faraday, Maxwell sonrió para sus adentros imaginando la reacción de su colega científico al descubrir que había demostrado aquella conexión. Para obtener la prueba de ello, él se había encaramado a los hombros de gigantes, y ninguno se alzaba más arriba que Faraday. Cuando salió a la calle, apenas se apercibió de la multitud que circulaba por Piccadilly. Atravesó Green Park pensando en las implicaciones de su descubrimiento. Luego entró en Hyde Park y se dirigió hacia el lago Serpentine. Le había prometido a Katherine que volvería a casa a tiempo para ir a los establos de Bathurst Mews. La pareja montaba casi todas las tardes: él en un caballo alquilado; ella en su poni bayo Charlie, que había hecho un largo viaje en tren desde Glenlair. El plan era rodear Kensington Gardens y Hyde Park, un trayecto que no tenía ni punto de comparación con su paseo favorito por el campo desde Glenlair hasta Old Bridge of Urr, pero que no dejaba de ser la mejor opción posible en la atmósfera cargada de humo del centro londinense.

Maxwell le debía mucho a Katherine. Aunque había tenido que cuidar de ella por sus numerosos problemas de salud, también ella había hecho lo mismo por él cuando había contraído la viruela, que había estado a punto de acabar con su vida poco antes de su mudanza a Londres. Ella era su alma gemela y su ayudante científica. Habían realizado juntos varios experimentos en el ático de su casa de Londres, entre ellos la caja de luz en forma de ataúd de 2,5 metros de largo con la que habían «pintado» utilizando la luz del sol, horrorizando a sus vecinos y ganándose la reputación de locos excéntricos. Para Maxwell, que por entonces tenía treinta y dos años, la estancia en Londres estaba demostrando ser el episodio más productivo de su carrera.

Maxwell corrió a toda prisa por el sendero que bordeaba la enorme extensión del lago Serpentine, creado en la década de 1720 por el rey Jorge II como un monumento a su amada esposa, la reina Carolina. Al sur del kilométrico lago se hallaba el emplazamiento de la Gran Exposición de 1851, una de las maravillas del siglo. Entre los visitantes del gran pabellón de hierro y cristal, tan enorme que había contenido en su interior algunos de los árboles más altos del parque, se contaron Charles Darwin, Charlotte Brontë, Charles Dickens y Alfred Tennyson. Luego, el pabellón se había desmontado pieza a pieza y se había vuelto a montar en Penge Place, en el barrio de Sydenham, en el sur de Londres. Al suroeste de su antiguo emplazamiento se hallaba «Albertópolis», un distrito apodado así en honor del real consorte, el príncipe Alberto, que había muerto en diciembre del año anterior y había albergado el proyecto de que la Gran Exposición dejara un persistente legado cultural en forma de museos e instituciones. El propio Maxwell había visitado en numerosas ocasiones el recién inaugurado museo de South Kensington.[10]

Un transbordador cruzaba resoplando el Serpentine, rodeado de cisnes, patos y gaviotas. Pero Maxwell no les prestaba atención, cautivado, en cambio, por un arco iris que se desvanecía en el cielo con rapidez. Ya desde Piccadilly, un único pensamiento había ocupado su mente: su modelo de engranajes y cuentas no establecía ninguna restricción con respecto a lo rápido o lo lento que podía agitarse el campo electromagnético, algo que solo podía significar que los colores del arco iris representaban únicamente un rango muy pequeño de posibles frecuencias. Más allá de aquel *espectro* visible, que se extendía en ambas direcciones, debían de existir ondulaciones de los campos electromagnéticos que fueran más lentas y más rápidas que las de la luz visible. Convencionalmente se consideraba que el arco iris contenía siete colores, pero ahora comprendía que, además de estos, debía de haber también otros «colores» invisibles a simple vista. Millones y millones de ellos. Era una idea tan extraordinaria como reveladora.

Por un momento, plantado en el camino que bordeaba el Serpentine y rodeado de gaviotas que se perseguían y picoteaban unas a otras, se sintió abrumado por aquella «faradiana» visión de la realidad. Todo lo que le rodeaba y que se extendía hasta los mismos confines del universo conocido era campo electromagnético, como un vasto e invisible océano de energía en constante agitación, con sus multitudinarias vibraciones llenando el aire a su alrededor. Y él era la primera persona en la historia de la raza humana que se había dado cuenta de ello.

Como el biólogo inglés Francis Crick observaría un día: «No resulta fácil describir, a menos que uno la haya experimentado, la dramática sensación de iluminación repentina que inunda la mente cuando la idea correcta al final encaja en su lugar. Uno ve de inmediato cuántos hechos previamente desconcertantes quedan ahora explicados con claridad por la nueva hipótesis. Ahora parece tan evidente que uno podría darse de cabezazos por no haber tenido antes la idea. Sin embargo, hasta entonces todo estaba confuso».[II]

La mente de Maxwell estaba desbocada. ¿Sería posible hacer vibrar artificialmente los campos electromagnéticos? ¿Era concebible que, mediante alguna tecnología aún por inventar, pudieran crearse ondas electromagnéticas invisibles? No veía razón para que no fuera así. Pero caía la tarde, y ya no podía permitirse el lujo de seguir soñando despierto. Apretó el paso, bordeó a toda prisa el Serpentine y cruzó la calle en dirección a Kensington Gardens. Frente a él, en el vestíbulo del número 8 de Palace

Gardens,[12] Katherine estaría ya vestida para su paseo a caballo y esperándole con impaciencia.

Karlsruhe, 12 de diciembre de 1887

Heinrich Hertz sabía que había algo que saltaba a través del espacio entre su transmisor y su receptor. Según la teoría de Maxwell, si las ondas electromagnéticas se difundían de dentro afuera en círculos concéntricos desde la crepitante chispa de su transmisor como la perturbación producida por una piedra arrojada a un estanque, deberían inducir una corriente eléctrica en el circuito conductor de su receptor, que a su vez debería hacer que saltara una nueva chispa a través del intervalo de este último. Todavía no estaba absolutamente seguro de que fuera eso lo que estaba ocurriendo, pero tuvo una idea.

No fue fácil ponerla en práctica: necesitó casi un mes y la ayuda de su asistente, Julius Amman. Pero ahora, bien sujeta a la pared frontal de piedra arenisca del laboratorio, entre las dos puertas de este, había una gran lámina conductora de zinc de cuatro metros de alto por dos de ancho. La idea de Hertz era transmitir una señal hacia la pared de zinc e intentar captar un reflejo con su receptor.

Era una vieja idea. Si una onda se refleja y se propaga de vuelta a través de sí misma, las ondas entrante y saliente «interfieren» entre sí. Allí donde las *crestas* de una coinciden con las de la otra, las dos ondas se refuerzan, mientras que allí donde las crestas de una coinciden con los *valles* de la otra, ambas se anulan la una a la otra. El resultado es una onda que exhibe determinados puntos donde su amplitud es permanentemente grande, alternando con otros donde es igual a cero. Esta *onda estacionaria* —que resulta fácil de ver si sacudimos con vigor un tendedero— parece congelada en el espacio.

Hertz movió poco a poco su receptor hacia la pared, que se hallaba a 12 metros del transmisor, y al hacerlo no pudo por menos que maravillarse. La chispa crecía y desaparecía cada tres metros: era el sello inconfundible de una onda estacionaria, y exactamente lo que había estado esperando. Él y Amman habían montado el transmisor de tal modo que la chispa que crepitaba en el intervalo hacía que una corriente eléctrica saltara de un lado a otro a lo largo de un conductor de tres metros. El campo eléctrico asociado a dicha corriente, que cambiaba cincuenta millones de veces por segundo, irradiaba una onda electromagnética con una separación de tres metros entre sus crestas y sus valles.

No había absolutamente ninguna duda al respecto. Hertz había generado y detectado las invisibles ondas electromagnéticas de Maxwell. Estas tenían una longitud de onda de seis metros, la distancia a lo largo de la cual repetían su movimiento de vaivén. El mundo ya nunca volvería a ser igual.

Maxwell no tuvo la satisfacción de ver confirmada su predicción. Murió prematuramente a los cuarenta y siete años a causa de un cáncer de estómago —la dolencia que también había matado a su madre a la misma edad— después de someterse a una terrible operación sin anestesia. No obstante, antes de morir aún tuvo tiempo de hacer que su teoría del electromagnetismo diera un paso más, que resultaría crucial.

La mayoría de los otros científicos se habían sentido completamente desconcertados por su intrincado modelo mecánico a base de engranajes y cuentas, aunque en realidad Maxwell no esperaba que nadie se lo tomara en serio: para él siempre había sido un modelo de la naturaleza, no el modo como era la naturaleza de verdad. De manera que en 1873 eliminó el andamiaje teórico y pasó a expresar su teoría únicamente en ecuaciones matemáticas que describían el comportamiento de los campos eléctricos y magnéticos.

Las cuatro ecuaciones del electromagnetismo de Maxwell han llegado a ser tan célebres que en la actualidad incluso se estampan en camisetas, a menudo acompañadas del lema «¡Hágase la luz!». Pero en realidad Maxwell formuló un total de veinte ecuaciones para describir la electricidad y el magnetismo, y las formuló no en términos de campos eléctricos y magnéticos, sino de *potenciales* magnéticos y eléctricos. Fue el físico e ingeniero electrotécnico inglés Oliver Heaviside quien en 1885 las redujo a la forma condensada que desde entonces se ha convertido en sinónimo del nombre de Maxwell (aunque, irónicamente, sería la formulación original de este último la que demostraría ser más útil en los avances de la física del siglo XX). Solo hizo falta una sencilla manipulación de las ecuaciones de Maxwell para obtener una *ecuación de onda* que describiera una onda electromagnética.

Ya de pequeño, Maxwell había demostrado una gran curiosidad. Solía preguntar constantemente a los adultos que lo rodeaban: «¿Qué hace ir tal o cual cosa?»; y, cuando le daban una respuesta que no le satisfacía, «pero ¿qué hace ir tal o cual cosa en especial?». Con sus ecuaciones del electromagnetismo, había encontrado lo que «hace ir» el magnetismo y la electricidad.

Solo podemos imaginar cómo debió de sentirse tras haber conquistado por fin la electricidad, el magnetismo y la luz. Como diría más tarde Einstein aludiendo a la conquista del espacio, el tiempo y la gravedad: «Los años de búsqueda en la oscuridad de aquella verdad que uno siente pero no puede expresar, el intenso deseo y las alternancias de confianza y recelo hasta que uno llega a la claridad y la comprensión, solo los conoce quien los ha experimentado por sí mismo».

Las ecuaciones de Maxwell resultan extraordinarias en muchos sentidos. En primer lugar, marcan un cambio radical en nuestra visión del universo. Desde la época de Newton, los físicos habían utilizado analogías del mundo cotidiano para formular modelos del mundo físico fundamental, que es justamente lo que Maxwell intentaba hacer con sus cuentas y engranajes. Pero al desechar ese andamiaje, el científico había aprehendido una profunda verdad del universo: que la realidad está hecha de cosas —campos eléctricos y magnéticos— que no tienen parangón en el mundo cotidiano de los objetos familiares. Únicamente las matemáticas, el lenguaje subyacente a la naturaleza, pueden captar su esencia. En el siglo XX, los físicos reconocerían de manera creciente esta verdad, al llegar a comprender que la gravedad no es otra cosa que la curvatura del espacio-tiempo tetradimensional y que los átomos y sus componentes únicamente pueden describirse mediante ondas abstractas de probabilidad. «Con James Clerk Maxwell terminó una época científica y se inició otra nueva», diría Einstein.

Pero la teoría del electromagnetismo de Maxwell no solo señala un cambio profundo en nuestra visión de la realidad última: también contiene el germen de varias revoluciones científicas posteriores. El hecho de que en teoría un horno debería contener un número infinito de vibraciones electromagnéticas —un planteamiento del todo absurdo— llevó al físico alemán Max Planck a postular en 1900 que debía de haber un límite de energía y que la energía electromagnética solo se propaga en cantidades discretas o *cuantos*, los más enérgicos de los cuales resultan demasiado costosos de producir en un horno. Esto marcó el nacimiento de la *teoría cuántica*, la descripción moderna de los átomos y sus elementos constitutivos.

La teoría de Maxwell también contiene el germen de la relatividad. El hecho de que la velocidad de la luz aparezca en teoría como un valor absoluto, con independencia del movimiento de la fuente de emisión o de cualquier observador, llevó a Albert Einstein a postular en 1905 que dicha constante es el lecho de roca sobre el que se asienta el universo, mientras que el espacio y el tiempo no son más que arenas movedizas. De hecho, la teoría de la relatividad *especial* revela que el espacio y el tiempo son aspectos de una misma cosa: la entidad inconsútil del *espaciotiempo*. La relatividad especial profundiza en la teoría de Maxwell al resolver una de sus paradojas fundamentales. Sabemos que se genera un campo magnético cada vez que una carga eléctrica, como un electrón, se pone en movimiento y altera así su campo eléctrico.* Pero ¿qué pasaría si pudieras encogerte hasta alcanzar el tamaño de esa mota de materia y moverte con ella? Dado que ahora te hallarías en estado estacionario con respecto a la partícula, verías un campo eléctrico, pero no uno magnético. Entonces, ¿cómo puede existir un campo magnético para una persona pero no para otra? Según Einstein, solo hay una forma de eludir la paradoja: admitir que los campos eléctricos y magnéticos, como el espacio y el tiempo, no son cosas fundamentales; solo lo son el campo electromagnético y el espacio-tiempo. La cantidad de campo eléctrico, campo magnético, espacio y tiempo que ves individualmente depende de lo rápido que te muevas.

Sin embargo, podría decirse que el aspecto más importante de la teoría del electromagnetismo de Maxwell es el concepto de campo: aunque de hecho lo inventó Faraday, fue Maxwell quien le dio su expresión matemática.

---

* El electrón, la partícula elemental de la electricidad, fue descubierto en 1895 por el físico británico J. J. Thomson en los *rayos catódicos*. Estos últimos representan la electricidad en estado puro viajando a través de la vacuidad de un *tubo de vacío* en lugar de hacerlo oculta dentro de un cable conductor. Los electrones, que orbitan alrededor de los *núcleos* de los átomos, no solo explican el fenómeno de la electricidad, sino de hecho toda la química, que no es más que una especie de juego de las sillas musicales en el que los electrones se reorganizan en el interior de los átomos.

Faraday comprendió que el campo electromagnético constituía un nuevo tipo de entidad que difería de la materia y podía transmitir efectos de un lugar a otro. Intuyó que la electricidad y el magnetismo se entendían mejor en términos de campos que en términos de cuerpos cargados y corrientes. Cuando una corriente circula por un cable, el aspecto más importante del fenómeno no es la corriente en sí, sino los campos de fuerza eléctrica y magnética que se extienden a través del espacio que lo rodea. Esta preeminencia otorgada al concepto de campo constituyó el mayor y más profético logro de Faraday. Con ello, anticipaba el futuro de la física.

En nuestra visión moderna, los campos —no solo el electromagnético, sino también el de electrones, el de quarks arriba, el de Higgs, etc.— son las entidades últimas a partir de las que está construido el universo. En esta concepción, las denominadas *fuerzas* o *interacciones fundamentales*, incluida la fuerza electromagnética, solo existen para mantener lo que se conoce como *invariancia de gauge local*, que explicaré con más detalle en el capítulo 8. No deja de resultar extraordinario que todos los fenómenos eléctricos y magnéticos descubiertos durante siglos de experimentación y teorización no sean más que una consecuencia de este principio increíblemente simple y universal.

La forma en que Maxwell aunó las fuerzas eléctricas y magnéticas de la naturaleza en su teoría del electromagnetismo se ha calificado como la segunda gran unificación de la física, después de que Newton aunara las leyes del cielo y de la tierra en su teoría de la gravitación universal. En la actualidad, Maxwell está generalmente considerado como el físico más importante de todos los que vivieron entre las épocas de Newton y Einstein. Quienes se burlaron de él en la escuela en Edimburgo, y cuyos nombres ya nadie recuerda, vivieron para descubrir su error.

Maxwell, en cambio, no vivió para ver cumplida la predicción de su teoría del electromagnetismo en la creación de las ondas hertzianas o de radio. Pero aunque murió de manera prematura, no lo hizo tan joven como Hertz, que contrajo una enfermedad rara llamada *granulomatosis de Wegener*, en la que el sistema inmunitario ataca a los propios vasos sanguíneos del cuerpo, principalmente en los oídos, la nariz, los senos nasales, los riñones y los pulmones.[13] Pese a someterse a varias operaciones, murió de septicemia el 1 de enero de 1894. Tenía tan solo treinta y seis años.

En su última carta, que envió a sus padres el 9 de diciembre de 1893, Hertz escribió: «Si al final me sucediera algo, no lloréis por mí; antes bien debéis sentiros un tanto orgullosos y considerar que me encuentro entre los elegidos especialmente destinados a vivir solo por un breve tiempo y, sin embargo, llegar a vivir lo suficiente».[14] Ni siquiera imaginaba que su descubrimiento cambiaría el mundo y haría posible los siglos XX y XXI. Cuando le preguntaron sobre las posibles repercusiones de su descubrimiento se limitó a decir: «Supongo que ninguna». Y al insistir su interlocutor en la pregunta respondió: «No tiene ninguna utilidad. Es solo un experimento que demuestra que el maestro Maxwell tenía razón».[15]

Pero por más que Hertz no supiera reconocer la importancia de su descubrimiento, el hecho es que este cambió el mundo de manera irrevocable. La radio, la televisión, el wifi, los hornos de microondas, el radar... La lista de tecnologías que engendró sería interminable. Nuestro mundo ultraconectado, que hoy nos parece natural, y donde el aire que nos rodea está surcado por el invisible parloteo de miles de millones de voces, nació en Karlsruhe el 12 de diciembre de 1887.

3
A través del espejo

> Creo que el descubrimiento de la antimateria
> fue probablemente el mayor de todos los grandes
> saltos de la física de nuestro siglo.
>
> Werner Heisenberg[1]
>
> —¿Cómo encontró la ecuación de Dirac, profesor Dirac?
> —La encontré hermosa.
>
> Paul Dirac[2]

Pasadena, California, 2 de agosto de 1932

Era una ventana a un nuevo mundo, a un nuevo universo. Cierto tipo excéntrico que vivía a casi diez mil kilómetros de distancia, en Inglaterra, se habría dado cuenta de ello al instante, pero el joven que sostenía la foto, el físico cuya persistencia y esforzado trabajo le habían permitido obtener aquella imagen, solo sabía que era extraordinaria. Carl Anderson, sentado en un escritorio en el tercer piso del Laboratorio Aeronáutico Guggenheim del Caltech, dejó la fotografía a un lado y empezó a redactar el artículo que no solo le haría famoso, sino que lo convertiría en una de las personas más jóvenes a las que se concedería el Premio Nobel de Física.

Todo había empezado con Robert Millikan, el carismático físico cuyo incansable impulso había transformado el Throop College of Technology, una universidad técnica de Pasadena, en el mundialmente célebre Instituto de Tecnología de California, más conocido como Caltech. Millikan se había sentido intrigado por una misteriosa «radiación» que, según los experimentos que el físico austriaco Victor Hess había llevado a cabo con globos aerostáticos, se intensificaba con la altitud, lo que indicaba que su fuente de emisión no era la Tierra, sino algo procedente del espacio.

En la época del descubrimiento de Hess, en 1912, la única radiación conocida era la que emanaba de los elementos inestables, o *radiactivos*, como el uranio, el torio y el radio. Los *núcleos* de sus átomos escupían balas subatómicas en forma de partículas alfa (núcleos de helio), partículas beta (electrones) y rayos gamma (fotones de alta energía). Al atravesar el aire disparados, los tres tipos de radiación desintegraban átomos a su paso, y los electrones que salían rebotando de estos podían detectarse cuando estimulaban un *electroscopio* o activaban el chasquido, similar al de una serpiente de cascabel, de un *contador Geiger*. Los rayos cósmicos de Hess —un nombre acuñado por Millikan en 1925— imitaban ese mismo efecto *ionizante*.

A finales de 1929, cuando Anderson estaba a punto de finalizar su doctorado, Millikan le preguntó si le interesaría investigar los rayos cósmicos. El joven estudiante no se lo pensó dos veces: sentía auténtica veneración por el presidente de Caltech, que en 1923 había sido galardonado con el Premio Nobel de Física por haber logrado medir la carga de un electrón.[3]

Millikan pensaba que los rayos cósmicos eran rayos gamma con una energía enormemente superior a cualquier cosa que pudiera encontrarse en la Tierra, y que los electrones con los que estos colisionaban debían de rebotar como las bolas del billar americano cuando las golpea la bola blanca. Midiendo la energía de aquellos electrones afectados por la llamada *dispersión de Compton*, sería posible calcular la energía de los rayos gamma.*

Millikan le sugirió a Anderson que utilizara para aquella tarea una cámara de niebla, un extraordinario dispositivo inventado en Cambridge por Charles Wilson, en 1911, capaz de revelar el rastro que dejaban las partículas subatómicas. Su principio era sencillo y estaba copiado directamente de la naturaleza. Cuando el aire húmedo asciende en la atmósfera, se enfría y se condensa en gotas, formando las nubes. Wilson imitó ese proceso llenando una cámara de vidrio con aire húmedo y luego enfriándolo de forma repentina. El aire se enfría de manera natural cuando se expande, de modo que, para lograr ese efecto, le bastaba con desplazar hacia fuera el émbolo de un pistón conectado a la cámara para aumentar el volumen de aire.

Solo se formará una gotita de agua si existe previamente una «semilla», como por ejemplo un grano de polvo, en torno al cual pueda condensarse; cuando el vapor de agua es tan puro que no contiene tales impurezas, pueden actuar como semillas de condensación los diminutos *iones* cargados que se generan cuando se extrae a los electrones de los átomos por la radiación ionizante.

Wilson llenó una cámara de vidrio con vapor de agua ultrapuro y lo enfrió por debajo de la temperatura a la que normalmente se formarían las gotitas. En ese estado de *superenfriamiento*, el vapor de agua aprovecharía la más mínima oportunidad para formar gotitas en torno a los iones, y lo haría en el mismo instante en que Wilson expandiera y enfriara su cámara de niebla.

---

* Arthur Compton fue un físico estadounidense que en 1927 ganó el Premio Nobel de Física por demostrar que la luz de alta energía rebota contra los electrones exactamente como si estuviera hecha de diminutas balas. Esto probaba la hipótesis postulada por Einstein en 1905 de que la luz viaja a través del espacio como una corriente de partículas, o *fotones*.

El manejo del dispositivo resultó ser más un arte que una ciencia, pero iluminando la cámara con una luz brillante era posible fotografiar la pequeña estela de gotitas de agua en forma de cuentas que dejaban las partículas subatómicas a su paso. Dado lo extraordinariamente diminutas que son las partículas subatómicas —un billón de veces más pequeñas que la mota más pequeña visible a simple vista—, revelar sus huellas constituía un logro sorprendente, que le valió a Wilson compartir el Premio Nobel de Física en 1927.

Millikan sabía que, si las gotitas de agua se dispersaban y dejaban un fino rastro, la partícula responsable llevaba una carga eléctrica relativamente pequeña, mientras que si, por el contrario, las gotitas se apiñaban y formaban un rastro más grueso, la partícula tenía una carga relativamente grande. La carga contribuía a identificar una partícula generada por un rayo gamma cósmico, pero no bastaba para precisar su identidad de forma definitiva. En consecuencia, Millikan le sugirió a Anderson que pusiera su cámara de niebla en un campo magnético: eso curvaría la trayectoria de las partículas subatómicas, y las partículas con un momento reducido se curvarían más que aquellas cuyo momento fuera mayor. (El *momento* o *cantidad de movimiento*, que es el producto de la masa por la velocidad de un cuerpo, refleja el hecho de que un cuerpo masivo de movimiento lento resulta tan difícil de desviar como un cuerpo ligero de movimiento rápido.)

Sin embargo, los rayos cósmicos y sus desechos subatómicos resultaban ser extremadamente penetrantes —eran capaces de abrirse paso a través de una gruesa capa de denso plomo—, lo que indicaba que tenían una energía enorme y viajaban a una velocidad enormemente rápida. Unas partículas de movimiento tan rápido emplearían muy poco tiempo en atravesar la cámara de niebla, lo que implicaba que el campo magnético apenas tendría ocasión de curvar su trayectoria. La única forma de generar una desviación mensurable era utilizar el campo magnético más potente posible.

El experimento representaba un gran reto y requirió un año entero ensamblar el aparato en el taller de óptica del Laboratorio de Astrofísica Robinson, cuyas instalaciones se habían creado para construir un telescopio de cinco metros —el mayor del mundo— para el Observatorio del Monte Palomar, cerca de San Diego.[4] Por entonces la Gran Depresión, desencadenada el 29 de octubre de 1929 por el crac bursátil de Wall Street, se hallaba en pleno apogeo; escaseaba el dinero, y Anderson tuvo que obtener el material para su experimento rebuscando en las chatarrerías locales. Afortunadamente, tenía un largo historial de improvisación con equipamientos desechados: cuando era estudiante de secundaria en Los Ángeles había realizado experimentos eléctricos con baterías de automóviles usadas que había gorroneado en diversos garajes.[5]

La cámara de niebla de Anderson tenía la forma de una lata de galletas redonda y bastante plana: tenía solo tres centímetros de profundidad por diecisiete de diámetro. Estaba colocada con su parte más larga en posición vertical e insertada en un solenoide, una apretada bobina de alambre de cobre por la que circulaba una corriente eléctrica. Cuanto mayor fuera la corriente, más potente resultaría el campo magnético, y la mayor corriente disponible en Caltech era la producida por el generador de 425 kilovatios que alimentaba el túnel de viento del Laboratorio Guggenheim. De ahí que Anderson hubiera montado su aparato en las instalaciones aeronáuticas.

Las grandes corrientes eléctricas también generan considerables cantidades de calor, lo que representaba otro importante problema para Anderson. Para evitar que su aparato se fundiera, tenía que bombear agua de refrigeración a través de unas tuberías que se arrollaban en espiral en torno a su solenoide. Aunque la cámara de niebla que constituía el núcleo del experimento tenía apenas un diámetro mayor que un plato de una taza de té, la instalación entera terminó pesando cerca de dos toneladas. Cuando entraba en funcionamiento, constituía una visión formidable. El aparato bombeaba agua del grifo a una velocidad de 150 litros por minuto. Tras calentarse hasta casi el punto de ebullición por la corriente que atravesaba el solenoide, se expulsaba del laboratorio y descendía por una bajante situada en la pared exterior del Laboratorio Guggenheim hacia un sumidero situado en el extremo opuesto de la vecina California Street (actualmente California Boulevard). Anderson no tenía más remedio que trabajar de noche, ya que durante el día el generador del Guggenheim se necesitaba para alimentar el túnel de viento. Los habitantes de Pasadena no pudieron por menos que alarmarse al ver el vapor que se elevaba formando nubes en la oscuridad entre las espigadas palmeras de Arden Road, e hicieron falta todo el encanto y las dotes diplomáticas de Millikan para tranquilizarles asegurándoles que sus vidas no corrían peligro.

Aún más espectaculares resultaban los destellos de luz —brillantes cual supernova— que emitía de manera intermitente la ventana del tercer piso del Laboratorio Guggenheim.[6] Anderson utilizaba una potente lámpara de arco para iluminar las estelas de las partículas y una cámara fotográfica para registrarlas. Quienes paseaban tranquilamente por Olive Walk después de una agradable cena en el nuevo Club Athenaeum de Caltech tenían la impresión de que el monstruo de Frankenstein cobraba vida de nuevo. Si alguien hubiera subido las escaleras hasta el tercer piso, la visión de Anderson con bata blanca y gafas de soldador encorvado junto a las bobinas magnéticas de su aparato no habría servido de mucho para tranquilizarle.

El experimento de los rayos cósmicos tenía un porcentaje de éxitos tan exiguo que resultaba desmoralizador. La llegada de partículas procedentes del espacio era impredecible, por lo que no había forma alguna de saber cuándo había una atravesando la cámara de niebla. La única opción que tenía Anderson era activar el pistón en momentos elegidos al azar, iluminar el interior con un destello de luz, hacer una fotografía y esperar lo mejor. No resulta sorprendente, pues, que en la mayoría de las fotografías no saliera nada. De hecho, después de un año de trabajo, durante el cual Anderson hizo unas 1.300 fotografías, solo 16 de ellas resultaron contener algo de interés, lo que representaba una tasa de éxito de apenas un 1%. Thomas Edison, en su famoso aforismo de que el genio era «un 1% de inspiración y un 99% de transpiración», sin duda había dado en el clavo.

Fuera como fuese, había un puñado de fotografías en las que se apreciaba la trayectoria de una partícula ligera y de bajo momento, muy curvada por el enorme campo magnético de 15.000 gauss. Solo podía tratarse de un electrón, creado en la cámara de niebla por la colisión de un rayo cósmico con un núcleo atómico. Pero Anderson observó algo curioso: además de mostrar a un electrón trazando una trayectoria espiral en un determinado sentido en el campo magnético, casi todas las fotografías revelaban también la trayectoria de una partícula desplazándose en espiral en sentido opuesto. Esto último solo podía significar que se trataba de una partícula con carga positiva, ya que un campo magnético curva las partículas con carga positiva en sentido opuesto a aquellas con carga negativa (como siempre es el caso de los electrones). El grosor de las estelas revelaba que la carga transportada por dichas partículas era exactamente de la misma magnitud que la de un electrón.

La idea de que pudiera existir un electrón con carga positiva era demasiado ridícula para considerarla siquiera. En consecuencia, algo debía de haber fallado en el experimento de Anderson.

Aunque era un meticuloso experimentador, Millikan también era propenso a la excentricidad y a los juicios erróneos. Tenía la poco fundamentada idea de que los rayos cósmicos eran rayos gamma generados en las profundidades del espacio exterior por el nacimiento de átomos.[7] De haber sido así, el fotón de alta energía de un rayo gamma simplemente debería dar un tremendo impulso a un único electrón. Pero eso no cuadraba en absoluto con las fotografías de Anderson, que revelaban que se generaba un número aproximadamente igual de partículas negativas y positivas, las cuales se alejaban a menudo a toda velocidad de un punto común.

La única partícula con carga positiva conocida en ese momento era el protón, pero este es aproximadamente dos mil veces más masivo que un electrón, y la fuerte curvatura de las estelas de Anderson indicaba que la partícula misteriosa resultaba ser mucho más ligera que eso.

Al inspeccionar las trayectorias, Millikan le preguntó a su ayudante si era posible que un rayo gamma hubiera interactuado con la base de vidrio de la cámara de niebla y hubiera proyectado así un electrón hacia arriba. Su razonamiento era que el campo magnético curvaría la trayectoria de un electrón que se desplazara hacia arriba de la misma forma que lo haría con una partícula con carga positiva que se moviese hacia abajo.

Había una manera fácil de averiguarlo. Anderson insertó una lámina de plomo horizontal en medio de su cámara de niebla. Inevitablemente, una partícula que la atravesara perdería velocidad y haría que pasara más tiempo en el campo magnético, de modo que su trayectoria se curvaría más. La parte de la trayectoria con mayor curvatura mostraría la partícula en un momento posterior y, por lo tanto, indicaría el sentido de su desplazamiento.

Mientras Anderson modificaba su experimento, en la cercana ciudad de Los Ángeles los Juegos Olímpicos de 1932 se hallaban en pleno apogeo. A causa de la Gran Depresión, solo habían podido permitirse asistir la mitad de los atletas que habían competido en los Juegos Olímpicos de 1928, celebrados en Ámsterdam. En el marco de los esfuerzos por ahorrar en lo posible en el coste de los juegos, el estadio Rose Bowl de Pasadena se había reconvertido en un velódromo; dado que no estaba lejos de Caltech, Anderson tenía la intención de ver algo de ciclismo en cuanto tuviera un momento libre. En cualquier caso, pese a toda la emoción olímpica, en el campus de Caltech, a la sombra de las montañas de San Gabriel, reinaba el silencio. No había estudiantes y muchos de los profesores se habían ido de vacaciones para huir del sofocante calor de julio.

Una vez más, Anderson se puso manos a la obra y sacó un montón de fotos, la mayoría de las cuales resultaron inútiles. Pero el 2 de agosto de 1932 obtuvo una imagen auténticamente impresionante. Era la que estaba mirando ahora mientras escribía la introducción a su artículo.

Atravesando el centro de la fotografía se veía una gruesa línea horizontal de color negro: la sombra de la placa de plomo. Por encima de dicha línea, la trayectoria de la partícula —no más gruesa que un cabello humano— estaba más curvada que por debajo, lo que confirmaba que la partícula de hecho se desplazaba hacia arriba y no hacia abajo, un raro evento que en el futuro suscitaría un gran debate entre los historiadores de la ciencia. Pero no era el hecho de que la partícula se desplazara hacia arriba lo que volvía impresionante a aquella imagen, sino la naturaleza de la propia trayectoria: esta se curvaba al revés de como debería hacerlo.

Millikan descartó la trayectoria como si fuese una anomalía y el propio Anderson tenía persistentes dudas al respecto. Pero a juzgar por las apariencias solo cabía interpretar aquella estela como la trayectoria de una partícula ligera, al igual que un electrón, pero con una carga eléctrica positiva en lugar de negativa.

Por un momento, Anderson interrumpió vacilante la redacción del texto. Luego, por primera vez, escribió la palabra que había acuñado para la nueva partícula. La llamó *positrón*.

El artículo de Anderson, que tenía la intención de presentar a la revista estadounidense *Science*, llevaba por título «The Apparent Existence of Easily Deflectable Positives» ('La aparente existencia de positivos fácilmente desviables'). Escribió lo siguiente: «Parece necesario invocar [la existencia de] una partícula con carga positiva que tenga una masa comparable a la del electrón». Sin duda era una afirmación controvertida. Pero ¿qué otra cosa podía hacer? No tenía más remedio que aceptar lo que su experimento le estaba diciendo. Allí, en su fotografía, tan clara como la luz del día, se hallaba la firma inconfundible de un electrón con carga positiva.

En 1932 solo se conocían tres componentes fundamentales de la materia: el electrón, el protón y, por último, el neutrón, cuyo descubrimiento había anunciado en febrero de aquel mismo año James Chadwick en la Universidad de Cambridge.[8] En conjunto, las tres partículas proporcionaban los elementos básicos constitutivos del átomo, donde los electrones giraban en torno a una apretada bola de protones y neutrones como los planetas alrededor del Sol. Era una imagen nítida y atractiva de la estructura de la materia, y lo último que deseaba nadie era que viniera otra partícula a estropear las cosas. Nadie necesitaba un electrón positivo. La naturaleza no tenía lugar para tal cosa. ¿O sí?

Cambridge, finales de noviembre de 1927

Cuando formuló por primera vez la ecuación que describía el electrón, Paul Dirac se quedó atónito y maravillado ante su belleza,[9] pero también aterrado. Se sentía como un funámbulo que hubiera logrado una hazaña de equilibrio milagrosa, pero que podía verse precipitado hacia la muerte por el más mínimo soplo de aire. Su ecuación era un acto de magia cuya belleza residía en la misteriosa impronta de algo que era correcto. Pero ¿y si se engañaba a sí mismo? ¿Qué ocurriría si había por ahí algún hecho desagradable aguardando a dar completamente al traste con ella?[10] Tuvo que respirar hondo para evitar un ataque de pánico.

Alto, desgarbado y con un aspecto que recordaba a un insecto palo, Dirac era un tipo extraño donde los hubiera. Durante seis días a la semana trabajaba duro, y luego, los domingos, despejaba la mente con largas caminatas por el campo en las afueras de Cambridge en las que solía trepar a los árboles vestido con traje y corbata. Literal hasta el punto de ser obtuso, Dirac podría haber superado muy bien al mismísimo Sr. Spock. Cuando un alumno de una de sus clases levantó la mano y le dijo: «Profesor Dirac, no entiendo la ecuación de la pizarra», él respondió: «Eso es un comentario, no una pregunta», y se quedó mirando al vacío.[11] Uno de sus amigos, el físico ruso Piotr Kapitsa, trató de hacer que se interesara en la literatura rusa y le dio un ejemplar de *Crimen y castigo*. Cuando Dirac terminó de leerlo, Kapitsa se mostró ansioso por saber qué le había parecido. El único comentario de Dirac fue: «En uno de los capítulos, el autor hace salir el sol dos veces el mismo día».

Dirac podía pasar horas en compañía de otras personas sin sentir la más mínima obligación de pronunciar una sola palabra y, si decidía hacerlo, su conversación a menudo se limitaba a responder «sí» o «no». Pero por más que pareciera sentirse desconcertado por el mundo de las interacciones sociales cotidianas —aunque no por el mundo de los dibujos animados de Mickey Mouse, una de sus peculiares obsesiones—, el ámbito abstracto de la física fundamental no le desconcertaba en absoluto. De hecho, era uno de los sumos sacerdotes de la teoría cuántica y la teoría de la relatividad einsteiniana.

En el otoño de 1927, el problema de cómo unificar la teoría cuántica y la relatividad en una descripción del electrón hacía ya muchos meses que ocupaba la mente de Dirac. De hecho, ocupaba la de muchos físicos. Al fin y al cabo, era el problema obvio que tocaba abordar.

La teoría cuántica era la descripción del reino microscópico de los átomos y sus elementos constitutivos. Resultó ser increíblemente acertada y predijo los resultados de muchos experimentos con extrema precisión. Pero, aparte de su éxito, proporcionaba una ventana a un mundo extraño y contrario al sentido común que parecía sacado de *Alicia en el País de las Maravillas* y se ocultaba justo bajo la superficie de la realidad. Era un lugar donde un mismo átomo podía estar en muchos sitios a la vez, donde las cosas sucedían sin razón alguna y donde dos átomos podían influenciarse mutuamente de manera instantánea aunque estuvieran en extremos opuestos del universo.

Gran parte de toda esa rareza cuántica surgía de una única y extraordinaria observación: los componentes básicos constitutivos de la materia —electrones, protones y fotones— pueden comportarse a la vez como partículas o corpúsculos discretos semejantes a las balas, y como ondas que se propagan de manera similar a las ondulaciones en un estanque. No se parecen en nada al mundo cotidiano que conocemos. El primer indicio de este microscópico desvarío se detectó ya en 1900, pero no fue hasta mediados de la década de 1920 cuando los físicos formularon una teoría fundamental a partir de la cual era posible hacer predicciones exactas acerca del comportamiento del mundo atómico.

El punto culminante de la física cuántica fue la denominada *ecuación de Schrödinger*, formulada por el físico austriaco Erwin Schrödinger en 1925. Esta fusionaba los comportamientos ondulatorio y corpuscular, y describía la propagación por el espacio de *ondas cuánticas cuya amplitud* (estrictamente hablando, el cuadrado de su amplitud) en cualquier punto dado determinaba la *probabilidad* de encontrar allí una partícula.[12] Pero la ecuación de Schrödinger tenía un problema: no era compatible con el otro gran avance de la física de principios del siglo XX, la relatividad. La teoría de la relatividad especial de Einstein, publicada en 1905, postulaba que la velocidad de la luz es el lecho de roca sobre el que se asienta el universo, mientras que el espacio y el tiempo no son más que arenas movedizas. De hecho, a velocidades próximas a la de la luz la distinción ente el espacio y el tiempo se desdibuja y revela que son aspectos de una misma cosa: el espacio-tiempo. Si fuera posible que alguien pasara a tu lado volando a una velocidad cercana a la de la luz, su tiempo se ralentizaría de tal modo que parecería estar moviéndose a través de una masa de melaza, mientras que su espacio se contraería de tal forma en la dirección de su movimiento que te daría la impresión de ser tan plano como una tortita.*

Estos efectos que parecen contradecir el sentido común solo se detectan a velocidades cercanas a la de la luz, la cual, dado que es un millón de veces más rápida que la de un avión de pasajeros, está con mucho fuera del alcance de lo que podemos experimentar en el mundo cotidiano. En consecuencia, la ecuación de Schrödinger resulta perfectamente adecuada para describir un átomo de hidrógeno, en el que un electrón orbita alrededor del solitario protón del núcleo a menos del 1 % de la velocidad de la luz. Sin embargo, la fuerza eléctrica que une los electrones a un núcleo atómico aumenta cuantos más protones

---

* En realidad, eso no es del todo cierto. Aunque la relatividad especial predice que alguien que se mueve con respecto a ti debería darte la impresión de que se contrae en la dirección de su movimiento, de hecho no es eso lo que verías, puesto que hay otro efecto en juego. La luz de la parte más distante de la persona tarda más en llegar a ti que la de su parte más cercana, lo que hace que parezca rotar. Por lo tanto, si su rostro apunta hacia ti, verás parte de su nuca. Este peculiar efecto se conoce como *aberración relativista* o *irradiación relativista*.

hay en dicho núcleo, de modo que en los átomos más pesados, como el uranio, esa fuerza puede hacer girar los electrones a velocidades cercanas a la de la luz.* La ecuación de Schrödinger resulta inadecuada para describir tales partículas: hacía falta una ecuación que fuera compatible con la relatividad especial, y eso es lo que Dirac había estado buscando.

El reto consistía en generalizar la ecuación de Schrödinger para el electrón; es decir, encontrar una fórmula general de la que la relación de Schrödinger resultara ser meramente un caso especial aplicable cuando la velocidad era muy inferior a la de la luz. No existe ninguna receta estándar para generalizar una ecuación en física: hacerlo implica intuición, conjeturas y audaces saltos de fe. Es como encontrarse en un territorio desconocido a medianoche sin linterna ni mapa y tratando de adivinar la topología del paisaje. Había, sin embargo, algunas pistas. Dado que Einstein había mostrado que el espacio y el tiempo eran aspectos de una misma cosa, Dirac sabía que la ecuación que buscaba debía tratar el espacio y el tiempo por igual. También debía incorporar otro aspecto clave de la relatividad especial: la idea de que la masa es una forma de energía.

Una piedra angular de la teoría de Einstein es que la luz es inalcanzable: por alguna razón desconocida, su velocidad actúa en nuestro universo como una velocidad infinita. La única forma en que la luz puede resultar inalcanzable es que cualquier cuerpo material se resista a ser propulsado a dicha velocidad; dicha resistencia, o *inercia*, es la propia definición de masa. Por lo tanto, a medida que se acerca a la velocidad de la luz un cuerpo debe hacerse más masivo. Dado que lo único que aumenta de manera obvia a medida que el cuerpo se acelera es su *energía*

---

* La fuerza electromagnética que existe entre un protón y un electrón en un átomo de hidrógeno es 10.000 trillones de trillones (10^{40}) de veces más fuerte que la fuerza gravitatoria que hay entre ellos.

de movimiento, la conclusión inevitable es que esta última tiene masa. De hecho, como comprendió Einstein, todas las formas de energía —y no solo la energía de movimiento— tienen una masa equivalente.

Pero del mismo modo que la energía tiene masa, la masa tiene energía. El descubrimiento más notable de Einstein posiblemente fuera que la materia es energía «encerrada», incluso cuando se halla en reposo. La masa-energía es la forma de energía más compacta y concentrada y la cantidad de energía disponible en esa masa —una cifra realmente enorme— viene dada por la fórmula más famosa de toda la ciencia: $E = mc^2$, donde c es la velocidad de la luz.

Cabría esperar, entonces, que la energía total de una partícula que viaja a una fracción apreciable de la velocidad de la luz sea igual a su energía en reposo más su energía de movimiento. Sin embargo, según Einstein, la cuestión es algo más complicada: resulta que el cuadrado de la energía total de una partícula es igual al cuadrado de su energía en reposo más el cuadrado de su energía de movimiento. En consecuencia, para obtener la energía es necesario extraer la raíz cuadrada de esta expresión. Pero eso crea de inmediato un problema. Al igual que la raíz cuadrada de 9 puede ser tanto +3 como −3, la raíz cuadrada de la expresión de la energía «relativista» también puede ser negativa. Ese era un resultado sin sentido que Dirac quería evitar a toda costa, de modo que se propuso encontrar una ecuación que arrojara de forma directa la energía de una partícula, y no el cuadrado de esta.

Técnicamente, la cuestión era: ¿cómo podía obtener una expresión de la energía de un electrón como suma de un múltiplo de su energía en reposo y otro múltiplo de su energía de movimiento? Esa tarea resultaba imposible si los dos múltiplos eran números. Para cualquier otra persona, esto habría supuesto un callejón sin salida; pero la genialidad de Dirac le llevó a comprender que era posible obtener una expresión de la energía si cada uno de los múltiplos, en lugar de ser un simple número, era un «número bidimensional»: una tabla de valores con dos filas y dos columnas.

Los matemáticos tienen reglas especiales para sumar y multiplicar tales *matrices*. Una propiedad clave es que multiplicar la matriz A por la matriz B no da necesariamente el mismo resultado que multiplicar la matriz B por la matriz A, una propiedad que no resulta infrecuente en las «operaciones» del mundo cotidiano. Tomemos un dado. Si se hace girar noventa grados en el sentido de las agujas del reloj sobre un eje vertical y luego noventa grados de arriba abajo sobre un eje horizontal, su orientación final no será la misma que si se gira primero noventa grados de arriba abajo y luego otros noventa en el sentido de las agujas del reloj.[13] Puesto que el dado «lleva la cuenta» de lo que sucede cuando se lo hace girar y las matrices que requería Dirac para describir un electrón relativista hacían otro tanto, eso le llevó a pensar que en cierto sentido un electrón también podía girar; es decir, que estaba dotado de *espín* (del inglés *spin*, 'giro').

Esta propiedad se había revelado ya en diversos experimentos y había desconcertado por completo a los teóricos. Los electrones que atravesaban volando un campo magnético se desviaban de dos maneras distintas, como si fueran imanes en miniatura que pudieran o bien apuntar en la dirección del campo y que los desviasen en un sentido, o bien hacerlo en la dirección opuesta y que los desviaran en el otro.[14] Pero los campos magnéticos los generan corrientes eléctricas, que no son más que cargas eléctricas en movimiento; y la única forma de que la carga de una partícula elemental como un electrón pueda moverse es que el electrón esté girando.

Sin embargo, los cálculos mostraban que, para que un electrón generara un magnetismo tan potente como el que revelaban los experimentos, tendría que girar a una velocidad mayor que la de la luz, algo que, según Einstein, resultaba imposible. De modo que los físicos se vieron obligados a aceptar que un electrón se comporta como si estuviera girando, aunque en realidad no lo haga. Su *espín cuántico* intrínseco es una propiedad sin analogía alguna en el mundo cotidiano, pero que, no obstante, tiene efectos reales. Si un gran número de electrones se tropezaran contigo, te transmitirían su espín intrínseco y te encontrarías girando sobre ti mismo como un patinador sobre hielo haciendo piruetas.

El hecho de que las matrices que usó Dirac para describir el electrón emplearan dos columnas de números emparejados implicaba una duplicidad de espín, que era justamente lo que se había observado. Aunque en la ecuación de Schrödinger el espín no aparecía por ninguna parte, en cambio surgía como una consecuencia bastante natural de las matemáticas de las matrices de Dirac.

Dirac trabajaba en un estudio en el St. John's College de Cambridge que no tenía fotos en la pared, ni adornos, ni ningún otro tipo de trivialidades; de no haber sido por un viejo sofá apoyado en una de las paredes, la sala habría resultado indistinguible de un aula vacía. Cuando mejor trabajaba era a primera hora de la mañana; se sentaba ante un sencillo escritorio plegable y, con la cabeza gacha, garabateaba en trocitos de papel con un lápiz, deteniéndose de vez en cuando para borrar un error o revisar algo en uno de sus pocos libros de referencia. El silencio de su estudio solo se veía interrumpido por el chirriar de la puerta cuando su asistente entraba con sigilo para echar carbón al fuego o para llevarle té y galletas.

A finales de noviembre, Dirac había probado y descartado numerosas formulaciones matemáticas; fue entonces cuando concibió una descripción del electrón que respetaba a la vez las limitaciones de las dos teorías, logrando lo que parecía una imposible cuadratura del círculo.[15] Apenas podía creer que finalmente hubiera encontrado lo que andaba buscando. Lo que le convenció de ello fue el hecho de que la fórmula que había ideado parecía tener cierta cualidad divina: era económica, elegante y hermosa a un tiempo. La había inventado él, un ser humano, pero podría ser muy bien un pensamiento del Creador que hubiera descendido flotando desde el cielo y aterrizado en su página.

La ecuación de Dirac describía una partícula no solo con la masa de un electrón, sino también exactamente con el mismo espín y campo magnético que se había observado en los experimentos. Sin embargo, la prueba definitiva para ver si funcionaba era aplicarla al átomo más sencillo de la naturaleza, el de hidrógeno. Diversos experimentos habían determinado con un alto grado de precisión los niveles de energía de su único electrón, pero el miedo de Dirac a pegarse un batacazo era tan grande que no se decidía a hacer predicciones con su ecuación. En lugar de ello, se limitó a hacer solo un cálculo aproximado; para gran alivio suyo, sus predicciones coincidían con la realidad, pero no se atrevió a ir más allá.

Durante casi un mes, Dirac no le habló a nadie de su descubrimiento; solo rompió su silencio la víspera de su salida de Cambridge para ir a casa de sus padres, en Bristol, a pasar las vacaciones de Navidad, cuando se tropezó con Charles Galton Darwin, nieto del célebre biólogo y un destacado físico teórico. Darwin quedó profundamente impresionado por lo que le contó Dirac, y el día de San Esteban escribió al físico cuántico danés Niels Bohr hablándole de ello: «[Dirac] tiene un sistema de ecuaciones completamente nuevo que saca el espín correcto en todos los casos y parece ser "la clave"».

El 1 de enero de 1928, Dirac presentó un artículo a la Royal Society, que apareció publicado un mes después.[16] Este, que llevaba por título «The Quantum Theory of the Electron» ('La teoría cuántica del electrón'), causó sensación en todo el mundo científico. Según el físico estadounidense John Van Vleck, la explicación que daba Dirac del espín del electrón era comparable a «un mago sacando conejos de una chistera».

El éxito de la ecuación de Dirac, sin embargo, tenía un precio. Al principio, el físico había intentado excluir la posibilidad de que hubiera electrones con energía negativa, pero había fracasado estrepitosamente. Su hermosa ecuación contenía, no uno, sino dos conjuntos de matrices de «dos por dos»: uno de ellos representaba los electrones de energía positiva; el otro, aquellos con energía negativa.*

En la llamada *física «clásica»* —es decir, la anterior a la física cuántica— no era insólito que una teoría arrojara tales «soluciones» absurdas, pero los físicos se limitaban a descartarlas afirmando que la naturaleza había optado por no aplicarlas. En la teoría cuántica, en cambio, no cabe disponer de este recurso; aquí, en expresión del físico y premio Nobel estadounidense Murray Gell-Mann, «todo lo que no está prohibido es obligatorio». Dicho de otro modo: una partícula como el electrón tiene una *probabilidad* distinta de cero de realizar una *transición* de cualquier estado a cualquier otro estado, y eso incluye los estados de energía negativa de Dirac.

Dirac había descubierto que los electrones solo podían cumplir la teoría de la relatividad especial de Einstein si tenían espín, lo que representaba un triunfo enorme, pero también había descubierto que la teoría solo podía mantener su vigencia si se permitía que los electrones tuvieran tanto energías positivas como negativas, lo que resultaba desastroso.

---

* De hecho, para incorporarlos a ambos en su ecuación, Dirac se vio obligado a utilizar matrices de cuatro columnas con cuatro cifras en cada una de ellas, lo que más tarde pasaría a conocerse como *matrices gamma*.

Los físicos se mostraron asombrados por la belleza de la ecuación de Dirac y sorprendidos por su capacidad de predecir hechos del mundo real, pero muchos se sintieron inquietos por su predicción de la existencia de electrones con energía negativa. Para Werner Heisenberg, eso evidenciaba que la ecuación estaba «enferma» y muy posiblemente equivocada. «El capítulo más triste de la física moderna fue y sigue siendo la teoría de Dirac», le escribió en tono desesperado a Wolfgang Pauli, quien se mostró de acuerdo con él. En opinión de Pauli, la enfermedad de la ecuación de Dirac era incurable y la coincidencia de sus predicciones con los experimentos, poco más que una casualidad.

El propio Dirac, por su parte, no compartía los recelos de otros físicos con respecto a la preocupante opción de la energía negativa de su ecuación. Aunque su fuerte era la física fundamental en su versión más abstracta, se había formado como ingeniero eléctrico y era, en esencia, un pragmático. Si algo funcionaba —y su ecuación lo hacía a la hora de predecir con niveles de precisión sin precedentes muchas cosas que se habían observado en experimentos—, entonces él no tenía duda de que debía contener una gran dosis de verdad. Si fallaba en algunos aspectos, puede que simplemente necesitara algunos ajustes, de manera que lo único que tenía que hacer era encontrar la forma de realizarlos.

Una importante razón de la desesperación de Heisenberg era que las «soluciones» de energía negativa de la ecuación de Dirac amenazaban la propia estabilidad de la materia. En el mundo cotidiano, los objetos tienden a reducir su *energía potencial*; es decir, energía con el potencial de —en la jerga de los físicos— hacer un *trabajo*. Por ejemplo, si se le da la oportunidad, una pelota situada en la cima de una colina se precipitará hacia su base y convertirá su energía potencial en energía de movimiento. Se dice entonces que cuando está en la cima de la colina la pelota tiene una «energía potencial gravitatoria alta», mientras que cuando está en la base tiene una «energía potencial gravitatoria baja».

El problema de la ecuación de Dirac era que, si había *estados* de energía negativa «a disposición» de los electrones, no había nada que impidiera que estos minimizaran su energía potencial hasta caer en dichos estados; era algo tan inevitable como que una pelota rodara al pie de una colina. De modo que la materia era inestable. En consecuencia, la ecuación de Dirac suponía una catástrofe para el mundo.

Las cosas, pues, no pintaban bien. Pero en el otoño de 1928 a Dirac se le ocurrió una idea radical para evitar el desastre. Podría decirse que fue una de las ideas más ridículas de la historia de la ciencia.

La materia es estable —señaló—, de modo que, por definición, eso implica que todos los electrones del universo no han caído en estados de energía negativa. La explicación obvia de ello era que su ecuación estaba equivocada y los estados de energía negativa no existían; pero, por otra parte, la ecuación había logrado tantos éxitos espectaculares que Dirac tampoco quería renunciar a ella. Así que propuso una explicación alternativa de por qué los electrones de la materia no han caído en estados de energía negativa. Simplemente porque ya no queda sitio para ellos: dichos estados ya están llenos a rebosar de electrones con energía negativa.[*]

---

[*] El hecho de que cada estado de energía negativa se llene cuando contiene únicamente un electrón es importante. Si en un solo estado de energía negativa pudiera caber cualquier cantidad de electrones, no habría forma alguna de que dichos estados pudieran «llenarse» y evitar así que siguieran precipitándose en ellos electrones normales y que la materia se volviera inestable. Sin embargo, la teoría cuántica permite la existencia de dos tipos de partículas distintas: las partículas con espín semientero y aquellas con espín entero. La cantidad mínima posible —o *cuanto*— de espín es la mitad de una cierta cantidad. Las partículas con espín semientero, conocidas como *fermiones*, tienen la propiedad de ser

El hecho de que la idea pareciera un puro disparate no era de forma necesaria un motivo para descartarla de antemano. La pregunta clave era: ¿contradecía la realidad? Cabe suponer que, si viviéramos en medio de un vasto mar de electrones con energía negativa, seguramente lo sabríamos, pero Dirac razonó que en realidad no nos daríamos cuenta. En circunstancias normales, ¿notamos el aire que nos rodea? ¿Son conscientes los peces del agua en la que nadan?

Al postular la existencia de un vasto mar de electrones con energía negativa para resolver la dificultad relativa a la estabilidad de la materia, Dirac pudo barrer bajo la alfombra un importante problema de su ecuación, pero al hacerlo creó un nuevo quebradero de cabeza. Obviamente, la existencia de un vasto mar de electrones con energía negativa tendría consecuencias. De vez en cuando, por ejemplo, un electrón con energía negativa podría ser golpeado por un fotón; en ese caso, si se viera expulsado del «mar» con la suficiente energía, se convertiría en un electrón normal con energía positiva.

La idea de la aparición repentina de un electrón en el mundo como un conejo sacado de una chistera era una noción bastante sorprendente, pero cuando Dirac siguió su razonamiento hasta su conclusión lógica, se dio cuenta de algo más: el electrón expulsado dejaría un agujero abierto en el mar de electrones con energía negativa. Él sabía de la existencia de experimentos en los que el electrón interior de un átomo era expulsado por un fotón de rayos X de alta energía y dejaba una ausencia similar; en esos casos, el «agujero» se comportaba exactamente como un electrón con carga positiva. Dirac postuló que el agujero que quedaba cuando un electrón era expulsado del mar de energía

---

enormemente «antisociales», de modo que solo puede haber una de ellas en cada estado cuántico, mientras que aquellas con espín entero, denominadas *bosones*, son extremadamente «gregarias» y les encanta agruparse en un mismo estado. Resulta que los electrones son fermiones.

negativa se comportaba también exactamente igual que una partícula con carga positiva. En otras palabras, un fotón de alta energía no crearía una partícula, sino dos: un electrón, más una imagen especular de un electrón con carga positiva, en un proceso que pasaría a conocerse como *creación de pares*.

Dirac no fue lo bastante audaz para postular la existencia de una nueva partícula subatómica con una masa equivalente al electrón pero con una carga eléctrica opuesta basándose meramente en una fórmula matemática que se había sacado de la manga, de modo que eligió una opción más prudente. Por entonces la única partícula subatómica conocida con carga positiva era el protón, así que Dirac postuló que la imagen especular del electrón con carga positiva no era otra cosa que un protón. El hecho de que esta partícula tenga unas dos mil veces la masa de un electrón, arruinando así la pulcra simetría de la creación de pares, era un detalle cuya solución se dejaba para más adelante. Postular la existencia de una nueva partícula elemental habría resultado excesivo y habría topado con una fuerte resistencia por parte de los físicos. Era una batalla que Dirac no deseaba librar, de modo que la esquivó.

Según Piotr Kapitsa, el amigo de Dirac, este nunca creyó seriamente que su partícula con carga positiva fuera un protón. Lo propuso tan solo para no tener que enfrentarse a otros físicos que pudieran mofarse de él preguntándole: «¿Dónde está su antielectrón, profesor Dirac?».

En realidad, el protón nunca fue un candidato serio para ocupar el puesto de la imagen especular del electrón cuya existencia conjuraba la creación de pares. El físico estadounidense Robert Oppenheimer, que un día lideraría el Proyecto Manhattan para construir una bomba atómica, señaló que, si un fotón de alta energía pudiera crear un electrón y un protón, entonces también sería posible el proceso inverso, con un protón y un electrón aniquilándose el uno al otro, lo cual haría que la materia fuera peligrosamente inestable. Los átomos solo sobrevivirían en tanto sus protones no se tropezaran con electrones perdidos y tendrían tendencia a desvanecerse en cualquier momento en un destello de rayos gamma.

En gran medida, fue precisamente el argumento de Oppenheimer lo que animó a Dirac a hacer público lo que en el fondo ya sabía. En mayo de 1931 presentó otro artículo a la Royal Society. Este trataba de un tema por completo distinto, ya que era una especulación acerca de por qué la carga eléctrica se presenta en cantidades discretas, o cuantos; no obstante, en el artículo Dirac predecía «la existencia de un nuevo tipo de partícula, desconocida para la física experimental, que tiene la misma masa y carga que el electrón».[17] La denominó «antielectrón» y escribió: «No debemos esperar encontrar ninguno de ellos en la naturaleza debido a su rápida tasa de recombinación con electrones, pero si pudieran producirse experimentalmente en alto vacío, serían bastante estables y susceptibles de observación».

Durante una conferencia pronunciada en la Universidad de Princeton a finales de octubre de 1931, Dirac fue aún más lejos: «Los antielectrones no deben considerarse una ficción matemática —declaró entonces—. Debería ser posible detectarlos por medios experimentales».[18]

Lo que imaginaba Dirac era que dos fotones de alta energía colisionaban y creaban un electrón y un antielectrón. No se mostraba optimista con respecto a una posible detección inminente de tal proceso, puesto que no era probable que en un futuro inmediato los experimentadores pudieran disponer de fotones con la energía extremadamente alta que ello requería. Sin duda, Dirac debía de saber que los rayos cósmicos sí estaban dotados de esas energías extremadamente altas —por lo general miles de veces mayores que las de las partículas expulsadas por los núcleos de los átomos radiactivos—, y, en consecuencia, podían crear antielectrones al chocar contra las partículas de la atmósfera. Pero no pareció reparar demasiado en ellos. Posiblemente esto se debiera a que los experimentadores que conocía en Cambridge no los consideraban lo bastante interesantes para estudiarlos y pensaban que Millikan estaba perdiendo el tiempo.

Dirac no predijo tan solo la existencia de un compañero del electrón con carga positiva: en el artículo que presentó a la Royal Society en mayo de 1931 señalaba que, al igual que una descripción relativista del electrón implicaba la existencia de un antielectrón, del mismo modo una descripción relativista del protón implicaba también la existencia de un antiprotón. La naturaleza debía de haber duplicado todas sus partículas elementales, y existía un mundo especular de electrones positivos y protones negativos, es decir, un universo de *antimateria*. El físico confesaría más tarde: «Mi ecuación era más inteligente que yo».[19]

Dirac había puesto sin duda toda la carne en el asador al escribir, motivado tan solo por su deseo de hacer que la teoría cuántica y la relatividad especial fueran matemáticamente congruentes, una ecuación que predecía muchas de las cosas que los físicos observaban en el mundo, incluida la existencia del espín cuántico. Pero, de manera extraordinaria, resultó que predecía también que los elementos constitutivos del mundo que hasta entonces parecían inmutables —las partículas elementales de la materia— podían crearse y destruirse a voluntad. Y por si eso no fuera bastante impactante, para que tales procesos pudieran ocurrir debía de existir un universo especular de antimateria.

Rara vez en toda la historia de la ciencia ha habido una sola ecuación que predijera tal cantidad de novedades. «Hay algo fascinante en la ciencia —observaba Mark Twain—. Con apenas una insignificante inversión en datos se obtienen enormes rendimientos en conjeturas.»[20] En ningún avance científico resulta más cierta esta verdad que en la ecuación de Dirac.

Postular la existencia de una partícula subatómica que nadie había visto jamás y de la que tampoco había habido nunca la más mínima necesidad resultaba, cuando menos, controvertido, pero a la hora de la verdad lo que cuentan son los hechos. Para Dirac, pues, la gran pregunta era: ¿existían realmente los antielectrones?

Pasadena, California, otoño de 1932

Carl Anderson no había encontrado ninguna otra estela que revelara la presencia de una partícula con la masa de un electrón pero con carga positiva. Aquello le preocupó hasta el punto de llegar a considerar la posibilidad de pedirle a la revista *Science* que retirara su artículo. De haberse decidido a hacerlo, no obstante, habría sido demasiado tarde: los rodillos de la imprenta ya estaban en pleno funcionamiento.

Cuando apareció publicado el artículo, el 1 de septiembre de 1932, la reacción de los otros físicos fue o bien de indiferencia o bien de pura incredulidad. Ed McMillan, un buen amigo de los días de estudiante de Anderson en Caltech, blandió su ejemplar de *Science* ante el rostro de este: «¿Qué clase de tontería es esta?», le preguntó. Millikan, que estaba convencido de que el experimento de los rayos cósmicos debía de tener algún fallo para que produjera un resultado tan incomprensible, tampoco se mostró muy solidario. Anderson, con su confianza debilitada, se preguntó si había sido un completo necio y si a sus veintisiete años había saboteado sin darse cuenta toda su carrera científica.

Quizá si Anderson hubiera sido consciente de lo que había descubierto las cosas habrían sido distintas, pero el hecho es que no tenía ni idea de que Paul Dirac había predicho en su escritorio de Cambridge la partícula que él había detectado.

Curiosamente, hasta hacía poco Anderson había estado asistiendo a las conferencias vespertinas que impartía Oppenheimer, quien pasaba varios meses al año en Caltech, y en ellas se había tratado de manera extensa de la teoría de los agujeros de Dirac. Anderson no supo establecer la conexión entre dichos agujeros y la peculiar partícula que él había descubierto en su cámara de niebla en el Guggenheim. Pero probablemente la ceguera del propio Oppenheimer resulta aún más extraña: pese a estar informado de que Dirac había predicho la existencia de un electrón con carga positiva y saber que Anderson había descubierto un electrón con carga positiva, fue incapaz de correlacionar ambas cosas.

Fue uno de los colegas de Anderson quien estableció esa conexión. Rudolph Langer, que era matemático, conocía la teoría del antielectrón de Dirac y había visto la fotografía que había hecho Anderson de la trayectoria de una partícula ligera con carga positiva. Poco después de leer el artículo de Anderson en *Science*, envió una breve respuesta a la revista en la que afirmaba categóricamente que la partícula que había detectado Anderson era el antielectrón de Dirac. Por desgracia, Langer no era demasiado conocido ni respetado en los círculos de la física, y su artículo fue ignorado.

Las cosas estaban aún peor a 9.600 kilómetros de distancia al otro lado del océano, donde nadie parecía estar al tanto del experimento de Anderson ni del artículo de Langer en *Science*. Haría falta un experimento independiente para despertar a los físicos del Laboratorio Cavendish, el Departamento de Física de la Universidad de Cambridge.

Patrick Blackett se había involucrado tardíamente en la investigación de los rayos cósmicos después de que Millikan diera una conferencia en Cambridge el año anterior y mostrara unas fascinantes fotos hechas en la cámara de niebla de Caltech, que, obviamente, eran de Anderson. Blackett persuadió al director del Laboratorio Cavendish, Ernest Rutherford —el mayor físico experimental de la época y el descubridor del núcleo atómico—, de que le dejara unirse a la investigación de los rayos cósmicos. Tras aunar fuerzas con el físico italiano Giuseppe Occhialini, a la pareja se le ocurrió la ingeniosa idea de observar los restos de los rayos cósmicos empleando tubos Geiger-Müller en combinación con una cámara de niebla.

Un tubo Geiger-Müller, o *contador Geiger*, consiste en un tubo de vidrio lleno de gas. Cuando lo atraviesa una partícula de radiación, esta choca contra los electrones de las moléculas del gas, y ese efecto se amplifica utilizando un elevado voltaje hasta convertirlo en una corriente eléctrica mensurable. Colocando un contador Geiger encima de su cámara de niebla y otro debajo de ella, y haciendo que la cámara se activara solo si ambos contadores Geiger registraban una corriente, Blackett y Occhialini se aseguraron de que todas las fotografías que tomaban contenían rastros de partículas. Mientras que el experimento de Anderson había sido una auténtica lotería, con las probabilidades de detectar positrones abrumadoramente en contra, en este los investigadores iban a tiro hecho, y el resultado fue que fotografiaron un gran número de partículas.

Dirac siempre se mostró muy impreciso acerca de cómo se enteró del descubrimiento de los antielectrones, pero probablemente lo hizo a través de Blackett. Las fotos de positrones en lluvias de rayos cósmicos que había obtenido este último junto con Occhialini eran tan sensacionales que aparecieron publicadas en las portadas de los periódicos. A mediados de diciembre de 1932 ya no había dudas al respecto y Dirac confirmó que las imágenes de creación en pares obtenidas en el Laboratorio Cavendish eran congruentes con su teoría. Sus días de ataques de pánico habían terminado, y ahora ya ningún hecho, fuera experimental o teórico, podía arruinar su hermosa ecuación. Su gran logro había sido predecir por primera vez en la historia científica la existencia de una nueva partícula elemental; y lo había hecho utilizando una teoría que se había sacado de la manga, prácticamente sin motivación alguna que derivara de un experimento anterior.

Blackett y Occhialini habían proporcionado la que, sin duda, era la mejor evidencia de la existencia del positrón. De hecho, el primero había observado los efectos del positrón antes incluso que Anderson, aunque cometió el error de descartarlos por considerar que carecían de relevancia. Pese al carácter crucial de su propia contribución, Blackett siempre tuvo un cuidado escrupuloso a la hora de atribuir a Anderson el mérito de haber sido el primero en anunciar la existencia del positrón.[21]

En 1936, Anderson fue recompensado con el Premio Nobel de Física, que compartió con Hess, el descubridor de los rayos cósmicos. Por entonces Dirac también había visto reconocida su labor, tras compartir el Nobel con Schrödinger en 1933.

Anderson formaría parte de una auténtica dinastía de premios Nobel compuesta por tres generaciones de físicos experimentales. Entre ellos se contó su director de tesis, Robert Millikan, pero también un alumno de Anderson, Donald Glaser, que obtuvo el premio en 1950 por la invención de la *cámara de burbujas*, que revelaba las trayectorias de las partículas subatómicas de manera similar a la cámara de niebla.

Vistas retrospectivamente, la creación de pares y la existencia de la antimateria no deberían sorprender a nadie, puesto que ambas cosas resultan esenciales para unificar las descripciones cuántica y relativista del electrón, o, de hecho, de cualquier partícula subatómica.

Una de las piedras angulares de la física es que la energía ni se crea ni se destruye, sino que únicamente se transmuta de una forma en otra. En un mundo regido por la relatividad especial, donde la propia masa es una forma de energía, esta *ley de conservación de la energía* tiene una consecuencia inevitable: la energía de movimiento de los fotones puede transformarse en la masa-energía de las partículas subatómicas (creando materia), y asimismo la masa-energía de las partículas subatómicas puede convertirse en la energía de movimiento de los fotones (en este caso destruyendo materia).

Pero la teoría cuántica impone una restricción crucial a esos procesos de creación y destrucción: la carga eléctrica, como la energía, tampoco se crea ni se destruye. La *ley de conservación de la carga eléctrica* implica que, en la creación de materia, un fotón, que no tiene carga eléctrica, no puede transformarse en una partícula subatómica que sí la tenga. Sin embargo, un fotón *sí* puede convertirse en dos partículas idénticas con cargas eléctricas opuestas, de modo que su carga neta sea igual a cero. De manera similar, en la destrucción de materia, una partícula cargada no puede convertirse en un fotón, dado que ello requiere la intervención de dos partículas idénticas con carga opuesta. Eso nos lleva a la idea de que la creación de materia involucra a un fotón que genera una partícula y una antipartícula —creación de pares—, mientras que la destrucción de materia involucra a una partícula y una antipartícula que generan un fotón —aniquilación— (en este caso, otra restricción, conocida como *ley de conservación del momento*, dicta que la aniquilación de materia y antimateria debe dar lugar a dos fotones idénticos con sentidos opuestos).

«Piensa en binario —decía el novelista John Updike—. Cuando la materia se encuentra con la antimateria, ambas se desvanecen en energía pura. Pero ambas existían; es decir, había una condición que llamaremos "existencia". Piensa en uno y menos uno. Juntos suman cero, *nothing*, nada, *niente*, ¿verdad? Imagínalos juntos, luego imagínalos separándose, despegándose... Ahora tienes algo, dos cosas, donde antes no tenías nada.»

La ecuación de Dirac —como señalaba Updike— revelaba un mundo de materia y antimateria creado absolutamente a partir de la nada. Había cierta grata simetría en el hecho de que Dirac también hubiera sacado de la nada la ecuación que había logrado tal cosa. Hoy, dicha ecuación es objeto de la admiración generalizada de los físicos. «De todas las ecuaciones de la física, quizá la más "mágica" sea la de Dirac —afirma el físico y premio Nobel estadounidense Frank Wilczek—. Es la más libremente concebida, la menos condicionada por el experimento, y la que tiene las consecuencias más extrañas y sorprendentes.»[22]

Dirac ocupa un lugar preeminente entre los magos de la ciencia. Su ecuación está inscrita en una lápida cuadrada, en la que se conmemora al físico, en el suelo de la abadía de Westminster, en Londres.

Pero no es solo la belleza de la ecuación de Dirac la que es objeto de admiración universal, sino también la gran valentía intelectual que mostró al formularla. Dirac «hizo un gran avance, [proporcionó] un nuevo método de hacer física —afirmaba Richard Feynman, otro físico y premio Nobel—. Tuvo el coraje de limitarse a conjeturar la forma de una ecuación, la que hoy llamamos *ecuación de Dirac*, y tratar de interpretarla *a posteriori*».[23] Feynman, un hombre que también goza de un amplio reconocimiento como uno de los magos de la física, se declaraba incapaz de llegar donde llegó Dirac. «Creo que conjeturar ecuaciones podría ser el mejor método para proceder a obtener las leyes de aquella parte de la física que en la actualidad se desconoce», afirmó, al tiempo que confesaba que eso no era su fuerte: «Cuando era mucho más joven intenté conjeturar ecuaciones de ese modo, y he visto intentarlo a muchos estudiantes, pero es muy fácil partir en direcciones extremadamente incorrectas e imposibles».

Como dijo el propio Dirac: «Creo que una peculiaridad mía es que me gusta jugar con ecuaciones, solo buscando hermosas relaciones matemáticas que tal vez no tengan ningún significado físico en absoluto. A veces lo tienen [sin embargo]».[24] Dirac describió su técnica como «una simple búsqueda de bellas matemáticas. Puede que más tarde resulte que el trabajo tiene alguna aplicación. Entonces has tenido suerte».[25]

En esa búsqueda de «bellas matemáticas», Dirac era como un artista, un poeta o un novelista que echaba mano de su inconsciente. «Si eres receptivo y humilde las matemáticas te llevarán de la mano —declaraba—. Una y otra vez, cuando no he sabido cómo proceder, solo he tenido que esperar hasta sentir que las matemáticas me llevaban de la mano. Y me han conducido por un camino inesperado, desde el que se abren nuevas vistas, que conduce a un nuevo territorio donde puedes establecer una base de operaciones desde la que explorar los alrededores y planificar los futuros progresos.»[26]

Dirac se mostraba sorprendido por el hecho de que las matemáticas describieran tan perfectamente la naturaleza. «Uno de los rasgos esenciales de la naturaleza parece ser que las leyes físicas fundamentales pueden describirse en términos de una teoría matemática de gran belleza y poder, cuya comprensión requiere un nivel de matemáticas bastante alto —afirmaba—. Cabe preguntarse: ¿por qué la naturaleza está construida de ese modo? A ello solo se puede responder que nuestro conocimiento actual parece revelar que la naturaleza está construida así. Simplemente tenemos que aceptarlo.» A partir de ahí, Dirac pasaba a especular: «Tal vez se podría describir la situación diciendo que Dios es un matemático de muy alto nivel, y que a la hora de construir el universo utilizó matemáticas muy avanzadas».[27]

Dirac nunca renunció a la teoría de los agujeros y seguiría creyendo en ella al menos hasta la década de 1970. No le molestaba en lo más mínimo que hubiera sido rotundamente vilipendiada por sus colegas. «Eso no es una teoría», se mofaba Bohr. El hecho era que, aunque la teoría de los agujeros no tenía demasiado sentido para la mayoría de la gente, producía los mismos resultados que una teoría moderna del electrón, lo que la convertía en una gran idea. En palabras del premio Nobel holandés Gerardus (Gerard) 't Hooft, era «¡una genialidad!».[28]

En realidad, la teoría de los agujeros resulta superflua y no puede explicar la existencia de antipartículas de las partículas subatómicas conocidas como *bosones*, que, a diferencia de los electrones, pueden agruparse en cualquier estado de energía en un número ilimitado. Resulta que la antimateria es una consecuencia genérica de combinar la teoría cuántica y la relatividad.

En la visión actual de la antimateria, el elemento primordial son los *campos* que impregnan todo el espacio. El que nos resulta más familiar es el campo electromagnético, que puede crear o destruir partes indivisibles, o *cuantos*, de dicho campo, lo que conocemos como *fotones de luz* (piénsese en la luz creada por una linterna o destruida al ser absorbida por el pelaje de un gato negro). Otro es el llamado *campo de electrones*, que —del mismo modo que el campo electromagnético puede crear y destruir cuantos del campo electromagnético— puede crear y destruir cuantos del campo de electrones, es decir, electrones y positrones.

Los positrones no son tan raros como podría pensarse y los emiten de forma natural los núcleos atómicos inestables. Mientras que los núcleos ricos en neutrones pueden volverse estables convirtiendo un neutrón en un protón con la emisión de un electrón, los núcleos ricos en protones pueden lograr lo mismo convirtiendo un protón en un neutrón con la emisión de un positrón. Los positrones así expulsados no llegan muy lejos antes de tropezarse con un electrón y resultar aniquilados en una nube de fotones de alta energía; de ahí que hasta 1932 no los hubiera detectado nadie.

Aun así, los núcleos que emiten positrones se han revelado de enorme importancia en la exploración médica por imágenes.

En la tomografía por emisión de positrones, o *TEP*, se inyecta en el cuerpo una sustancia que contiene núcleos emisores de positrones. Cuando los positrones se tropiezan con electrones, crean pares de fotones con sentidos opuestos, los cuales pueden detectarse. Dado que estos apuntan a la ubicación de cada aniquilación, un ordenador puede utilizarlos para crear una imagen tridimensional del cuerpo.

El descubrimiento del antiprotón tuvo que esperar la llegada de un acelerador de partículas con suficiente energía para crear una partícula unas dos mil veces más pesada que un positrón. Ello se logró finalmente en 1955 mediante el acelerador de protones Bevatrón de la Universidad de California en Berkeley. Un año después llegaría el descubrimiento del antineutrón. Desde entonces se han descubierto las antipartículas de prácticamente todas las partículas subatómicas fundamentales de la naturaleza.

La creación de un antiátomo, consistente en un positrón orbitando en torno a un antiprotón, en lugar de un electrón girando alrededor de un protón, constituye un formidable reto experimental por cuanto ambas antipartículas, una vez creadas, deben someterse a una enorme ralentización antes de poder combinarlas. Pese a ello, en 1995 los físicos del CERN —el laboratorio europeo de física de partículas, situado cerca de Ginebra— utilizaron el llamado Anillo de Antiprotones de Baja Energía (o LEAR, por sus siglas en inglés) para ralentizar antiprotones en lugar de acelerarlos. Al hacerlo, lograron unir positrones y antiprotones hasta crear nueve antiátomos de hidrógeno, cada uno de los cuales sobrevivió durante solo cuarenta nanosegundos.

La antimateria tiene el potencial de convertirse en el combustible de propulsión perfecto en astronáutica, puesto que, cuando la antimateria se tropieza con la materia, el cien por cien de su masa-energía se convierte en otras formas de energía. Es decir, que sería el combustible con mayor empuje conocido en relación con la cantidad utilizada: cien veces más que un combustible nuclear de masa equivalente. Gracias a ello, un cohete de antimateria solo tendría que transportar una cantidad mínima de combustible; y eso constituye una enorme ventaja, dado que la masa del combustible representa un serio problema en un cohete en la medida en que debe propulsarse junto con el cohete mismo.

Aunque era precisamente la antimateria la que propulsaba a la nave *Enterprise* en su misión de cinco años para dirigirse con audacia a donde ningún hombre había llegado antes, en la vida real la creación de una nave espacial propulsada por antimateria está plagada de problemas. Para empezar, la antimateria debe almacenarse de tal manera que no esté en contacto con la materia del cohete, lo que entrañaría el riesgo de una explosión catastrófica. Esto podría lograrse mediante el confinamiento de la antimateria en una *botella magnética*. En segundo lugar, la aniquilación materia-antimateria siempre da como resultado la creación de fotones de alta energía, que, en lugar de salir disparados por la parte posterior del cohete —que es justo lo que se requiere para propulsarlo hacia delante—, se dispersarían en todas direcciones.

Pero el mayor problema a la hora de crear un cohete de antimateria consiste en lograr acumular de entrada la cantidad de antimateria suficiente. Hasta ahora hemos logrado crear tan solo una cantidad minúscula, y conseguirlo ha supuesto un enorme esfuerzo. Si fuera posible fabricar suficiente antimateria para propulsar una sonda espacial hasta Alfa Centauri, nuestra estrella más cercana, se necesitaría ya de entrada mucha más energía para crearla de la que se liberaría en su aniquilación con la materia.

Pero la pregunta de si la antimateria podría llegar a utilizarse o no para propulsar una nave espacial interestelar es una cuestión menor. La pregunta importante es por qué vivimos en un universo de materia, lo cual constituye un profundo misterio en la medida en que todos los procesos conocidos de creación de partículas, como la creación de pares, producen cantidades iguales de materia y antimateria. Dirac, en su conferencia de recepción del Nobel, pronunciada en Estocolmo el 12 de diciembre de 1933, afirmó: «Si aceptamos la perspectiva de una completa simetría entre la carga eléctrica positiva y negativa en lo que respecta a las leyes fundamentales de la naturaleza, debemos considerar más bien un accidente que la Tierra (y presumiblemente todo el sistema solar) contenga de manera predominante electrones negativos y protones positivos. Es muy posible que en algunas de las estrellas ocurra lo contrario y estén formadas sobre todo por positrones y protones negativos. De hecho, puede que haya la mitad de las estrellas de cada tipo. Los dos tipos de estrellas mostrarían exactamente los mismos espectros, y no habría forma de distinguirlas con los métodos astronómicos actuales».

Como señalaba Dirac, las estrellas de antimateria irradiarían fotones exactamente igual que las estrellas hechas de materia normal; pero se equivocaba al decir que, si nuestro universo contuviera dominios de antimateria entremezclados con los de materia, sería imposible saberlo. Dondequiera que una región de antimateria se tropezara con una de materia habría una abundante aniquilación, y los astrónomos no han observado ninguno de los rayos gamma que cabe esperar de tal proceso.

En puridad, no debería haber un universo de materia ni de antimateria, sino tan solo un espacio vacío lleno de los productos de su aniquilación: fotones. Una pista de por qué nos encontramos en un universo hecho íntegramente de materia la proporciona el hecho de que en el universo hay alrededor de diez mil millones de fotones por cada partícula de materia. La implicación que cabe deducir de ello es que en el Big Bang había diez mil millones y una partículas de materia por cada diez mil millones de partículas de antimateria. Tras una orgía de aniquilación, todas las partículas de antimateria quedaron destruidas, dejando una partícula de materia por cada diez mil millones de fotones. La pregunta clave aquí es: ¿cuál era el origen de esa asimetría entre materia y antimateria? O bien las leyes fundamentales de la física están sesgadas en favor de la creación de materia por encima de la antimateria, o bien lo están para favorecer la destrucción de la antimateria por encima de la materia. Pero exactamente cómo y por qué están sesgadas sigue siendo uno de los mayores misterios de la cosmología moderna.

4

Un universo bien afinado

El nitrógeno de nuestro ADN, el calcio de nuestros dientes, el hierro de nuestra sangre y el carbono de nuestros pasteles de manzana se forjaron en el interior de las estrellas al colapsarse. Estamos hechos de materia estelar.

CARL SAGAN

Cuando observamos el universo e identificamos los numerosos accidentes de física y astronomía que han cooperado en nuestro beneficio, casi parece que el universo supiera que veníamos.

FREEMAN DYSON

**Laboratorio de Radiación Kellogg,
Pasadena, California, febrero de 1953**

El hombre sentado al otro lado del escritorio no decía más que chorradas. Willy Fowler lo sabía bien porque era físico nuclear experimental, y nadie en el mundo podía hacer lo que ese tipo decía que era capaz: predecir el estado de energía exacto de un núcleo atómico complejo. Este último constituye lo que se denomina un *sistema de múltiples cuerpos*, con numerosos protones y neutrones zumbando de un lado a otro como un enjambre de abejas submicroscópicas, mientras que la capacidad de los científicos teóricos se limitaba a predecir el comportamiento exacto de un sistema de *dos cuerpos*, como un electrón orbitando en torno a un protón en un átomo de hidrógeno o la Luna recorriendo su órbita alrededor de la Tierra.

Sin embargo, allí estaba —en el despacho de Fowler, en el Laboratorio de Radiación Kellogg de Caltech— aquel astrónomo inglesucho con gafas afirmando que él era capaz de aquello que no podía hacer ningún físico nuclear del mundo. Y, para más inri, su predicción no se basaba en ninguna consideración de física nuclear, sino en un tipo de argumento que Fowler no había escuchado jamás hasta entonces. «El universo contiene carbono —estaba seguro de haber oído decir a Fred Hoyle—, y, en consecuencia, un núcleo de carbono debe tener un estado de energía de exactamente 7,65 megaelectronvoltios.»*

Hoyle le dijo a Fowler que estaba convencido de que los núcleos de todos los átomos se habían ensamblado a partir de núcleos del átomo más sencillo del universo, el de hidrógeno, dentro de las estrellas que habían vivido y muerto antes de que nacieran el Sol y la Tierra. Era, necesariamente, un proceso escalonado. El primer paso implicaba que cuatro núcleos de hidrógeno se unieran de algún modo formando un núcleo del segundo átomo más ligero del universo, el de helio.** El segundo

---

* Un electronvoltio (eV) es una práctica unidad de energía utilizada por los físicos. Es la energía que adquiere un electrón cuando es acelerado por una diferencia de potencial de un voltio; por su parte, un megaelectronvoltio (MeV) es la energía adquirida por un electrón cuando es acelerado por una diferencia de potencial de un millón de voltios.

** Los núcleos atómicos contienen partículas con carga positiva conocidas como *protones* y partículas sin carga conocidas como *neutrones*. En conjunto, ambas partículas, que tienen esencialmente la misma masa, forman lo que se conoce como *nucleones*. El hidrógeno-1 tiene un nucleón en su núcleo; el helio-4 tiene cuatro; el litio-6 tiene seis, y así sucesivamente. Dado que los protones están equilibrados por un número idéntico de electrones orbitando alrededor del núcleo, y que estos últimos determinan cómo un átomo se une a otros —en suma, su capaso era que dos núcleos de helio se unieran a su vez formando un núcleo de berilio. El problema era que el berilio era inestable y se desintegraba una trillonésima de segundo después de haberse formado, de modo que la ruta para construir núcleos atómicos más pesados, como el oxígeno, el calcio y el sodio, parecía estar absolutamente bloqueada.

Hoyle afirmaba que había una forma de saltarse la fastidiosa barrera del berilio. Por lo que Fowler pudo entender, su esquema requería la existencia de un estado *excitado* de alta energía de un núcleo de carbono exactamente 7,65 megaelectronvoltios por encima de su estado *fundamental* normal.

Más tarde, Fowler contaría que la primera impresión que se llevó de Hoyle fue la de un tipo que se había «alejado sobremanera de su rumbo mental».[1] Sin embargo, trabajar a la sombra del mismo telescopio de 2,5 metros del monte Wilson con el que Edwin Hubble había descubierto en 1929 que el universo se expandía lo había convertido en alguien especialmente tolerante con las ideas de los astrónomos para ser un físico nuclear. Y no echar a Hoyle con cajas destempladas resultaría ser la decisión profesional más inteligente que había tomado nunca.

Era muy probable que Hoyle se equivocara, pero Fowler se atuvo a la máxima del experimentador: nunca cierres tu mente a lo inesperado. De modo que llamó a su despacho a los miembros de su pequeño grupo de investigación y pidió al astrónomo británico que repitiera su argumentación. «¿Hay alguna posibilidad —preguntó Hoyle— de que los experimentos hayan pasado por alto un estado del carbono de 7,65 MeV?»

---

rácter fundamental—, el número de protones del núcleo determina el tipo de átomo concreto. Los átomos de hidrógeno contienen un protón en su núcleo; los de helio, dos; los de litio, tres; etcétera. Todos los núcleos, excepto los del hidrógeno, contienen también neutrones, que no afectan al comportamiento del átomo, pero contribuyen a su masa.

Gran parte de la discusión técnica que siguió ignoró por completo a Hoyle, pero finalmente se llegó a un consenso entre el grupo de Fowler. Si ese estado tenía algunas propiedades que resultaban ser muy especiales, podía llegar a ser concebible que pudiera haberse pasado por alto. Hoyle observó esperanzado los rostros de los allí reunidos, pero Fowler negó con la cabeza. Tenía demasiado trabajo para llevar a cabo un experimento que pusiera a prueba la extravagante afirmación de Hoyle. «¿Algún otro interesado?», preguntó Fowler. Hubo uno. Ward Whaling era un texano que había llegado recientemente a Caltech procedente de la Universidad Rice de Houston. Se volvió hacia Hoyle y dijo: «Yo lo haré. Buscaré su estado de energía».

La predicción de Hoyle había tenido un largo período de gestación. Todo había empezado en el otoño de 1944, cuando era un teórico que trabajaba en Inglaterra en el desarrollo del radar, dentro del marco del esfuerzo bélico. Se le había encomendado asistir a un congreso en Washington a finales de noviembre. Llegar allí implicaba una peligrosa travesía del Atlántico, zigzagueando para evitar los mortíferos submarinos alemanes. De hecho, Hoyle estaba tan preocupado que antes de embarcar en el *Aquitania*, en el puerto escocés de Greenock, había contratado un seguro de vida en Lloyd's —tenía una esposa, Barbara, y dos hijos pequeños— y había ido a visitar a sus padres en Yorkshire por si era la última vez que los veía. Pero después de diez tediosos días en el mar, junto con diez mil soldados estadounidenses que volvían a casa, llegó sano y salvo al Nuevo Mundo.

Después de cinco años de apagones y racionamiento en Inglaterra, Hoyle no pudo por menos que sentirse abrumado por las brillantes luces y la abundancia de la ciudad de Nueva York.

Lleno de asombro, deambuló por las calles de lo que le pareció un «país de cuento de hadas» antes de coger un tren en dirección sur en la estación de Pensilvania. Una vez en Washington, se registró en la embajada británica, donde cobró una generosa asignación. Dado que faltaban tres días para que diera comienzo el congreso, decidió viajar al norte, hasta Princeton, para ver al astrónomo Henry Norris Russell, célebre por su innovadora clasificación de las estrellas en el conocido como *diagrama de Hertzsprung-Russell*.

El interés de Hoyle en la astronomía había surgido por accidente. En Cambridge, en el curso 1938-1939, había sido alumno de Paul Dirac. Cuenta la historia que el teórico cuántico no quería tener ningún doctorando ni Hoyle ningún director de tesis, pero un malicioso miembro del cuerpo docente había unido a la pareja por diversión. Fuera como fuese, Dirac —por más fama de taciturno que tuviera— le había dado a Hoyle un consejo útil: en su opinión, los frutos que colgaban de las ramas más bajas del árbol de la física fundamental se habían recogido ya todos durante la revolución cuántica de las décadas de 1920 y 1930; si Hoyle quería hacer un trabajo importante, debería buscar problemas interesantes en otro campo científico.

Hoyle decidió dedicarse entonces o a la astronomía o a la biología, y, por fortuna, se ahorró la molestia de tener que elegir. Encargado de la tarea de invitar a oradores para una sociedad estudiantil, acudió al astrónomo de Cambridge Ray Lyttleton, que en aquel momento estaba especialmente entusiasmado con un determinado problema estelar en el que estaba trabajando. El asunto despertó de inmediato el interés de Hoyle, que empezó a colaborar con Lyttleton y se convirtió en astrónomo por inercia.

El encuentro de Hoyle con Russell en Princeton fue bien, pero resultaría ser más importante por el destino último al que acabaría conduciendo. Ello implicaría encajar las piezas de un auténtico rompecabezas de información recabada de muchas fuentes distintas, lo que ilustra la forma a menudo caótica en la que se practica la ciencia.

Al enterarse de que Hoyle iba a viajar a California después del congreso de Washington para visitar el cuartel general de la armada estadounidense en San Diego, Russell le instó a que aprovechara para hacer también una visita al Observatorio del monte Wilson, situado justo al norte de Los Ángeles. Incluso escribió una carta de presentación a Walter Adams, el director del observatorio.

Cuando llegó a California, Hoyle se reunió con Adams, quien de inmediato lo envió montaña arriba para que pasara el fin de semana en las instalaciones del gigantesco telescopio Hooker, que, con sus 2,5 metros de diámetro, era en ese momento el mayor del mundo. Fue una maravillosa oportunidad para ver trabajar a los astrónomos, pero sería lo que sucedió cuando terminó el fin de semana lo que resultaría crucial. Hoyle, que era un apasionado del senderismo, decidió bajar la montaña andando y se encontró con Walter Baade en Altadena, una población situada en las estribaciones de la sierra de San Gabriel, justo por encima de Pasadena. El astrónomo germano-estadounidense había sido clasificado como «extranjero enemigo» y se le había prohibido alistarse en el ejército, lo que le había dejado en la envidiable situación de disponer de acceso ilimitado al mayor telescopio del mundo mientras abajo, a sus pies, las luces de Los Ángeles se apagaban a causa de la guerra.

Baade —quien, pese a sus innegables dotes de observador a los mandos de un telescopio, resultó ser un conductor tan torpe que ponía los pelos de punta a sus pasajeros— llevó a Hoyle a su despacho en Santa Barbara Street. Allí la pareja pasó una estimulante tarde hablando de los últimos avances en astronomía, que culminaron con la marcha de Hoyle cargado con copias de varios artículos sobre las denominadas *supernovas*, estrellas que sufrían explosiones tremendamente violentas y que habían sido descubiertas por Baade y su colega suizo-estadounidense Fritz Zwicky. Si Hoyle hubiera leído los artículos de inmediato, posiblemente habrían significado poco para él, pero por un giro del destino no lo haría hasta después de su regreso a Inglaterra, y para entonces habría aprendido algo que no solo le daría una idea clave sobre las supernovas, sino que de hecho cambiaría el curso de su vida científica.

Hoyle tenía que ir a Montreal para subirse a un gigantesco bombardero Liberator o a una «Fortaleza Volante» que pudiera llevarle sin escalas a través del Atlántico hasta Prestwick, cerca de Glasgow. Pero el mal tiempo retrasó su partida durante varios días y, mientras esperaba, se tropezó con dos físicos a los que conocía de Inglaterra. En Cambridge era un secreto a voces que Nick Kemmer —que había sido alumno de Wolfgang Pauli— y Maurice Pryce habían sido reclutados por Tube Alloys, el nombre en clave con el que se conocía el proyecto británico para construir una bomba atómica.

La idea era sacar partido de la *fisión nuclear*, un proceso descubierto en Berlín por Otto Frisch, Lise Meitner y Fritz Strassmann en vísperas de la Segunda Guerra Mundial. Un núcleo pesado inestable tenía tendencia a dividirse en dos, o *fisionarse*, y, al hacerlo, expulsar varios neutrones cargados de energía. Estos, a su vez, podían desencadenar la división de nuevos núcleos, incrementando así la posibilidad de que se produjera una *reacción nuclear en cadena*, que liberaría una enorme cantidad de energía nuclear de forma explosiva.

Hoyle conocía dos núcleos distintos susceptibles de fisión: un raro *isótopo* del uranio conocido como *uranio-235*, y un núcleo artificial producido por primera vez en 1940 y conocido como *plutonio-239*. La producción de cantidades suficientes de plutonio para fabricar una bomba requería la construcción de un reactor nuclear o pila atómica. Pero Gran Bretaña, sometida a los bombardeos de la Luftwaffe, carecía de los recursos necesarios para seguir cualquiera de las dos vías para obtener la bomba, de modo que había optado por concentrar uranio-235, un proceso lento y laborioso que se estaba llevando a cabo en Chalk River, cerca de Montreal. Hoyle interpretó la presencia de Kemmer y Pryce en Canadá como un indicativo de que ya se había acumulado el suficiente uranio-235.

Mientras esperaba a que mejorara el tiempo en Montreal, Hoyle empezó a preguntarse por la veracidad de un rumor que había oído, según el cual se había formado un equipo integrado por algunos de los mejores físicos europeos y estadounidenses en un lugar secreto del suroeste de Estados Unidos. Aquello le causaba cierta perplejidad: él creía que resultaría fácil generar una explosión con uranio-235 simplemente haciendo chocar entre sí dos trozos que en conjunto excedieran la denominada *masa crítica necesaria* para generar una reacción nuclear en cadena incontrolada; pero la existencia de aquel gran equipo solo podía significar que en el caso del plutonio las cosas no eran tan sencillas, lo que explicaría por qué Gran Bretaña había elegido la que él pensaba que era la ruta más difícil para desarrollar una bomba.

Era evidente que debía de haber algo que impedía que dos masas subcríticas de plutonio se fusionaran, y lo único que se le ocurrió a Hoyle que podía hacer tal cosa era la propia fisión del plutonio. Al acercar los dos trozos —razonó—, la fisión debía de generar calor con tal rapidez que hacía que estos se separaran antes de que tuviera tiempo de «prender» una reacción en cadena incontrolada. Si estaba en lo cierto, eso implicaría que los científicos tendrían que encontrar una forma de forzar la fusión de los trozos de plutonio. Mientras reflexionaba acerca de cómo podrían hacer tal cosa, cayó en la cuenta de que la mejor manera sería hacer implosionar una carcasa esférica de plutonio rodeándola de explosivos convencionales. Al imaginar aquel escenario, de inmediato detectó un problema: la implosión requerida solo tendría lugar si la onda de choque producida por los explosivos tenía una forma esférica perfectamente simétrica, pero una onda de choque de tales características sería muy difícil de diseñar. Entonces entendió por qué había hecho falta formar un equipo de aquella envergadura.

Aquellas cavilaciones de Hoyle no eran más que un recuerdo lejano cuando en Navidad, ya de vuelta en Inglaterra, tuvo tiempo para leer los artículos de Walter Baade sobre las supernovas.[2] La energía liberada en tal cataclismo estelar era asombrosa: normalmente, el brillo de una supernova eclipsaba a una galaxia entera de varios cientos de miles de millones de estrellas. Al preguntarse sobre la fuente de aquella energía, Hoyle comprendió que solo había una cosa capaz de desencadenar una detonación así: la gravedad.

Si cae una teja del tejado de una casa, la gravedad de la Tierra la acelera de modo que se estrella contra el suelo a gran velocidad. Los físicos dicen que en ese proceso su *energía potencial gravitatoria* —es decir, la energía que posee en virtud de su ubicación en un campo gravitatorio— se convierte en otra forma de energía: energía de movimiento. De manera similar, si el núcleo de una estrella se contrae, es como si la gravedad de dicha estrella acelerara innumerables miles de billones de tejas de modo que su energía potencial gravitatoria se convierta en otras formas de energía, como el calor. Paradójicamente, en una supernova es la implosión del núcleo de la estrella la que desencadena la explosión de sus regiones exteriores al espacio.

En ese punto, Hoyle empezó a juntar las piezas del rompecabezas que se había traído de Estados Unidos. Al igual que la implosión de plutonio en una bomba desencadenaría reacciones nucleares, lo mismo debía de suceder con la implosión del núcleo de una estrella. Las reacciones nucleares en uno y otro caso eran completamente distintas, pero eso no importaba: la idea de que una implosión provocara reacciones nucleares fue como si se encendiera una bombilla en la mente de Hoyle.[3] En el infierno de una explosión supernova, era posible que dichas reacciones nucleares forjaran los elementos químicos de la naturaleza.

La contracción cataclísmica del núcleo de la estrella debía de desencadenarse cuando el núcleo agotaba su combustible y ya no podía generar el calor necesario para evitar que la gravedad lo aplastara. Hoyle imaginó que en la capa exterior de una estrella moribunda debía de producirse un auténtico frenesí de reacciones nucleares capaces de generar elementos químicos, impulsadas por el tremendo calor liberado por la contracción. Lanzados al espacio por la explosión, dichos elementos pasarían a enriquecer las nubes interestelares de polvo y gas, y, cuando estas últimas se fragmentaran por la acción de la gravedad, se incorporarían a nuevas generaciones de estrellas y planetas. Si Hoyle tenía razón, las supernovas eran los hornos en los que se habían forjado los elementos de los que estaba hecho nuestro cuerpo.

Hay un total de 92 elementos naturales, que van desde el hidrógeno, el más ligero, hasta el uranio, el más pesado. Antaño se pensaba que un Creador los había dispuesto todos ellos en el universo al principio de los tiempos, pero en la primera mitad del siglo XX surgió la idea de que en realidad el propio universo los había fabricado. Los científicos habían observado que la abundancia o escasez de cada elemento estaba directamente relacionada con las propiedades nucleares de sus átomos. Así, por ejemplo, un elemento cuyos núcleos estaban más estrechamente unidos que los de otros elementos algo más ligeros o más pesados también era más abundante que ellos, lo que indicaba de forma bastante contundente que los procesos nucleares habían desempeñado un papel clave en la creación de los elementos químicos.

La posibilidad obvia era que el universo había empezado con núcleos del elemento más ligero, el hidrógeno, y que los de todos los elementos más pesados se habían ensamblado posteriormente dentro de las estrellas mediante repetidas uniones de ese componente nuclear básico. De hecho, un descubrimiento clave que hizo Baade bajo el cielo de Los Ángeles oscurecido por los apagones fue que la Vía Láctea contiene dos poblaciones distintas de estrellas. En sus *brazos espirales*, donde orbita el Sol, hay estrellas azules calientes con una concentración relativamente alta de elementos pesados, mientras que el centro de la galaxia está habitado por estrellas rojas frías con una baja concentración de dichos elementos.* Como veremos más adelante, las estrellas azules de la Población I son jóvenes, mientras que las estrellas rojas de la Población II son viejas; y sus concentraciones de elementos pesados revelan que los más pesados de entre ellos se han ido haciendo más comunes a medida que la galaxia ha envejecido, que es exactamente lo que cabría esperar si los elementos pesados se van acumulando dentro de las estrellas con el tiempo.[4]

La construcción de núcleos cada vez más grandes no es tarea fácil, en cuanto requiere forzar la unión de un número cada vez mayor de protones, y las cargas del mismo signo se repelen con una fuerza tremenda. La única forma de superar esa repulsión es haciendo chocar entre sí los núcleos a velocidades cada vez mayores, lo cual, dado que la temperatura es un indicador del movimiento microscópico, es sinónimo de una temperatura también cada vez mayor. De hecho, la construcción de ele-

---

* Los átomos de un determinado elemento concreto absorben y emiten luz únicamente de ciertas longitudes de onda, que actúan como una especie de huella digital de dicho elemento. Mediante tales huellas digitales, los diferentes elementos revelan su presencia a los astrónomos en la luz de las estrellas. Las longitudes de onda corresponden a la energía absorbida o emitida por los electrones al desplazarse entre diferentes órbitas dentro de un átomo.

mentos pesados requiere la existencia de un horno a una temperatura de muchos miles de millones de grados.

Fue la creencia de que el interior de las estrellas no podía alcanzar temperaturas tan exorbitantemente altas la que llevó al físico estadounidense George Gamow a buscar un posible horno alternativo en el que pudieran forjarse los elementos y afirmar que el calor generado en el Big Bang cumplía a la perfección esos requisitos. Pero en 1944, al leer los artículos de Baade, Hoyle vio la oportunidad de demostrar que en realidad no había ninguna necesidad de buscar un horno alternativo: si él estaba en lo cierto, el interior de las estrellas podía llegar a alcanzar temperaturas como mínimo un millar de veces superiores a los aproximadamente diez millones de grados que se calcula que hay en el corazón del Sol.

Era probable que la secuencia de reacciones nucleares que formaban los elementos dentro de las estrellas fuese compleja, y Hoyle no tenía la menor idea de sus detalles. Sin embargo, comprendió que la belleza de una supernova residía precisamente en el hecho de que aquel infierno resultaba tan absurdamente denso y caliente que en realidad los detalles no importaban. En el frenesí submicroscópico que se desarrollaba en su interior debía de haber núcleos formándose y deshaciéndose de forma constante, y al final se alcanzaría un equilibrio en el que dichos procesos de creación y destrucción encajaran a la perfección. Este último dependía solo de lo estrechamente unido que se hallaba cada núcleo y, en tal estado de *equilibrio termodinámico estadístico*, la abundancia relativa de cada uno de los elementos pasaría a ser fija e inmutable; en la jerga científica, quedaría «congelada».

Lo único que Hoyle necesitaba saber, pues, era la abundancia de los diversos elementos y lo estrechamente unidos que estaban sus núcleos. Por desgracia, su trabajo con el radar le había dejado varado en la campiña de Sussex Occidental, sin acceso a este tipo de datos. Entonces, en marzo de 1945, su investigación lo llevó a Cambridge, donde se tropezó con Otto Frisch. El físico austriaco había regresado hacía poco de Estados Unidos, donde había estado trabajando con el equipo que desarrollaba la bomba atómica en Los Álamos, Nuevo México. Resultó que Frisch tenía exactamente lo que quería Hoyle: en un cajón de su escritorio guardaba una tabla de datos nucleares recopilados de manera laboriosa por el físico nuclear alemán Josef Mattauch.

Hoyle tomó prestado de la biblioteca de la Universidad de Cambridge un libro escrito por el químico suizo-noruego Victor Moritz Goldschmidt. En 1937, Goldschmidt había llevado a cabo un estudio pionero sobre la composición del universo reuniendo datos de la corteza terrestre, el Sol y los meteoritos. La tabla en la que resumió sus resultados revelaba qué elementos eran comunes y cuáles de ellos eran raros.

Con los datos de Goldschmidt y Mattauch, Hoyle tenía todo lo que necesitaba. Calculó la abundancia relativa de cada uno de los elementos que quedarían «congelados» en un equilibrio termodinámico nuclear para un rango de diversas temperaturas, y descubrió algo sorprendente: a una temperatura de entre dos mil y cinco mil millones de grados, la abundancia relativa que él había predicho para el cobre y el níquel, el cobalto y el cromo —los elementos en los que se basa nuestra civilización moderna— coincidía exactamente con la que había encontrado Goldschmidt. Hoyle estaba eufórico: ahora tenía pruebas cuantitativas de que aquellos elementos del grupo de hierro se habían forjado en supernovas.[5] «Todos los humanos somos hermanos —diría más tarde el astrónomo estadounidense Allan Sandage—. Venimos de la misma supernova.»

Hoyle finalmente había hallado evidencias de que las estrellas habían forjado algunos de los elementos de la naturaleza. Al cabo resultaba que el interior de estas sí podía alcanzar las enormes temperaturas y densidades que dicho proceso requería.

Pero él creía que dentro de las estrellas no solo se habían creado *algunos* elementos, sino todos ellos. Estaba muy lejos de poder probarlo, pero el hecho crucial era que ahora tenía evidencias de que las estrellas podían alcanzar las condiciones extremas necesarias para la *nucleosíntesis*.

La razón por la que hasta entonces se había creído que las estrellas no podían alcanzar tales condiciones —lo que había llevado a Gamow a pensar en el Big Bang como un crisol alternativo para la construcción de los elementos— era un insólito error cometido por Arthur Eddington. Había sido este astrónomo inglés el que en 1919 había detectado la curvatura de la luz por la gravedad del Sol, demostrando con ello que Newton estaba equivocado y encumbrando a la vez a Einstein a la categoría de superestrella científica. En la década de 1930, los astrónomos habían supuesto que la luz de las estrellas era un subproducto de la *fusión* de núcleos de hidrógeno en núcleos de helio.* Sin embargo, Eddington creía que las «cenizas» de helio se mezclaban con todo el resto de la estrella, diluían poco a poco su combustible de hidrógeno y extinguían finalmente las reacciones nucleares. Sin embargo, era fácil observar un indicio de que podía estar equivocado en el cielo nocturno, por ejemplo, en estrellas como Betelgeuse, en la constelación de Orión:

---

* De hecho, había sido Gamow quien había proporcionado este ingrediente vital. Fue la primera persona que aplicó la teoría cuántica al núcleo atómico, y en 1928 descubrió que, en la *desintegración alfa* de un elemento pesado como el radio, podía escapar del núcleo una partícula alfa, o núcleo de helio, a pesar de que aparentemente no tenía la energía necesaria para hacerlo. Este fenómeno de *efecto túnel cuántico* es posible porque la onda cuántica asociada a la partícula alfa se extiende fuera del núcleo, lo que proporciona a la partícula alfa una pequeña probabilidad de encontrarse allí en un momento dado. En 1929, Robert Atkinson y Fritz Houtermans le dieron la vuelta a la idea de Gamow, mostrando cómo en el interior del Sol podía producirse un efecto túnel inverso que hacía que un núcleo penetrara dentro de otro pese a la tremenda repulsión mutua que parecía hacerlo imposible. El subproducto de esta reacción nuclear era la luz solar.

por lo general tales *gigantes rojas*, lejos de desvanecerse, emitían diez mil veces más calor que el Sol.

Fue justamente la necesidad de dar sentido a lo que ocurría en dichas estrellas lo que despertó el interés de Hoyle cuando conoció a Lyttleton. Ambos habían comprendido que, si una estrella adquiere una composición no uniforme, en lugar de mantenerse simplemente en ese estado —como creía Eddington—, se calienta y se vuelve más densa de manera automática, lo que podría explicar la emisión de luz de las gigantes rojas. Hoyle y Lyttleton imaginaron que la estrella alcanzaba ese estado de no uniformidad al atravesar una nube de gas interestelar y acumular un manto externo de hidrógeno. Pero esa explicación se reveló innecesaria cuando Eddington descubrió su error.[6] El mecanismo que él creía que mezclaba el helio de manera homogénea en una estrella no era, ni de lejos, tan eficiente como cabría esperar. En consecuencia, el helio de la estrella, al ser más pesado que el hidrógeno, se precipitaba hacia el centro de esta, donde se calentaba como le ocurre a cualquier gas cuando se comprime. Al evolucionar las estrellas, su interior iba perdiendo automáticamente uniformidad, y sus núcleos se hacían cada vez más densos y calientes.

A medida que una estrella iba construyendo elementos cada vez más y más pesados, y cada uno de ellos se precipitaba hacia su centro, desarrollaba una estructura interna similar a las capas de una cebolla, donde cada capa sucesiva era más densa y caliente que la que la rodeaba. Hoyle comprendió que este era el escenario perfecto para forjar todos los elementos. Cuando una estrella así explotaba en una supernova o perdía materia en forma de *viento estelar*, algunos de esos elementos terminarían en el medio interestelar, donde constituirían la materia prima para la siguiente generación de estrellas.

En el horno del Big Bang que concibiera Gamow, solo había un breve período de entre aproximadamente uno y diez minutos tras el nacimiento del universo en el que podían haberse forjado los elementos; después, la expansión cósmica había hecho que la bola de fuego resultara demasiado enrarecida y fría para ello. Por ese medio solo habría sido posible forjar helio y algunos de los elementos más ligeros. Los hornos estelares, en cambio, habían dispuesto de miles de millones de años para realizar su magia alquímica. Con tanto tiempo disponible, era evidente que la opción de las estrellas ganaba a la del Big Bang. ¿O no?

La hipótesis de Gamow fallaba no solo porque el horno del Big Bang había dispuesto de menos de diez minutos para construir elementos pesados, sino por una razón aún más fundamental: en la naturaleza no hay ningún núcleo estable de masa 5 u 8.

En la bola de fuego del Big Bang había tanto protones como neutrones —denominados colectivamente *nucleones*, como ya hemos señalado antes—, pero cuando el universo tenía algo más de diez minutos de existencia los neutrones decayeron en protones, o núcleos de hidrógeno. El núcleo del segundo elemento más ligero que existe, el helio, está formado por cuatro nucleones —dos protones y dos neutrones—, por lo que cabe razonar que su construcción requeriría varios pasos. Una vez formado helio-4 en el Big Bang, la ruta obvia para construir elementos más pesados era añadir otro nucleón para formar un núcleo de masa 5, o unir dos núcleos de helio-4 para componer un núcleo de masa 8. Pero la ausencia de núcleos estables de masa 5 u 8 en la naturaleza implicaba que esa ruta era intransitable, lo cual constituía un problema fundamental tanto para los hornos estelares como para el del Big Bang.

Tras su revelación sobre las supernovas, el trabajo de Hoyle sobre la síntesis de elementos en las estrellas se veía obstaculizado por este hecho, de modo que optó por recurrir a la cosmología, la ciencia que estudia el universo a gran escala. En 1948,

Hoyle, junto con Hermann Bondi y Tommy Gold, propuso la *teoría del estado estacionario*. En 1929, tras las observaciones realizadas en el monte Wilson, Edwin Hubble había descubierto que el universo se expandía, de modo que las galaxias que lo componen se alejaban unas de otras como trozos de metralla cósmica. Según la teoría del estado estacionario, a medida que las galaxias se alejan unas de otras, en el vacío que estas dejan tras de sí brota nuevo material que «cuaja» y da lugar a nuevas galaxias. Aunque a primera vista la idea pueda parecer ridícula, de hecho no lo es más que la idea de que toda la materia pasara a existir de golpe en un Big Bang, pero, en cambio, tiene la ventaja de que el universo a gran escala presenta el mismo aspecto en todo momento. Este podría haber existido desde siempre, ya que solo un universo cambiante puede tener un origen. Aquí no hay necesidad de responder a la pregunta: ¿cómo empezó todo?

Fue en parte su interés por la cosmología lo que llevó a Hoyle a asistir a un encuentro de la Unión Astronómica Internacional celebrado en Roma en el verano de 1952. Allí se encontró entre el público de una sesión sobre «nebulosas extragalácticas», o simplemente galaxias, presidida por Walter Baade. El astrónomo de Caltech había pasado por alto de manera negligente la necesidad de contar con alguien que se encargara de registrar las actas de la comisión, de modo que le pidió ayuda a Hoyle. Durante la sesión, Baade presentó una serie de pruebas sensacionales de que en realidad la edad del universo era el doble de lo que había calculado Hubble. Cuando, unos meses después, un astrónomo que había estado entre el público aquel día le robó el descubrimiento a Baade haciéndolo pasar como propio, Hoyle le sacó del apuro: sus actas demostraron que Baade había sido escandalosamente plagiado y garantizaron que se le atribuyera el mérito que le correspondía.

Baade formaba parte de la comisión directiva astronómica conjunta del Observatorio del monte Wilson y el Instituto de

Tecnología de California, lo que casi con toda certeza explica por qué, en el otoño de 1952, Hoyle recibió una invitación para pasar tres meses en Caltech. El astrónomo aprovechó la oportunidad y acudió a Pasadena pensando en la nucleosíntesis de las estrellas y en las posibles formas de saltarse el problemático obstáculo de los núcleos de masa 5 y 8. Caltech era el lugar perfecto para hacer eso, puesto que no solo contaba con un departamento de astronomía de primera fila, sino también con un activo grupo de físicos nucleares.

En Caltech, la investigación sobre física nuclear se había iniciado poco después de la construcción del Laboratorio de Radiación Kellogg en 1930-1931. Financiado por Will Keith Kellogg, «el Rey de los Cereales», inicialmente el laboratorio estaba equipado con un potente tubo de rayos X de 1 MeV, destinado a estudiar no solo la física de dicha radiación, sino también sus aplicaciones en el tratamiento del cáncer.[7] Pero cuando John Cockcroft y Ernest Walton lograron dividir de manera espectacular el átomo con protones de alta velocidad en Cambridge (Inglaterra) en 1932, Charles Lauritsen, el director del laboratorio, cambió de inmediato el rumbo de sus investigaciones.

Un tubo de rayos X utiliza una elevada diferencia de potencial, o *voltaje*, para acelerar electrones de modo que estos se estrellen contra un blanco metálico, un proceso que genera rayos X de alta energía. No fue difícil adaptar el tubo de rayos X de Kellogg y utilizar su elevada diferencia de potencial para acelerar partículas como los protones y estrellarlos contra núcleos atómicos. Observando la metralla resultante, los físicos de Kellogg pudieron medir la velocidad de las reacciones nucleares que transformaban un tipo de núcleo en otro. De hecho, cuando Hans Bethe postuló el denominado *ciclo CNO de reacciones nucleares* para explicar la conversión de hidrógeno en helio dentro de las estrellas y la emisión de luz estelar como subproducto, fueron Willy Fowler y su equipo del Laboratorio Kellogg quienes midieron la velocidad de cada una de las reacciones nucleares del ciclo. Y al hacerlo, descubrieron que este último solo funcionaba de manera eficiente a temperaturas mucho más elevadas que la central del Sol, lo que lo descartaba como principal fuente de energía de la mayoría de las estrellas salvo las más masivas.*

Fowler se consideraba simplemente un físico nuclear, y para él fue una revelación que Bethe le explicara que lo que hacía en el laboratorio podría estar imitando las reacciones nucleares que generaban energía en lo más profundo de las estrellas. No obstante, se requeriría la intervención de un joven teórico de la Universidad de Cornell en 1951 para que Fowler cayera en la cuenta de que su equipo también podría imitar las reacciones nucleares estelares que forjaban los diversos elementos químicos. Ed Salpeter postuló que era posible saltar la barrera de los núcleos de masa 5 y 8 mediante un proceso nuclear extremadamente improbable.

¿Qué pasaría si tres núcleos de helio —lo que suele conocerse como *partículas alfa*— se unieran simultáneamente dentro de una estrella gigante roja para crear un núcleo de carbono-12? Imagínate a tres personas en el estacionamiento de un supermercado estrellando sus carritos de compra unos contra otros a la vez. Habría que esperar mucho tiempo para observar tal evento, pero Salpeter era consciente de que, si algo les sobra a las estrellas, es tiempo: millones o incluso miles de millones de años, a diferencia de los aproximadamente diez minutos en los que debía completarse la construcción de todos los elementos en la opción del Big Bang.

---

* Como se descubriría más tarde, la energía de las estrellas de menor masa como el Sol la proporciona otra secuencia distinta de reacciones nucleares, conocida como *cadena protón-protón*.

Sin embargo, como en cierta manera cabía esperar, el *proceso triple alfa* de Salpeter no acababa de funcionar: era tan infrecuente que solo producía cantidades realmente diminutas de carbono, mientras que la observación refrenda el hecho de que este elemento resulta muy abundante a escala cósmica: es el cuarto elemento más común en el universo después del hidrógeno, el helio y el oxígeno.

Cuando Hoyle llegó a Caltech, a finales de 1952, conocía el trabajo de Salpeter, y él estaba seguro de que el teórico de Cornell tenía razón al pensar que la única forma concebible de saltarse la barrera de la masa 5 y la masa 8 era que tres núcleos de helio colisionaran y se fusionaran. De modo que la pregunta era: ¿había alguna forma de acelerar el proceso de Salpeter? Hoyle estaba convencido de que sí y tuvo una descabellada idea acerca de cómo ponerla en práctica.

Predecir la forma como los nucleones trajinaban de aquí para allá en el interior de un núcleo era algo que estaba más allá de las capacidades de cualquier teórico. Sin embargo, se sabía que algunas configuraciones internas de nucleones eran más estables que otras, ya que era un hecho observable que cada núcleo podía existir en un determinado *estado de energía* dentro de un abanico de ellos. Tenía, por ejemplo, un estado correspondiente a la menor energía posible, o *estado fundamental*, y luego diversos estados de mayor energía, o *estados excitados*, superpuestos a este como los peldaños de una escalera.

Hoyle pensó que, si existía un estado excitado del carbono-12 que se correspondiera exactamente con la energía de tres núcleos de helio a la temperatura de 100 millones de grados propia del corazón de una gigante roja, ello haría que la reacción nuclear producida entre los tres núcleos de helio fuera *resonante*. Es decir, exactamente de la misma manera que el columpio de un niño empujado a su frecuencia natural, o resonante, se acelera, la reacción nuclear se vería potenciada. Hoyle hizo los cálculos pertinentes y descubrió que, si la reacción triple alfa necesaria para producir carbono-12 fuera resonante, resultaría ser más rápida de lo que había calculado Salpeter: no diez veces, ni cien, ni siquiera mil, sino nada menos que diez millones de veces más rápida. Y lo que era aún más importante: los cálculos relativamente sencillos de Hoyle revelaban que tal potenciación de la reacción podía explicar la abundancia de carbono en el universo.

La energía de tres núcleos de helio a una temperatura de 100 millones de grados dentro de una gigante roja era de unos 7,65 MeV. En consecuencia, para que la reacción nuclear que produce el carbono-12 sea resonante, este debe tener un estado de energía de exactamente 7,65 MeV por encima de su estado fundamental. Pero ¿en realidad era así? Esa era la pregunta que Hoyle le hizo a Fowler en su despacho aquel día de febrero de 1953; la pregunta que, por fortuna para Hoyle, despertó el interés de Ward Whaling.

**Laboratorio de Radiación Kellogg,
Pasadena, California, febrero de 1953**

Ward Whaling admiraba el descaro de Hoyle. El 30 de diciembre de 1952, poco después de su llegada a Pasadena, el astrónomo británico había dado una charla pública sobre su teoría del estado estacionario en el marco de la reunión invernal de la Sociedad Estadounidense de Física, que se celebraba en Caltech. La charla —que creó tal expectación en el área de Los Ángeles que hubo que trasladar el acto a un auditorio más grande en la Universidad de Pasadena— había impresionado a Whaling hasta el punto de que este había empezado a asistir a las conferencias que Hoyle daba cada semana en el Laboratorio de Astrofísica Robinson, a solo unos minutos a pie desde el Kellogg.

En sus conferencias, Hoyle desarrolló sus ideas acerca de cómo podría producirse la construcción de los elementos dentro de las estrellas. El científico se veía sistemáticamente atacado con alguna malévola objeción por parte de alguna de las vacas sagradas del departamento de astronomía, pero parece que Hoyle recibía las críticas de personajes como Jesse Greenstein y Fritz Zwicky como quien oye llover: a la semana siguiente volvía con alguna forma ingeniosa de eludir su objeción, solo para ser atacado de nuevo. A Whaling aquello le resultaba estimulante; los conocimientos de astronomía y física nuclear que exhibía Hoyle no eran demasiado convincentes, pero este hecho se veía compensado por su excepcional habilidad matemática y su poderosa imaginación. Sobre todo, estaba ansioso por aprender, y su continuo desplazamiento de los físicos nucleares del Kellogg a los astrofísicos del Robinson le permitía hacerlo con rapidez.

Fue justamente la admiración que sentía Whaling por aquel tipo de Yorkshire con gafas la que lo animó a ofrecerse voluntario para buscar el estado excitado del carbono-12; eso, y el hecho de que, a diferencia de Fowler, él no estaba desbordado de trabajo.

El plan de Whaling era utilizar el acelerador del Kellogg para disparar *deuterones* contra núcleos de nitrógeno-14. Un deuterón es un núcleo de deuterio, o *hidrógeno pesado*, que contiene un protón y un neutrón, mientras que un núcleo de nitrógeno-14 contiene siete protones y siete neutrones. Cada colisión daría como resultado la creación de núcleos de carbono-12 y helio-4. La clave estribaba en medir la energía de los núcleos de helio: la energía disponible se repartiría entre el carbono-12 y el helio-4, lo que implicaba que, si se creaba carbono-12 en su estado fundamental de baja energía, el helio se quedaría con una cantidad de energía relativamente alta; en cambio, si se creaba carbono-12 en un estado excitado de alta energía, ello dejaría relativamente poca para los núcleos de helio. La prueba del estado predicho por Hoyle sería la detección de algunos núcleos de helio con exactamente 7,65 MeV menos de energía que el resto. Como explicábamos en el capítulo anterior, se puede medir la energía de un núcleo observando en qué medida se curva su trayectoria en presencia de un potente campo magnético: los núcleos con mayor energía son los que menos se curvan, mientras que los de menor energía se curvan más. Whaling disponía de un imán con la potencia adecuada; el problema era que no estaba en la misma sala que el acelerador de partículas, además de pesar varias toneladas.

El equipo de Whaling estaba integrado por: un alumno suyo de posgrado, Ralph Pixley; un investigador posdoctoral llamado Bill Wenzel y un investigador posdoctoral visitante australiano que respondía al nombre de Noel Dunbar. Ninguno de ellos daba con la forma de transportar el imán los aproximadamente 30 metros que había que desplazarlo a lo largo de un estrecho pasillo. Por fortuna, al ingeniero de la casa, Vic Ehrgott, se le ocurrió la astuta idea de trasladar el imán sobre una placa de acero que descansara sobre varios cientos de pelotas de tenis:[8] con el peso repartido sobre tal cantidad de pelotas, ninguna de ellas quedaría aplastada.

Un miembro del equipo tenía la tarea de ir recuperando las pelotas de tenis escupidas por la parte trasera de la placa de metal y volver a ponerlas delante, donde otra persona las colocaba bajo la placa. Con gran esfuerzo por parte de varias personas, quejumbrosas y con el rostro sofocado, se pudo desplazar la carga centímetro a centímetro. Miles de años antes, la mano de obra de los faraones egipcios había utilizado una técnica similar con rodillos de madera para transportar bloques de piedra desde una cantera hasta la ubicación de las pirámides, y su encarnación moderna se revelaría no menos eficaz.

Dos días después, Whaling y sus colegas tenían el imán en la misma sala que el acelerador, y estaban listos para iniciar el experimento.

Durante diez días, Hoyle estuvo sobre ascuas.[9] Cada día salía de su despacho en el Laboratorio Robinson y recorría a pie la corta distancia que le separaba del Laboratorio Kellogg bajo el sol invernal. A su izquierda podía ver a los lejos la diminuta cúpula del Observatorio del monte Wilson en lo alto de la sierra de San Gabriel, al tiempo que percibía el tenue aroma a naranja que flotaba en el aire. Era un enorme contraste sumergirse en la penumbra del laboratorio y ver a Whaling y su equipo afanándose en su trabajo rodeados de una jungla de cables de alimentación, transformadores, zumbantes bombas de vacío y cámaras en forma de campana de buzo en las que se disparaban núcleos atómicos unos contra otros.

Ver cómo su predicción se ponía a prueba hacía sentirse a Hoyle como si estuviera en el banquillo con su vida pendiente de un hilo mientras el jurado deliberaba. La diferencia era que un acusado sabe si es inocente o culpable: si es inocente espera que el jurado acierte y, en caso contrario, que se equivoque. Un jurado de experimentadores, en cambio, siempre acierta. «El problema es que no sabes si eres inocente o culpable, que es lo que estás ahí esperando escuchar cuando el portavoz del jurado se levanta para hablar», declararía Hoyle posteriormente.

El décimo día, Whaling estaba esperando a Hoyle. En cuanto llegó le tendió la mano y le felicitó con entusiasmo: su predicción se había visto confirmada. Increíblemente, había un estado de energía del núcleo de carbono-12 de 7,68 MeV, una cifra compatible con los 7,65 MeV predichos teniendo en cuenta el margen de error del experimento. Ahora que ya había quedado establecido el modo de saltarse la barrera de los núcleos de masa 5 y 8, se abría la ruta para construir todos los elementos más pesados. La estrafalaria predicción de Hoyle había resultado correcta; el científico se había asomado al corazón de la naturaleza y había visto algo que los simples mortales —o, al menos, los físicos nucleares teóricos— no habían sido capaces de ver. «El día que supe el resultado, el perfume de los naranjos me parecía aún más dulce», comentaría Hoyle.[10]

«Fue una auténtica proeza —diría por su parte Fowler—. Un hombre entró en nuestro laboratorio y predijo la existencia de un estado excitado de un núcleo, y cuando se realizó el experimento apropiado, se detectó. Ningún teórico nuclear que hubiera partido de la teoría nuclear básica podría haber hecho tal cosa. La predicción de Hoyle resultaba de lo más asombrosa.»[11]

Pero lo que hacía aún mayor el asombro de Fowler era el modo como Hoyle había realizado su predicción. Había predicho el estado de energía de 7,65 MeV del núcleo de carbono-12 utilizando un argumento sin precedentes: tenía que existir porque, en caso contrario, el universo no contendría carbono ni elementos pesados. Nadie en toda la historia de la física había empleado un argumento tan absurdo para formular una predicción tan precisa sobre el mundo. En la fraternidad de los magos, Hoyle ocupa un lugar único.

Cuando Hoyle tuvo tiempo para reflexionar sobre el descubrimiento del estado de energía de 7,65 MeV del núcleo de carbono-12, empezó a calibrar hasta qué punto la existencia de los elementos pesados de los que estamos hechos parece depender no de uno, sino de varios golpes de extraordinaria buena suerte. El primero es la inexistencia de un estado estable de un núcleo de berilio-8; el segundo, la existencia de un estado excitado del núcleo de carbono-12 de exactamente 7,65 MeV. Pero hay asimismo un tercer golpe de suerte nuclear.

No hay ningún estado de energía de un núcleo de oxígeno-16 correspondiente a la energía conjunta de un núcleo de carbono-12 y un núcleo de helio-4 a la temperatura de 100 millones de grados del interior de una gigante roja; de existir tal estado, la conversión de carbono-12 en oxígeno-16 sería resonante. En otras palabras, en el mismo instante en que se formara carbono-12 en el proceso triple alfa, se convertiría de inmediato en oxígeno-16. De ese modo, el universo terminaría sin tener absolutamente nada de carbono, cuando en realidad contiene cantidades aproximadamente iguales de carbono y oxígeno.

En 1973, el físico australiano Brandon Carter popularizó la idea de que muchas de las llamadas *constantes fundamentales de la naturaleza*, como la magnitud de la fuerza electromagnética y la masa del electrón, tienen los valores que tienen porque, si no fuese así, sería imposible que existieran las estrellas, los planetas y, obviamente, la vida. Dicho de otro modo, el propio hecho de que estemos aquí constituye un dato observacional clave: al fin y al cabo, si las cosas no fueran como son, no estaríamos aquí para reparar en ello.

No debe sorprendernos que la extraña lógica de este *principio antrópico* haya generado polémica. Tampoco contribuye en nada a la credibilidad de la idea que sus defensores señalaran que las fuerzas electromagnéticas o gravitatorias deben tener la magnitud que tienen solo *después* de haber observado las consecuencias de dichas fuerzas en el universo. En cambio, la predicción que hizo Hoyle del estado de energía de 7,65 MeV del núcleo de carbono-12 es única en tanto que se realizó antes de cualquier observación o experimento. Sea como fuere, en los años transcurridos desde 1973 ha sido aclamada como el gran éxito del principio antrópico.[12]

Pero puede que los tres golpes de buena fortuna nuclear en realidad no sean tan necesarios para nuestra existencia como parece a primera vista. Los defensores del principio antrópico señalan que, si la fuerza nuclear fuerte que mantiene unidos a los nucleones en los núcleos fuera un poco más débil, ni que fuera solo un pequeño porcentaje, resultaría imposible producir suficiente carbono-12; pero a menudo se olvidan de señalar que, si dicha fuerza resultase un poco más fuerte, haría que el núcleo de berilio-8 fuera estable. De manera crucial, esto abriría una ruta completamente nueva para la construcción de carbono-12 y todos los elementos más pesados. En el mejor de los casos, pues, el hecho de que el berilio-8 sea inestable es solo una suerte relativa.

En 1953, Hoyle declaraba: «Existen elementos pesados; por lo tanto, debe existir un estado del carbono-12 con una energía de 7,65 MeV para abrir la puerta a la construcción de dichos elementos». Sin embargo, a la larga acabaría viendo las cosas desde una perspectiva antrópica, y su afirmación se transformaría en: «Yo existo; por lo tanto, debe existir un estado del carbono-12 con una energía de 7,65 MeV».

La posibilidad de saltarse la barrera del berilio abría la ruta para la construcción de elementos pesados. A medida que una estrella masiva evolucionaba y su núcleo se iba haciendo cada vez más denso y más caliente, los núcleos de helio de lo más profundo de su interior empezarían a unirse al oxígeno-16 para producir neón-20; luego otros núcleos de helio se unirían al neón-20 para producir magnesio-24, y así sucesivamente. Ese *proceso alfa* culminaría con la adición de helio al silicio para producir hierro a una temperatura de aproximadamente tres mil millones de grados. En esa coyuntura las cosas empezarían a ir mal para la estrella: a diferencia de las anteriores reacciones nucleares, la *combustión del silicio* no libera energía, sino que la absorbe de la propia estrella. Y dado que es justamente el calor de esa energía nuclear el que proporciona el empuje hacia afuera que evita que la gravedad aplaste a una estrella, el núcleo implosiona. Este es el proceso —que aún no se comprende bien del todo— que desemboca en la eyección de la capa más externa de la estrella en forma de *supernova* y así dispersa por el espacio muchos de los elementos que ha ido construyendo laboriosamente a lo largo de su vida.

Los elementos del grupo del hierro se crean en el equilibrio termodinámico nuclear que se produce durante un breve espacio de tiempo en una explosión supernova, pero hay muchos otros procesos de creación de nuevos elementos, como el proceso alfa. De hecho, en un monumental artículo publicado en conjunto en 1957 por Margaret y Geoffrey Burbidge, Fowler y Hoyle (universalmente conocido como «artículo B^{2}FH» por los apellidos de sus autores), se identificaron ocho procesos distintos de construcción responsables de los elementos que podemos observar en la actualidad en el universo.[13] Dos de ellos —los procesos de captura de neutrones rápidos y lentos— forman nuevos núcleos añadiendo neutrones de uno en uno. Dado que estos últimos no tienen carga eléctrica, tales procesos eluden el problema de la repulsión mutua que se produce entre los núcleos cargados antes de que estos puedan acercarse lo suficiente como para unirse. Los procesos de captura de neutrones rápidos y lentos crean núcleos ricos en neutrones en explosiones supernovas y gigantes rojas respectivamente.

En 1983, Willy Fowler ganó el Premio Nobel de Física por descubrir por qué algunos elementos como el hierro y el níquel son comunes, mientras que otros como el litio y el berilio son raros. Hoyle no compartió el premio con él, aunque —como señalaría Fowler más tarde—, probablemente él mismo no habría pasado de ser un físico nuclear del montón de no haber sido por la visita de Fred Hoyle a su despacho aquel decisivo día de invierno de 1953.

Pese a los aciertos del B^{2}FH, había una pequeña cantidad de elementos, como el oro y la plata, cuyo origen seguiría siendo un misterio hasta hace poco. El rompecabezas solo se completó finalmente el 17 de agosto de 2017, cuando el LIGO (siglas en inglés de «Observatorio de Ondas Gravitatorias por Interferometría Láser») detectó ondas gravitatorias procedentes de la fusión de dos *estrellas de neutrones*, que son extremadamente compactas. Los rayos gamma captados en la Tierra llevaban la «huella digital» del oro y la plata, y revelaban la creación de una cantidad de oro equivalente a veinte veces la masa terrestre.

La extraordinaria historia iniciada por Hoyle en 1944 ha llegado a su último capítulo. Estamos más conectados con las estrellas de lo que habían supuesto incluso los propios astrólogos. ¿Te gustaría ver un pedazo de estrella? Observa tu mano. El hierro de tu sangre, el calcio de tus huesos y el oxígeno que absorbes cada vez que respiras se forjaron en el interior de estrellas que vivieron y murieron antes de que nacieran la Tierra y el Sol. Eres polvo de estrellas hecho carne; literalmente, hijo del cielo.

5

Los cazafantasmas

> La física de los neutrinos es un arte que consiste en gran medida en aprender mucho sin observar nada.
>
> HAIM HARARI[1]

> He hecho algo terrible: he postulado la existencia de una partícula que no se puede detectar.
>
> WOLFGANG PAULI

Savannah River, Carolina del Sur, 14 de junio de 1956

Frederick Reines iba cantando mientras conducía en dirección a la planta de las bombas. Le gustaba cantar casi tanto como dedicarse a la física. En sus tiempos de estudiante universitario, en Nueva Jersey, incluso había recibido lecciones de un profesor de canto en la Metropolitan Opera House de Nueva York, y había llegado a cantar arias del *Mesías* de Händel.[2] Todos sabían que, cuando trabajaba en un problema teórico especialmente difícil, cantaba durante horas y horas encerrado en su despacho. Pero aquella mañana de junio había una razón muy concreta por la que su magnífica voz de barítono tronaba a través de la ventanilla bajada de su automóvil, haciendo volver la cabeza a los peatones que pasaban por la acera. Después de casi un año de trabajo agotador —de hecho cinco, si se contaban todos los esfuerzos que habían conducido hasta ese día—, Reines estaba en modo celebración: él y su equipo estaban a punto de lograr lo imposible.

Iba a suceder a unos 13 kilómetros de Aiken, la hermosa población costera donde residían desde noviembre, en la planta de energía nuclear Savannah River. Mientras se alejaba de la ciudad, un dulce olor a camelias y magnolias entraba por la ventanilla del automóvil flotando en el aire húmedo y cálido, lo que le hizo recordar lo exótica que les había parecido Carolina del Sur cuando llegaron allí procedentes del desierto elevado de Los Álamos. En su primer viaje desde Aiken a través del pantanoso valle del río Savannah, su coche dio un bandazo al tropezarse con algo que había en la carretera, y se vieron zarandeados de un lado a otro como muñecos de trapo. Al mirar atrás, vieron que lo que habían supuesto que era una banda de frenado en realidad resultaba ser una gigantesca serpiente de cascabel.[3]

Al llegar a la puerta de la planta Savannah River, Reines se detuvo detrás de una larga doble fila de automóviles. La planta, con sus cinco reactores nucleares, más sus instalaciones de separación y vertederos, abarcaba un área más extensa que la ciudad de Nueva York y daba trabajo a casi cuarenta mil personas. Al anunciar su plan para construir la planta, el gobierno estadounidense había declarado literalmente que su objetivo no era «la fabricación de armas atómicas». Pero eso era maquillar las cosas; en realidad todo el mundo sabía la verdad: la planta fabricaba el combustible de las armas nucleares, razón por la cual, incluso en las tiendas y bares de playa de Aiken, todos se referían a Savannah River como «la planta de las bombas».[4]

A primeros de septiembre de 1949, un bombardero B-29 de la fuerza aérea estadounidense había olfateado el aire por encima de la costa soviética del Pacífico y había captado el inconfundible aroma de una detonación nuclear. Como la mayoría de sus colegas en Los Álamos, Reines había trabajado en el Proyecto Manhattan para construir la primera bomba atómica y todavía recordaba su sorpresa ante el anuncio, apenas cuatro años después de Hiroshima, de que los rusos también lo habían logrado y Estados Unidos había dejado de tener el monopolio atómico.

Con el fin de contrarrestar la amenaza soviética, el presidente Harry Truman se embarcó en una campaña para construir una «superbomba» cuyo poder destructivo empequeñeciera al de la bomba atómica. Ello implicaba la construcción de enormes instalaciones en todo el país, destinadas no solo a producir el combustible necesario para tales *bombas de hidrógeno*, sino también a ensamblarlas. En el marco de aquel programa, el 28 de noviembre de 1950 el gobierno estadounidense anunció la expropiación de casi 500 kilómetros cuadrados de tierras a orillas del río Savannah para fabricar dos componentes clave de las bombas nucleares: tritio y plutonio. Tras arrasar cuatro poblaciones y reubicar a seis mil personas, a principios de 1952 la planta funcionaba ya a pleno rendimiento.[5]

El 1 de noviembre de 1952, Estados Unidos detonó una bomba de hidrógeno en Elugelab, un islote del atolón Enewetak, en el Pacífico, recuperado de manos de los japoneses en la Segunda Guerra Mundial. La explosión, con 700 veces la capacidad destructiva de la bomba lanzada sobre Hiroshima, vaporizó la isla, generó un hongo radiactivo de 150 kilómetros de diámetro y abrió un agujero en el lecho oceánico de más de dos kilómetros de ancho y la profundidad de un edificio de 16 plantas. Pero apenas nueve meses después, en agosto de 1953, llegó la poco creíble noticia de que los rusos habían detonado su propia bomba de hidrógeno. Se trataba de un diseño que no podía ampliarse a mayor escala para causar explosiones más grandes, pero todos sabían que era solo cuestión de tiempo. En efecto, el 22 de noviembre de 1955, en el campo de pruebas de Semipalátinsk, en Kazajistán, los soviéticos hicieron estallar su primera bomba de hidrógeno propiamente dicha.

Reines llegó al principio de la fila de coches, exhibió su tarjeta de identificación por la ventanilla abierta y luego aceleró en dirección a la mastodóntica mole del reactor P. La instalación de Savannah River contaba con cinco reactores: R, P, K, L y C (las letras que los identificaban se habían elegido completamente al azar). Construidos a intervalos de cuatro kilómetros, de modo que no pudieran resultar destruidos todos ellos por un solo ataque nuclear soviético, se extendían asimismo a lo largo de una curva en forma de herradura a fin de hacerlos inmunes a un bombardeo en línea recta. Cada reactor se alzaba a una altura de 60 metros y se hundía otros 12 en el suelo para incrementar aún más su protección. Era esta última característica la que revestía una importancia clave para Reines y su equipo, la que los había llevado hasta allí desde Nuevo México en busca de su presa imposible: una fantasmal partícula subatómica cuya existencia se había predicho un cuarto de siglo antes y, casi con toda certeza, iba a verse confirmada aquel día.

Zúrich, diciembre de 1930

Quien había predicho la existencia de la esquiva partícula había sido el físico austriaco Wolfgang Pauli. Tras haber sido un niño prodigio, a los veintiún años Pauli había escrito un estudio tan magistral sobre la teoría de la relatividad que había dejado asombrado incluso a su propio creador, Albert Einstein. De hecho, es conocida la anécdota en la que, al finalizar una conferencia de Einstein, Pauli —cuya confianza en sí mismo rayaba en la arrogancia— se había levantado y, dirigiéndose a los asistentes, les había tranquilizado asegurándoles que «lo que ha dicho el profesor Einstein no es completamente estúpido».[6]

A mediados de la década de 1920, Pauli había sido uno de los principales artífices de la *teoría cuántica*, una revolucionaria descripción del mundo submicroscópico del átomo y sus componentes. Su nombre ha quedado inmortalizado en el denominado *principio de exclusión de Pauli*, el cual, al evitar que los electrones se acumulen unos sobre otros, hace posible los átomos y nuestro mundo cotidiano.

A finales de la década de 1920, un nuevo enigma empezó a captar la atención de Pauli y sus compañeros. Era el relacionado con la *desintegración beta* radiactiva. Una partícula beta es uno de los tres tipos distintos de radiación que emite el núcleo de un átomo inestable cuando *decae, o se desintegra*, y reorganiza sus componentes para alcanzar un estado más estable. En 1899, tres años después de que el francés Henri Becquerel descubriera la radiactividad, el físico neozelandés Ernest Rutherford había demostrado que las partículas beta eran *electrones*, no del tipo común y corriente que orbitaba en torno al núcleo de un átomo, sino procedentes del propio interior del núcleo.

En el mundo del núcleo atómico, mayor estabilidad es sinónimo de menor energía. En consecuencia, cuando un núcleo se desintegra, cae de un *estado* de mayor energía a otro donde esta es menor. Ese exceso de energía se expulsa en forma de una partícula alfa, una partícula beta o un rayo gamma. Los experimentadores observaron que las partículas alfa y los rayos gamma se emitían con energías precisas, lo que tenía sentido cabal si estas eran iguales a la diferencia de energía entre los estados inicial y final del núcleo. Sin embargo, en 1914 el físico inglés James Chadwick descubrió una característica peculiar de las partículas beta: a diferencia de sus parientes, estas no se emitían con una energía precisa, sino con un rango continuo de energías.

Piénsese en una pistola, que utiliza una cantidad fija de energía para disparar balas. Todas las balas salen de la pistola a la misma velocidad: nunca se da el caso, por ejemplo, de que una de ellas salga a una velocidad moderada, la siguiente a toda velocidad y la posterior tan despacio que caiga al suelo en cuanto sale por el cañón del arma. Pero eso es justo lo que hacen las diminutas balas-electrones emitidas en la desintegración beta. No resulta sorprendente, pues, que los físicos se quedaran perplejos ante lo que les revelaba el experimento de Chadwick.

Por supuesto, este comportamiento de las partículas beta podría tener una explicación perfectamente trivial. Quizás, antes de escapar, rebotaban en el interior del átomo como la bola de una máquina del millón, chocando con múltiples electrones y transfiriendo así parte de su energía a cada uno de ellos. Sin embargo, esa posibilidad había quedado descartada en 1927 en un experimento realizado por Charles Ellis y William Wooster en la Universidad de Cambridge.[7] El enigma de las partículas beta seguía vivo y era de tal calibre que llevó al propio Niels Bohr, uno de los padres fundadores de la teoría cuántica y el mayor físico del siglo XX después de Einstein, a cuestionar una de las piedras angulares de la física: que la energía no se crea ni se destruye, sino que únicamente se transforma de un tipo en otro. Quizás en el mundo del átomo —sugirió Bohr— los procesos no obedecen a esa *ley de conservación de la energía*.

Es aquí donde entra en juego Pauli, un físico que trabajaba en el Instituto Federal de Tecnología de Zúrich. Para él, la conservación de la energía era como una balsa salvavidas en un mar embravecido y azotado por las tormentas, y renunciar a ella resultaba del todo impensable. «Bohr está completamente equivocado», afirmó. Pero, entonces, ¿cuál era la solución al enigma de las partículas beta?

Por entonces Pauli estaba viviendo el peor año de su vida. Dos años antes, en noviembre de 1927, su madre, que había sido abandonada por su esposo, se había suicidado. Aquel hecho tuvo un efecto tan profundo en Pauli que renunció a la religión católica, al sentirse sin duda abandonado por Dios. Más tarde, el 23 de diciembre de 1929, se casó con Käthe Deppner, una bailarina de cabaret de Berlín que tenía veintitrés años, seis menos que él. Cuando conoció a Pauli, Käthe se veía con un químico llamado Paul Goldfinger y, a lo largo de su matrimonio, mantuvo esa relación. Por aquel entonces, Pauli —un ser angustiado que ni siquiera vivía con su esposa— le dijo a un amigo que solo estaba «vagamente casado».[8]

Perder a su esposa por otro hombre era una experiencia dolorosa, pero Pauli vivía aquella humillación aún más intensamente porque afectaba a su orgullo. «Si hubiera elegido a un torero lo habría entendido —se quejaba a sus amigos—. ¡Con un hombre así no podría competir! ¡Pero un químico, y encima un químico tan mediocre...!»[9]

El conflictivo matrimonio de Pauli con Deppner hizo que este empezara a tener problemas con la bebida y adquiriera el hábito de fumar.[10] «Entre las mujeres y yo las cosas no funcionan en absoluto —escribió con desesperación—. Me temo que eso es algo con lo que tendré que vivir, pero no siempre resulta fácil. Me atemoriza un poco que al envejecer me sienta cada vez más solo.»[11,12]

En los momentos más negros, ocupar su mente con los problemas planteados por la teoría cuántica probablemente le sirviera como válvula de escape para evadirse de sus preocupaciones, pero también es posible que eso tensara aún más su relación con Deppner. Esta se quejaba de que Pauli recibía muchas cartas de otros físicos, en especial del pionero de la física cuántica Werner Heisenberg, y que se paseaba por su apartamento de un lado a otro «como un león enjaulado... formulando sus respuestas de la forma más mordaz e ingeniosa».[13] Fue durante los once angustiosos meses en los que estuvo vagamente casado con Deppner cuando a Pauli se le ocurrió la idea de resolver el enigma de la desintegración beta.

El físico postuló su solución al problema el 4 de diciembre de 1930, en una carta abierta a sus colegas científicos enviada a un encuentro celebrado en Alemania.[14] «Queridas damas y caballeros radiactivos», empezaba la misiva, que terminaba con estas palabras: «Desafortunadamente, no puedo presentarme en persona en Tubinga, ya que soy indispensable aquí en Zúrich debido a un baile que tendrá lugar la noche del 6 al 7 de diciembre». Este iba a celebrarse en el Baur au Lac, el hotel más distinguido del centro de Zúrich, solo diez días después de su divorcio. Aunque se sentía emocionalmente magullado, Pauli tenía la intención de volver a subirse al caballo y buscarse otra mujer.

La carta se leyó en voz alta a los asistentes al encuentro de Tubinga, entre quienes se contaba Lise Meitner, que más tarde desempeñaría un papel crucial en el descubrimiento de la *fisión nuclear*. En la misiva, Pauli señalaba que, si bien en la desintegración beta había una cantidad fija de energía disponible, la observación de que el electrón emitido por el núcleo no la tuviera podía explicarse por el hecho de que la compartía con una partícula desconocida hasta entonces.

Piénsese de nuevo en el ejemplo de la pistola. Si saliera una bala del cañón acompañada de un segundo proyectil, ambos compartirían la energía disponible. Si el segundo proyectil absorbiera una proporción muy pequeña de dicha energía y la bala se quedara con la mayor parte, esta última saldría expulsada a toda velocidad. Si, por el contrario, el segundo proyectil absorbiera la mayor parte de la energía y a la bala le quedara muy poca, puede que esta saliera a una velocidad tan pequeña que cayera del extremo del cañón directamente al suelo. Así pues, en función de la cantidad de energía disponible utilizada por el segundo proyectil, la bala podría tener todo un abanico de energías posibles.

Sin embargo, hasta el momento no se había identificado a ninguna otra partícula acompañando al electrón emitido en la desintegración beta. Por lo tanto, la nueva partícula de Pauli debía de interactuar solo muy raramente con los átomos de la materia normal, de modo que el científico había calculado que haría falta una pared de plomo de diez centímetros de grosor para detenerla en seco.

Sobre las otras propiedades de la hipotética partícula, Pauli también se mostró bastante concreto. Para que no afectara de manera apreciable a la masa del núcleo, debía de pesar muy poco, o nada en absoluto. No cayó en la cuenta de que la partícula podría no existir de hecho en el núcleo, sino crearse en el momento de la emisión, tal como un fotón de luz se crea en el momento de su emisión y no se toma en absoluto de una supuesta «bolsa de fotones» preexistente en el interior del átomo. Pauli también fue muy concreto con respecto a la carga eléctrica de la hipotética partícula, la cual —recordemos—, al igual que la energía, no se crea ni se destruye. En la desintegración beta no hay una variación neta de la carga total: aunque el núcleo aumenta su carga positiva, esta se ve compensada por la carga negativa transportada por el electrón emitido.[*] Por lo tanto, para que la nueva partícula no alterara ese delicado equilibrio, no debía llevar carga. En reconocimiento a su neutralidad eléctrica, Pauli la bautizó como *neutrón*, un nombre que posteriormente se cambiaría por el de *neutrino*.

«No me siento lo bastante seguro como para publicar nada sobre esta idea», escribía Pauli en su carta a los asistentes al encuentro de Tubinga. El neutrino no era más que un «remedio

---

[*] Hoy sabemos que, en la desintegración beta, un *neutrón* de un núcleo se transforma en un protón. Dado que tanto los protones como los neutrones son partículas compuestas hechas de tripletes de *quarks*, podemos ser aún más concretos: un quark abajo de un neutrón se transforma en un quark arriba y convierte al neutrón en un protón.

desesperado». La razón de ello era que en 1930 solo se conocían tres componentes subatómicos básicos de la materia: el *protón*, en el núcleo del átomo; el *electrón*, que orbitaba en torno a dicho núcleo; y el *fotón*, la partícula de luz. Al añadir una nueva partícula, Pauli estaba aumentando el número de componentes fundamentales de la naturaleza nada menos que en una tercera parte.

La primera vez que Pauli postuló en público la existencia del neutrino fue el 16 de junio de 1931 en la reunión inaugural de verano de la Sociedad Estadounidense de Física en Pasadena, pero cuando realmente cuajó la idea entre los físicos fue cuatro meses después, en un encuentro organizado por Enrico Fermi y celebrado en Roma. Fermi —que llegaría a ser el mayor científico italiano desde Galileo— había hecho, como Pauli, varias aportaciones clave a la teoría cuántica. La propuesta del físico austriaco le cautivó al instante, no solo porque resolvía el problema de la propagación de la energía de las partículas beta, sino porque solucionaba asimismo otro problema: el del espín.

Los físicos habían descubierto que las partículas subatómicas se comportan como si giraran, aunque en realidad no lo hacen. Como todos los demás elementos del submicroscópico reino cuántico, también el *espín* (recordémoslo: del inglés *spin*, 'giro') se da en cantidades indivisibles, o *cuantos*. Dado que una carga «giratoria» actúa como un pequeño imán, es posible deducir el espín de una partícula a partir de cómo un campo magnético desvía su trayectoria. El protón, el neutrón y el electrón tienen un espín de 1/2 (por razones históricas, la cantidad más pequeña es la mitad de un valor determinado).[15] En reconocimiento a Fermi, que fue quien básicamente dilucidó el comportamiento de las partículas con *espín semientero*, estas reciben el nombre de *fermiones*.

El espín, como la carga eléctrica y el momento, es una de esas cantidades que nunca cambian, es decir, que se conservan.* Sin embargo, si un neutrón (espín 1/2) se convierte en un protón (espín 1/2) y un electrón (espín 1/2), los espines finales suman o bien 1, si el protón y el electrón «giran» en el mismo sentido, o bien 0, si lo hacen en sentidos opuestos y, en consecuencia, sus espines se anulan entre sí; en ninguno de los dos casos se conserva el espín 1/2 del neutrón inicial. Sin embargo, Pauli, en su carta a los asistentes al encuentro de Tubinga, no solo postulaba que el neutrino no tenía carga eléctrica, poseía muy poca masa y solo interactuaba muy raramente con la materia normal, sino también que su espín era de 1/2; eso hacía posible que la suma de los espines del protón, el electrón y el neutrino (1/2 + 1/2 − 1/2 = 1/2) fuera igual al espín del neutrón inicial (1/2).

Nunca antes, en toda la historia de la física, alguien había predicho la existencia de una nueva entidad que resolviera tantos problemas a la vez y cuyas características —espín, carga eléctrica, masa y capacidad de penetrar en la materia— pudieran determinarse con tanta precisión mediante observaciones experimentales. La idea cautivó la imaginación de Fermi hasta tal punto que, tras el encuentro celebrado en octubre de 1931 en Roma, se sintió espoleado a desarrollar una teoría revolucionaria de la desintegración beta.[16]

Como ya hemos mencionado anteriormente, en el par de años que necesitó Fermi para incubar sus ideas salieron a la luz dos nuevas partículas subatómicas. En agosto de 1932, Carl Anderson, mientras estudiaba los *rayos cósmicos* en el Instituto de Tecnología de California, encontró la primera partícula de *antimateria*, un gemelo del electrón con carga positiva, al que bautizó como *positrón*.** Y en enero de 1932, James Chadwick, en la

---

* Esto no es estrictamente cierto: lo que se conserva es el momento angular; el espín es simplemente un momento angular intrínseco.
** Los rayos cósmicos son núcleos atómicos de alta velocidad, sobre todo protones, procedentes del espacio. Los de baja energía provienen del Sol, mien-

Universidad de Cambridge, descubrió un segundo componente del núcleo, idéntico en masa al protón pero sin carga eléctrica, a diferencia de este último, que tiene una carga positiva. Fue precisamente el descubrimiento del *neutrón* el que llevó a Fermi a sugerir el nuevo nombre para la hipotética partícula de Pauli: *neutrino*, que en italiano significa 'pequeño neutral'.

Cuando se publicó, en 1934, la teoría de la desintegración beta de Fermi fue todo un éxito. Esta requería la existencia de una tercera fuerza fundamental de la naturaleza, además de las ya conocidas fuerza gravitatoria y electromagnética. La nueva interacción, que Fermi bautizó como *fuerza débil*, funcionaba solo dentro de un rango muy limitado en el interior del núcleo atómico; de ahí que nadie la hubiera detectado hasta entonces. Actuaba transformando un neutrón del núcleo en un protón, y creando al mismo tiempo un electrón y un antineutrino.

La teoría de Fermi también permitía el proceso inverso, en el que un protón capturaba un neutrino y hacía que se transformara en neutrón y emitiera un positrón (en realidad, este es el proceso por el que se crea un neutrino, mientras que la desintegración beta crea un antineutrino, que era lo que de hecho estaba describiendo Pauli). Los físicos Hans Bethe y Rudolf Peierls señalaron de inmediato que, en teoría, tal *desintegración beta inversa* permitiría que un neutrino que atravesara el espacio fuera detenido por la materia y, por lo tanto, detectado, aunque eso ocurriría solo de forma extremadamente rara.

Fermi no llamó «fuerza débil» a la nueva interacción porque sí: esta era aproximadamente diez billones de veces más débil que la fuerza electromagnética que mantiene unidos los áto-

---

tras que los de alta energía probablemente provengan de supernovas. El origen de los denominados *rayos cósmicos de ultra-altas energías* —partículas millones de veces más energéticas que cualquier cosa que podamos producir en la actualidad en la Tierra— constituye uno de los grandes enigmas de la astronomía aún sin resolver.

mos de nuestros cuerpos. De hecho, era tan débil que se calculó que la posibilidad de que un neutrino se viera detenido por un protón en un núcleo atómico era casi cero.[17] Si bien Pauli había calculado que un trozo de plomo de unos diez centímetros de espesor podía detener a un neutrino, según la teoría de Fermi en realidad se requeriría una capa de plomo de muchos años luz de espesor.[18]* Como observaría más tarde el novelista estadounidense Michael Chabon: «Ocho sólidos años luz de plomo... es el grosor de ese metal en el que tendrías que encerrarte si quieres evitar que te toquen los neutrinos. Supongo que esos pequeños cabroncetes están por todas partes».[19]

A pesar de que la teoría de la desintegración beta de Fermi reforzaba el postulado del neutrino, muchos se mostraron escépticos con respecto a su existencia. Y, honestamente, ¿quién podría culparles? Como observaría más tarde el físico y premio Nobel estadounidense Leon Lederman: «Los neutrinos... se llevan la palma del minimalismo: carga cero, radio cero y, muy posiblemente, masa cero».[20]

Uno de los escépticos era el astrónomo inglés Arthur Eddington. «En este momento los físicos nucleares están escribiendo *de manera* abundante sobre unas partículas hipotéticas llamadas *neutrinos* que se supone que explican ciertos hechos peculiares observados en la desintegración de los rayos beta —afirmaba—. Probablemente sea mejor describir los neutrinos como pequeños fragmentos de energía de espín que se han

---

* En la teoría cuántica, las fuerzas o interacciones fundamentales las causa el intercambio de partículas portadoras de fuerza. Por lo tanto, una fuerza débil es aquella en la que las partículas portadoras de fuerza se intercambian raramente, mientras que una fuerza fuerte es aquella en la que se intercambian con frecuencia; de ahí que los neutrinos, que están sometidos a una fuerza débil, interactúen tan raramente con otras partículas. En cuanto al año luz, es la distancia que recorre la luz en el vacío en un año; equivale aproximadamente a unos diez billones de kilómetros.

desprendido. La teoría de los neutrinos no me impresiona demasiado.»

Eddington no llegaba a declarar de forma directa que no creyera en los neutrinos. «Debo considerar que un físico puede ser un artista y con estos uno nunca sabe qué pensar.» Si los neutrinos realmente existían, Eddington reconocía la dificultad de demostrarlo. Pero incluso aquí se mostraba cauto: «¿Me atrevería a decir que los físicos experimentales no tendrán el ingenio suficiente para hacer neutrinos? Con independencia de lo que piense, no me dejaré tentar para apostar contra la habilidad de los experimentadores —declaraba—. Si tienen éxito en la fabricación de neutrinos, y quizás incluso en el desarrollo de aplicaciones industriales a partir de ellos, supongo que tendré que creer... aunque puede que sienta que no han jugado del todo limpio».[21]

La indetectabilidad de los neutrinos era un serio problema incluso para quienes creían en su existencia. No deja de ser irónico que Pauli, un hombre que tanto temía la soledad, postulara la existencia de la entidad más solitaria de toda la creación: una partícula tan desconcertantemente insociable que no interactúa con casi nada del universo. «He hecho algo terrible —declaraba el científico—: he postulado la existencia de una partícula que no se puede detectar.» Los principales físicos coincidían en que resultaría imposible encontrar el neutrino, y el propio Pauli apostó una caja de botellas de champán a que nadie sería capaz de atrapar uno.

Los Álamos, Nuevo México, noviembre de 1955

Frederick Reines llevaba más de una década haciendo lo imposible. Cuando se unió al Proyecto Manhattan, en 1944, parecía imposible que pudieran generar una reacción nuclear en cadena incontrolada que liberara, con la misma cantidad, un millón de veces más energía que la dinamita. Pero lograron esa hazaña en Alamogordo el 16 de julio de 1945. «Me he convertido en la Muerte, la destructora de mundos», declaró Robert Oppenheimer —el director del Proyecto Manhattan—, citando unas palabras del *Bhagavad Gita*, mientras observaban cómo aquel amanecer una nube en forma de hongo se elevaba hacia el cielo sobre el desierto de Nuevo México.

Más tarde, también parecía imposible que pudieran crear la «superbomba», un dispositivo que utilizara una bomba atómica como detonador y desatara nada menos que la energía del propio Sol. Pero también lograron esa hazaña con la detonación de la bomba de hidrógeno en el atolón Enewetak el 1 de noviembre de 1952.

Siempre habían afrontado retos imposibles, pero los habían abordado de cara y habían salido airosos. Por ejemplo, cuando en 1951 tenían que realizar la prueba de una bomba de fisión intensificada, sabían que sus componentes electrónicos se freirían cuando el intenso fogonazo de rayos gamma provocado por la explosión generara una enorme descarga de electricidad en los cables de transmisión de señales que iban de la torre de la bomba al búnker de instrumentación. Lo único que proporcionaba protección a la escala que requerían era la propia isla en la que estaban probando la bomba, de modo que se limitaron a excavar un lado de la isla y apilarlo encima del otro.[22]

Los desafíos imposibles en las pruebas con bombas habían inculcado en todos ellos un espíritu posibilista y cierta tendencia a pensar a lo grande. Y fue exactamente esa mentalidad la que llevó a Reines a considerar en serio el reto imposible de detectar los neutrinos liberados por la explosión de una bomba nuclear.

En 1951 había regresado a suelo estadounidense tras realizar con éxito varias pruebas con bombas en el atolón Enewetak.

Cansado y hastiado después de seis agotadores años dedicados al programa armamentístico, necesitaba desesperadamente un descanso. De modo que le pidió a Carson Mark, jefe de la División de Teoría en Los Álamos, que le liberara durante un tiempo de sus tareas para poder dedicarse a reflexionar sobre física fundamental, y este, que era un hombre de mentalidad abierta, aceptó su petición. Proporcionaron a Reines un despacho desnudo, donde pasó varios meses sentado contemplando un bloc de papel en blanco. Se preguntaba qué quería hacer con su vida y durante mucho tiempo no encontró respuesta. Pero entonces pensó en el neutrino.

En Los Álamos, Reines había formado parte de un equipo denominado «Grupo Directivo y de Enlace de Pruebas con Bombas». En ocasiones había estado dándole vueltas a la descabellada idea de aprovechar las pruebas nucleares para realizar experimentos físicos y utilizar la intensa radiación de calor, rayos gamma y neutrones para estudiar fenómenos fundamentales. Reines sabía que una bola de fuego nuclear generaba también otro tipo de radiación adicional. Cuando un núcleo de uranio o de plutonio se *fisiona*, crea dos núcleos «hijos» inestables. Cada uno de ellos, en su desesperada búsqueda de estabilidad, experimenta una media de seis desintegraciones beta, en cada una de las cuales emite un antineutrino. Como resultado, una explosión nuclear genera una intensa ráfaga de antineutrinos.

La posibilidad de detectar un antineutrino era indeciblemente baja, pero Reines razonó que, si se creaba un vasto número de ellos, las probabilidades de atrapar uno aumentarían de una manera enorme.

Cierto día del verano de 1951, Reines se enteró de que Enrico Fermi en persona había ido por un tiempo a Los Álamos y lo habían instalado en un despacho justo al final del pasillo. Tras idear la teoría de la desintegración beta en Roma, a principios de la década de 1930, Fermi había recibido el Premio Nobel de Física en 1938 y había huido de la dictadura fascista de Mussolini trasladándose a Estados Unidos. Luego, el 2 de diciembre de 1942, había cambiado el curso de la historia: en una tosca «pila» de uranio y grafito, en una pista de squash situada bajo la grada oeste del campo de fútbol americano de la Universidad de Chicago, había desatado la formidable energía del núcleo atómico en la que sería la primera reacción nuclear en cadena sostenida del mundo.

Reines llamó nerviosamente a la puerta de Fermi. Cuando le contó su plan para detectar neutrinos en una explosión nuclear, Fermi, para su sorpresa, no descartó la idea de antemano y, de hecho, coincidió con él en que una explosión nuclear ofrecía la mejor oportunidad para detectar las esquivas partículas.

Un neutrino tenía muy pocas probabilidades de ser detenido por un protón de un átomo; la forma de aumentarlas era juntar montones de átomos. Reines calculó que con una masa de detección de aproximadamente una tonelada sería posible detectar un puñado de neutrinos, pero ni él ni Fermi tenían la menor idea de cómo hacerlo.

El hecho de que Fermi no se hubiera mofado de su propuesta llevó a confiar a Reines en que de hecho era posible detectar el neutrino, pero el problema estribaba en que él era solo un hombre con su propia obsesión. Sin embargo, eso cambió cuando cogió un avión para asistir a un encuentro en Princeton, Nueva Jersey. El avión tuvo un problema con el motor y se vio obligado a aterrizar en Kansas City. En Nuevo México se había embarcado con él un físico llamado Clyde Cowan, que había trabajado con los británicos en el radar en la Segunda Guerra Mundial y había llegado a Los Álamos en 1949. Aunque Reines y Cowan habían formado parte de los mismos equipos de desarrollo de bombas en Estados Unidos, nunca habían tenido la oportunidad de mantener una conversación distendida. Ahora, mientras paseaban por las calles de Kansas City aguardando a que repararan su avión, hicieron buenas migas.

Su conversación no tardó en girar en torno a la física fundamental y la siguiente cuestión: ¿cuál era el experimento más difícil del mundo? Los dos hombres coincidieron en que era la detección del neutrino. El hecho de que todo el mundo pensara que era imposible hacía que a ellos les resultara especialmente atractivo, e imaginaron la emoción de lograr algo que todos decían que jamás podría hacerse. Los dos hombres decidieron de inmediato trabajar juntos para intentar detectar neutrinos. Reines había encontrado a un cómplice.

De vuelta en Los Álamos, la empresa suscitó un gran entusiasmo, lo que se tradujo en la creación de un «grupo del neutrino» a finales de 1951. Dado que el neutrino era un escurridizo fantasma que apenas rondaba el mundo de la realidad física, el intento de detectarlo se bautizó como «Proyecto Poltergeist».

La forma de atrapar un neutrino —como habían comprendido ya Bethe y Peierls— era a través de la desintegración beta inversa. En raras ocasiones, un antineutrino interactuaba con un protón, creando un neutrón y un positrón en el proceso. El positrón no tardaría en tropezarse con un electrón, dado que estos son ubicuos en la materia, y ambos se «aniquilarían» mutuamente. Surgirían entonces dos fotones de alta energía, o rayos gamma, volando disparados en sentidos opuestos. Eran esos rayos gamma —testimonios del antineutrino— los que Reines y Cowan pretendían detectar: probar la existencia de la antipartícula demostraría automáticamente la existencia de la partícula, en este caso el neutrino.

Un año antes, en 1950, varios equipos habían descubierto que ciertos líquidos transparentes emiten destellos de luz cuando los atraviesa una partícula subatómica cargada o un rayo gamma. Los destellos producidos por tales *escintiladores líquidos* eran débiles, pero podían amplificarse colocando *fotomultiplicadores* en torno al escintilador, lo que convertía la luz que emitían en una señal eléctrica medible.

El detector de neutrinos ideado por Reines y Cowan incorporaba tanques de escintilador líquido y un baño de agua. Los protones del agua proporcionaban una gran cantidad de posibles dianas para los antineutrinos. El par de rayos gamma creados en la interacción de un antineutrino y un protón saldría a través de los tanques de escintilador líquido situados a cada lado del baño de agua, y los fotomultiplicadores dispuestos en torno a cada tanque los detectarían.

El experimento era poco más que un insulso montaje de fontanería, pero el lugar donde Reines y Cowan pretendían ubicarlo era cualquier cosa menos insulso, y revelaba plenamente el coraje mental y la tremenda audacia de los dos físicos. Una bomba atómica genera una abrasadora bola de fuego capaz de borrar del mapa toda una ciudad, y Reines y Cowan planeaban colocar su detector a solo cincuenta metros del centro de tal infierno.

Nada que estuviera al aire libre podría sobrevivir a una explosión así, pero a Reines y Cowan se les ocurrió la idea de colocar su detector de neutrinos en un pozo vertical de tres metros de diámetro y 45 de profundidad. Extraerían el aire del pozo, y en el mismo instante en que estallara la bomba dejarían caer el detector. Durante su caída, de dos segundos de duración, no solo se hallaría protegido de la ferocidad de la bola de fuego por la tierra circundante, sino que, por el hecho de estar en caída libre, estaría protegido también de la onda de choque, potencialmente devastadora, que se extendería a través del suelo. En el fondo del pozo, la caída del aparato se vería amortiguada por un grueso lecho de gomaespuma y plumas. Reines y Cowan planeaban recuperar el detector varios días después, cuando los niveles de radiación fueran lo bastante bajos como para arriesgarse a una rápida incursión en el pozo.

Aquel extraordinario plan obtuvo la aprobación de Norris Bradbury, director de Los Álamos, e incluso se iniciaron los trabajos para excavar el pozo de 45 metros de profundidad que debía alojar el detector en el campo de pruebas nucleares de Nevada. Pero entonces, en el otoño de 1952, Jerome Kellogg, jefe de la División de Física de Los Álamos, les preguntó a Reines y Cowan si no sería posible llevar a cabo el experimento con un reactor nuclear en lugar de utilizar una bomba. A primera vista la idea no parecía prometedora: un reactor nuclear constituía una fuente de neutrinos mil veces más débil que una explosión nuclear. Sin embargo, cuando Reines y Cowan lo estudiaron en detalle, se sorprendieron al descubrir que aquel experimento con neutrinos era de hecho posible.

Cuando un antineutrino choca con un protón, no solo se crea un positrón, que puede detectarse mediante los dos rayos gamma generados por su aniquilación, sino también un neutrón. Reines y Cowan comprendieron que la clave era detectar tanto el neutrón como el positrón. El primero podía detectarse tomando una sustancia como el cadmio, que actuaba como una esponja de neutrones, y añadiéndola al escintilador líquido. Cada neutrón iría rebotando de núcleo en núcleo antes de acabar enterrándose en un núcleo de cadmio después de aproximadamente cinco millonésimas de segundo, liberando su excedente de energía en forma de un rayo gamma.

La electrónica conectada a los fotomultiplicadores podía programarse de modo que únicamente registrara una respuesta a una señal consistente en dos rayos gamma (derivados de la aniquilación del positrón) seguidos de un único rayo gamma (generado por la captura del neutrón). Esta señal de *coincidencia retardada* era tan peculiar que resultaba poco probable que la imitara cualquier otro proceso relacionado con partículas que pudiera producirse en el detector. De este modo, la capacidad de descartar otras señales confusas haría posible la detección de neutrinos en un reactor a pesar de que, como fuente de emisión de dichas partículas, este fuera mucho más débil que una explosión nuclear.

Pero utilizar un reactor nuclear también tenía otras ventajas en relación con una explosión. En lugar de proporcionar tan solo una brevísima ventana de uno o dos segundos para detectar neutrinos, un reactor puede monitorizarse de manera continua durante semanas, meses o incluso años. Además, no se corría el riesgo de que el equipamiento experimental quedara incinerado, o de que la persona que lo recuperara, en un paisaje asolado por la radiación, pudiera sufrir algún daño.[23]

A principios de la primavera de 1953, el equipo de Reines y Cowan cargó sus vehículos con un detector de neutrinos de 300 litros, varios barriles de escintilador líquido y un montón de equipamiento electrónico, y puso rumbo al reactor de producción de plutonio del complejo Hanford Engineer Works, en el estado de Washington. Se esperaba que aquel reactor, el mayor y el de más reciente construcción de todo el territorio estadounidense, fuera también el que generara el mayor flujo de antineutrinos. De haber sido posible ver los neutrinos a simple vista, el reactor habría brillado como un segundo sol.

Pero en Hanford el Proyecto Poltergeist se tropezó con un obstáculo. Resultó que los neutrones que necesitaba el equipo no eran los únicos que andaban por allí: pronto se hizo evidente que había otros, procedentes de núcleos atómicos en fisión en el núcleo del reactor. Para absorberlos y evitar que llegaran al detector, el equipo construyó una gruesa pared de parafina, bórax y plomo en torno a su experimento. La idea funcionó, pero entonces se tropezaron con otro problema: resultó que los neutrones del núcleo del reactor no eran la única fuente emisora de una señal que imitaba la que ellos buscaban. Había otra fuente, y venía del espacio.

Los rayos cósmicos son núcleos de alta energía creados por la explosión de estrellas y otros eventos cósmicos violentos. Al alcanzar la parte superior de la atmósfera terrestre, chocan contra núcleos de átomos y crean partículas *secundarias*, que caen a través de la atmósfera como una fina lluvia; las más penetrantes de todas esas partículas son los *muones*, una forma de electrones pesados. Pues bien: resultaba que los muones de los rayos cósmicos chocaban contra los núcleos del escudo que el equipo de Reines había construido en torno a su experimento y generaban dispersiones de neutrones. Por desgracia, esos neutrones resultaban diez veces más abundantes que los que se esperaba que produjeran los neutrinos. «La lección de nuestro trabajo era evidente: es fácil aislarse del ruido que hacen los hombres, pero imposible cerrar el paso al cosmos —declaró Cowan—. Creíamos que teníamos cogido al neutrino por el pescuezo, pero nuestras pruebas no se sostendrían en un tribunal.»

Reines y Cowan estaban decepcionados, pero no derrotados. Al menos sabían que la tecnología que empleaban funcionaba; lo único que necesitaban era un reactor nuclear que estuviera mejor aislado de las perturbadoras señales de los rayos cósmicos. Y al final lo encontraron: el reactor P de la planta de Savannah River. Gracias a que estaba enterrado a 12 metros de profundidad, se hallaba perfectamente protegido de la amenaza del espacio. De modo que en noviembre de 1955 el Proyecto Poltergeist se mudó a Carolina del Sur.

Savannah River, Carolina del Sur, 14 de junio de 1956

Reines pasó junto al letrero que había colgado algún bromista del equipo —¡PELIGRO, NO SE DETENGA JUNTO A LA VALLA:

alto flujo de neutrinos!— y aparcó junto al camión, ahora vacío, que había transportado una carga de serrín húmedo a la planta.[24] La sala de control, junto con el generador, con su constante zumbido, se hallaba en un tráiler que se veía empequeñecido por la mole de hormigón del reactor. Al lado, en el suelo, serpenteaban los cables que transportaban las señales eléctricas desde los tanques del escintilador, a 12 metros por debajo, y generaban un potencial peligro de tropiezo que Reines tuvo buen cuidado de evitar. Dentro, Cowan se sentaba frente a una pared llena de osciloscopios, interruptores e hileras de relucientes tubos de vacío, monitorizando la señal procedente del detector.

Con un equipo de casi una docena de personas y una montaña de equipamiento adicional, el detector de diez toneladas constituía el experimento de física de mayor envergadura jamás realizado en el planeta. Hasta entonces nadie más se había atrevido a llevar a cabo algo tan complejo, pero también era cierto que nadie más había aprendido su oficio probando las armas del apocalipsis ni tenía a su disposición los recursos financieros, los talleres de maquinaria y la tecnología de Los Álamos. Aquello era ciencia a lo grande y representaba una visión del futuro: un día, gran parte de la física se haría así, en laboratorios que trascenderían las fronteras nacionales, emplearían a miles de investigadores y costarían decenas de miles de millones de dólares.

El diseño final del aparato del Proyecto Poltergeist era como una especie de sándwich de dos pisos: había dos capas de agua con cloruro de cadmio añadido, que actuaban como diana de los neutrinos, intercaladas con otras tres de escintilador líquido. Los positrones generados por los neutrinos al interactuar con los protones del agua se detectarían casi de inmediato a través de una doble ráfaga de rayos gamma en los tanques de escintilador adyacentes, mientras que los neutrones producidos por esos mismos neutrinos se revelarían cinco microsegundos después en forma de otra ráfaga de rayos gamma en los mismos tanques.

El Proyecto Poltergeist llevaba ya 1.371 horas en funcionamiento. La señal de los rayos gamma que había detectado hasta ahora no solo era el cuádruple del nivel de fondo, sino que también resultaba ser cinco veces mayor cuando el reactor estaba encendido que si estaba apagado. Cada hora detectaban tres neutrinos.

Sin embargo, seguía existiendo la posibilidad de que los neutrones procedentes de las fisiones nucleares del reactor penetraran a través de los once metros de hormigón que aislaban este último y generaran «falsos» rayos gamma en el experimento. De modo que, durante la noche, mientras Reines dormía, el resto del equipo había apilado sacos de serrín húmedo contra la pared del reactor. En realidad habrían preferido utilizar alubias carillas —un tributo a la cocina de Carolina del Sur—, pero el serrín húmedo resultaba más fácil y barato de obtener en las cantidades requeridas.[25]

Si algunos de los rayos gamma que estaban detectando provenían de neutrones generados por el reactor, el aislamiento adicional proporcionado por el serrín húmedo debería detenerlos, reduciendo la señal a una décima parte.

—¿Algún cambio en la señal? —preguntó Reines.

Alzando la vista para observar un osciloscopio, Cowan sonrió.

—No, ninguno.

Era justo lo que Reines quería oír.

Fuera del tráiler, se había reunido todo el equipo: Richard Jones y Forrest Rice, que habían instalado los detectores y el blindaje de plomo; F. B. Harrison, el experto en grandes escintiladores líquidos; Austin McGuire, que había diseñado el conjunto de tanques que contenían el escintilador; Herald Kruse, responsable de interpretar las imágenes del osciloscopio, y Martin Warren, el chico de los recados. Todos parecían exhaustos, pero estaban eufóricos, se estrechaban la mano y se daban palmaditas en la espalda unos a otros. Habían superado el último obstáculo y logrado lo imposible. Después de cinco años de esfuerzo y sudor, habían detectado el escurridizo neutrino.[26] Solo les quedaban dos cosas por hacer: enviar un telegrama, y luego empaquetar el equipo y regresar a Los Álamos.

Pauli recibió el telegrama el 14 de junio de 1956: «Nos complace informarle de que hemos detectado definitivamente neutrinos de fragmentos de fisión observando la descomposición beta inversa de protones... Frederick Reines, Clyde Cowan».

Al día siguiente, Pauli respondió desde el Instituto Federal de Tecnología de Zúrich: «A Frederick Reines y Clyde Cowan, Apartado 1663, Los Álamos, Nuevo México. Gracias por el mensaje. Todo le llega a quien sabe esperar. Pauli».

Con la evidencia de la existencia del neutrino, que él había predicho un cuarto de siglo antes, Pauli pasaba a incorporarse por derecho propio a las filas de los magos. ¿Quién, en sus sueños más extravagantes y descabellados, habría imaginado algo tan insustancial, fantasmal y absolutamente extraño como el neutrino? Pauli había predicho su existencia por la sola razón de que era lo que le dictaba la lógica matemática. El neutrino simplemente tenía que existir porque, sin él, la desintegración beta radiactiva no tenía el menor de los sentidos.

Pauli anunció el descubrimiento del neutrino en un simposio celebrado en el CERN —el laboratorio europeo de física de partículas, situado cerca de Ginebra— la semana siguiente de recibir el telegrama de Reines. Más tarde, en 1995, en su discurso de aceptación del Premio Nobel, este último relataría que Pauli lo había celebrado con una caja de botellas de champán.[27]

Era, desde luego, una buena anécdota, dado que el propio Pauli había apostado una caja de botellas de champán a que nadie detectaría jamás el neutrino; pero lamentablemente la historia no era cierta.[28]

Reines y Cowan, por su parte, se mostraron bastante más comedidos. Fuera del reactor P, bajo el sol de Carolina del Sur, ellos y su equipo celebraron su éxito no con copas de champán, sino con vasos de cartón con Coca-Cola.[29]

Para el neutrino, aquel fue solo el comienzo de la historia. Observa tu mano. Cada segundo atraviesan la uña de tu pulgar alrededor de cien mil millones de neutrinos. Hace tan solo ocho minutos y medio estaban en el corazón del Sol. Los neutrinos solares se producen en cantidades prodigiosas en las mismas reacciones nucleares que generan la luz del sol.

Sorprendentemente, el equipo de Reines y Cowan no fue el único que tuvo la audacia de intentar la imposible hazaña de detectar el neutrino; ni siquiera fue el único en hacerlo en la planta de Savannah River. En 1954, otro equipo, dirigido en este caso por el químico y físico estadounidense Raymond Davis, ya había instalado un detector lleno con 3.800 litros de líquido limpiador —tetracloruro de carbono— en la parte subterránea de uno de los reactores nucleares. La idea en la que se basaba este detector la había propuesto Bruno Pontecorvo, un antiguo colega de Enrico Fermi que había desertado a la Unión Soviética. De vez en cuando un neutrino interactuaría con un núcleo de cloro del líquido limpiador y lo convertiría en un núcleo de argón, un gas que podía aislarse con facilidad. La cantidad de gas así obtenida se correspondería con el número de neutrinos detectados.

Lamentablemente, Davis tuvo problemas similares a los que sufrieron Reines y Cowan en Hanford. Su detector no estaba lo bastante aislado del efecto perturbador de los rayos cósmicos, y eso le hizo perder la carrera por ser el primero en detectar el neutrino. Pero si algo caracterizaba a Davis era su perseverancia. A mediados de la década de 1960 colocó un detector con 400.000 litros de líquido limpiador a 1,5 kilómetros bajo tierra en la mina de oro Homestake, en la pequeña población de Lead, Dakota del Sur. Su objetivo era detectar neutrinos procedentes del núcleo del Sol e, increíblemente, tuvo éxito y se convirtió en la primera persona que penetraba en el corazón de una estrella.

Pero había un problema. De manera sorprendente, Davis registró solo entre una tercera parte y la mitad de los neutrinos que predecía la teoría que explicaba la generación de energía en el Sol. ¿Acaso nuestros conocimientos sobre el Sol estaban equivocados, o lo estaba nuestro conocimiento de los neutrinos?

El enigma de Davis suscitó una oleada de nuevos experimentos destinados a contrastar su anómalo resultado y, de hecho, se le atribuye el mérito de haber dado origen a la disciplina de la *astronomía de neutrinos*. Casi todo el mundo creía que Davis se equivocaba. Sin embargo, y al contrario de lo esperado, los nuevos experimentos confirmaron que en efecto había un déficit en la cantidad de neutrinos procedentes del Sol.[30]

El llamado *problema de los neutrinos solares* tenía una sorprendente solución, que con el tiempo se vería confirmada por el Observatorio de Neutrinos de Sudbury, en la provincia canadiense de Ontario. Hay tres tipos de neutrinos: el neutrino electrónico; el neutrino muónico, descubierto en 1962 en Brookhaven, Nueva York; y el neutrino tauónico, descubierto en 2000 en el Laboratorio Nacional Fermi (más conocido como Fermilab), cerca de Chicago. Nadie sabe por qué la naturaleza ha elegido triplicar sus neutrinos —junto con todos sus otros componentes básicos, los quarks—, pero, de manera crucial, en 2006 el observatorio logró detectar los tres tipos y demostró así que en realidad no había ningún déficit de neutrinos siempre y cuando se sumaran juntas las cifras de cada uno de ellos.

Ya en 1957, Pontecorvo había sugerido que los neutrinos podían tener diferentes tipos, o *sabores*, y que en su recorrido a través del espacio desde el Sol hasta la Tierra podrían transformarse de un tipo en otro. Imagínate a un perro que fuera caminando por la calle y se convirtiera en un gato después de recorrer cien metros, en un conejo tras andar otros cien, y de nuevo en un perro después de caminar otros cien más. Pongamos que, por alguna extraña razón, tus ojos solo pueden percibir perros: los verías solo una tercera parte del tiempo. Eso era justo lo que sucedía con los neutrinos. El experimento de Davis únicamente era sensible a los neutrinos electrónicos, pero los neutrinos que llegaban a su detector en la mina Homestake solo tenían el aspecto de neutrinos electrónicos una tercera parte del tiempo.[31]

Esas *oscilaciones* de los neutrinos tienen implicaciones para su masa, que muchos habían supuesto que era cero. Según la teoría de la relatividad especial de Einstein, solo una partícula sin masa como el fotón puede viajar al límite último de velocidad cósmica, la velocidad de la luz, y en el caso de dicha partícula la relatividad predice que el tiempo se ralentiza hasta detenerse. Por lo tanto, un fotón no puede cambiar, puesto que esto es algo que solo puede darse en el tiempo. Sin embargo, el neutrino cambia de manera inequívoca, oscilando entre sus tres sabores, lo que implica que tiene que viajar a una velocidad inferior a la de la luz y, en consecuencia, debe tener masa.[32]

Como cabría esperar, la masa del neutrino resulta difícil de medir. Parece ser al menos 100.000 veces inferior a la del electrón, que previamente había sido la partícula subatómica más ligera conocida. Esto sugiere que los neutrinos adquieren su masa de manera distinta de todas las demás partículas elementales, que la consiguen interactuando con el *campo de Higgs* (véase el capítulo 8, «El dios de las pequeñas cosas»). El Higgs es un componente clave del *modelo estándar de la física de partículas*, una descripción cuántica de las tres fuerzas no gravitatorias de la naturaleza. Aunque resulta extremadamente acertado en otros aspectos, el modelo estándar es incapaz de predecir las masas de las partículas elementales o la intensidad relativa de las fuerzas fundamentales, y en general se cree que es tan solo una aproximación a una hipotética teoría más profunda y satisfactoria. Los físicos confían en que, si logran entender cómo adquiere su masa el neutrino, podrían obtener pistas importantes sobre esa esquiva *teoría del todo*.

A pesar de que la masa de los neutrinos resulte tan extremadamente pequeña, estos podrían tener importantes repercusiones en el universo. Del Sol emanan de manera constante ingentes cantidades de ellos, por no hablar de todas las demás estrellas de la galaxia, y también se crearon en un incontable número en diversos procesos del Big Bang que creó el universo hace 13.820 millones de años.[33] Los neutrinos son las entidades más esquivas de la naturaleza, las más próximas a la nada que conocemos, y en apariencia son más espectadores que participantes en la vida del cosmos. Sin embargo, resultan ser las segundas partículas más comunes de la naturaleza después de los fotones. En términos meramente numéricos, vivimos en un universo de fotones y neutrinos.

Por lo tanto, a pesar de que los neutrinos tengan masas ultradiminutas, podrían representar una significativa proporción de la masa del universo. De hecho, si existiera un neutrino masivo aún por descubrir, los neutrinos podrían ser un componente de la misteriosa materia oscura del universo, cuya masa se sabe que supera a la de todas las estrellas y galaxias visibles por un factor de aproximadamente seis a uno.[34]

Pero ese no es el único aspecto en el que los neutrinos podrían tener la clave del universo. Diversos experimentos, que revelan diferencias entre las tasas de creación y destrucción de los neutrinos y antineutrinos, apuntan a una asimetría fundamental entre la materia y la antimateria. Puede que ello explique algún día uno de los mayores misterios del universo: por qué vivimos en un universo de materia que no contiene prácticamente antimateria.[35]

Cuando el equipo de Reines detectó el neutrino en 1956, el científico estaba lejos de haber completado su labor. En 1987 fue miembro de uno de los dos equipos que detectaron un total de 19 neutrinos procedentes de otra estrella. La denominada Supernova 1987A marcó la detonación de un estrella masiva en la Gran Nube de Magallanes, una galaxia satélite de la Vía Láctea. Era la primera supernova detectada en nuestra galaxia desde hacía cuatrocientos años.

Cuando una estrella masiva llega al final de su vida, se queda sin combustible para generar el calor interno necesario para contrarrestar la fuerza gravitatoria que trata de aplastarla. A medida que el núcleo se contrae de forma cataclísmica y se calienta a temperaturas infernales, los elementos acumulados por las reacciones nucleares producidas durante la vida de la estrella se descomponen en protones, neutrones y electrones. Luego estos últimos se apretujan dentro de los protones, creando una bola superdensa conocida como *núcleo de neutrones*, y al hacerlo emiten un auténtico tsunami de neutrinos. En el caso de la Supernova 1987A, el número de neutrinos ascendió a 10^{58}, o 10.000 millones de cuatrillones de cuatrillones. Aunque el brillo de una supernova puede igualar al de una galaxia de 100.000 millones de estrellas, resulta que solo el 1% de su energía se emite en forma de luz: el 99% restante lo hace en forma de neutrinos.

Son los neutrinos que brotan de la estrella los que convierten la implosión del núcleo en una explosión supernova que hace volar la capa exterior de la estrella hacia el espacio. Esta contiene elementos que pasan a enriquecer las nubes interestelares de gas, destinadas a convertirse en viveros estelares al fragmentarse en nuevas generaciones de estrellas. Sin los neutrinos, los elementos esenciales para la vida permanecerían encerrados en el interior de las estrellas. «¿Por qué los necesita la naturaleza? ¿Qué utilidad tienen?», se pregunta el físico inglés Frank Close.[36] La extraordinaria verdad de la «partícula imposible» de Pauli es que resulta más crucial para el universo de lo que nadie podría haber imaginado. Sin ella, no estarías leyendo estas palabras; de hecho, ni siquiera habrías nacido.

6
El día sin ayer

> La radiación que queda del Big Bang es la misma que la de nuestro horno microondas, pero mucho menos potente. Solo calentaría tu pizza a menos 270,4 °C; no resulta muy útil para descongelar la pizza, ¡y no hablemos ya de cocinarla!
>
> STEPHEN HAWKING

> Los elementos se cocinaron en menos tiempo del que se tarda en cocinar una cazuela de pato con patatas asadas.
>
> GEORGE GAMOW

Holmdel, Nueva Jersey, primavera de 1965

Durante la mayor parte del año no habían afrontado más que retrasos y frustración. Durante la mayor parte del año, el terco silbido de una interferencia de radio les había impedido realizar la más mínima labor astronómica. Pero ahora, mientras se ponían sus monos, se calzaban sus botas y subían a la amplia boca de la «bocina» —de seis metros de lado— con sus escobas de cerdas rígidas, Arno Penzias y Robert Wilson estaban convencidos de que su pesadilla iba a terminar pronto.

La bocina, un enorme embudo de metal del tamaño de un vagón de tren, era una antena situada en Crawford Hill, una loma boscosa situada en las inmediaciones de Holmdel, Nueva Jersey. Era propiedad de los Laboratorios Bell, una filial de la gigantesca compañía telefónica estadounidense AT&T, y se había construido en 1959 para probar la viabilidad de la transmisión de señales de teléfono y de televisión alrededor de la Tierra mediante un anillo de satélites de comunicaciones.

El padre de la idea de utilizar tales satélites había sido el escritor de ciencia ficción británico Arthur C. Clarke.[1] En un artículo publicado en el número de octubre de 1945 de la revista *Wireless World*, Clarke señalaba que, cuanto más lejos está un cuerpo de la Tierra, más débil es el tirón que ejerce sobre él la gravedad del planeta y, en consecuencia, más lenta resulta su órbita. A una determinada distancia concreta —exactamente a 35.787 kilómetros del centro de la Tierra—, el cuerpo gira tan despacio alrededor del planeta que realiza una órbita completa cada veinticuatro horas: observado desde el suelo, un satélite situado a esa altitud parecería estar suspendido inmóvil en el cielo.

La idea de Clarke consistía en disponer tres satélites de comunicaciones uniformemente espaciados a lo largo de esta *órbita geosíncrona*. Enviar una conversación telefónica, por ejemplo, de Inglaterra a Australia implicaría emitir una señal de radio desde un transmisor situado en suelo inglés hasta el satélite más cercano, que a su vez la retransmitiría al satélite más cercano, y este al siguiente, que finalmente la devolvería a un receptor situado en Australia.

En 1945, la idea de un planeta rodeado por satélites de comunicaciones era solo una de las más descabelladas de la ciencia ficción. Pero Clarke, que había trabajado como técnico de radar en la fuerza aérea británica, tenía un vívido recuerdo del bombardeo nazi de Londres con misiles balísticos V2 y había comprendido que aquellos cohetes podían lanzarse hacia arriba tan fácilmente como en dirección a una ciudad distante. No era el único que había reparado en ello. El 24 de octubre de 1946, un cohete V2 capturado por los estadounidenses y lanzado desde el campo de misiles de Arenas Blancas, en Nuevo México, escapó de la atmósfera y tomó la primera fotografía de la Tierra vista desde el espacio.

La creencia de Clarke de que la ciencia ficción se estaba convirtiendo rápidamente en un hecho científico se vio confirmada el 4 de octubre de 1957, cuando los rusos lanzaron el primer satélite artificial. El *Sputnik 1*, una esfera metálica de 58 centímetros de diámetro que emitía un pitido incesante mientras orbitaba en torno a la Tierra, sembró el terror entre los estadounidenses, que temían que los rusos pudieran lanzar una bomba H sobre una ciudad como Nueva York. Aquello marcó el nacimiento de la era espacial y supuso el pistoletazo de salida de la carrera espacial entre las dos superpotencias del mundo. Casi de forma inmediata, AT&T y muchas otras empresas se dieron cuenta de que tenían que entrar en el negocio de los satélites, y además pronto.

La mejor forma de comunicarse con un satélite era mediante *microondas*, unas ondas de radio con longitudes de onda cortas de entre unos centímetros y unas decenas de centímetros. El problema de las microondas es que todo las irradia: las personas, los árboles, los edificios, el cielo, etc. De manera que el reto para los ingenieros de AT&T era cómo captar una débil señal de microondas procedente de una diminuta fuente situada allá arriba en el cielo —un satélite— en medio de un mar de señales mucho más fuertes que provienen de todas direcciones.

La denominada *antena de bocina* —o *bocina de microondas*— de Crawford Hill, cuya construcción se había iniciado en el verano de 1959, era la solución de los ingenieros de AT&T a ese problema. Cuando su abertura de 6 × 6 metros apuntaba directamente hacia un objeto que apenas era un punto en el cielo, las microondas generadas por todas las demás fuentes de emisión tendrían que combarse para penetrar en la antena, lo que en la práctica implicaba que solo las procedentes de la fuente deseada se canalizaban hacia el extremo más estrecho de esta, donde las detectaba un radiorreceptor.

 La primera prueba de la antena de bocina fue *Echo 1*, una especie de satélite de comunicaciones en versión prehistórica lanzado por la NASA en 1960. En la práctica el satélite no era más que una pelota de playa inflable plateada de 30 metros de diámetro en la que podían hacerse rebotar las ondas de radio emitidas por la bocina de microondas, que luego captaba esta misma a su regreso (una antena de bocina tiene la capacidad de transmitir ondas de radio además de recibirlas). Pisándole los talones al Echo llegó el que sería el primer satélite de comunicaciones moderno. El Telstar ya no se limitaba a devolver pasivamente las ondas de radio emitidas desde la tierra, sino que amplificaba su fuerza antes de retransmitirlas. En 1962 retransmitió las primeras imágenes de televisión entre Estados Unidos y Europa. El Telstar causó sensación en todo el mundo, e incluso se grabaron discos de música pop sobre el satélite.

 En 1963, cuando el mundo había entrado ya en la era de los satélites de comunicaciones propiamente dicha, AT&T dejó de necesitar la bocina de Crawford Hill, por lo que decidió ceder su uso a un puñado de radioastrónomos. No fue un acto altruista: el objetivo de dichos astrónomos era detectar señales ultradébiles en el cielo, al igual que AT&T, y la compañía calculó que, si cedía la bocina a la ciencia, podría salir beneficiada. De hecho, esa no era la primera aventura de AT&T en el mundo de la astronomía. En la década de 1930, la empresa había contratado a Karl Jansky para que identificara las fuentes de interferencias de radio que causaban estragos en la transmisión y recepción inalámbrica. La captación de ondas de radio procedentes del Sol y de una misteriosa fuente situada en el centro de la Vía

Láctea que luego resultó ser un agujero negro *supermasivo*, le valió a Jansky el título de «padre de la radioastronomía»; asimismo, la unidad de potencia de radio se denomina *jansky* en su honor.

Arno Penzias, un dinámico neoyorquino de treinta y un años nacido en una familia de refugiados de la Alemania nazi, había llegado a Holmdel en 1962; Robert Wilson, un joven taciturno de veintiocho años procedente de Caltech, en Pasadena, llegó a principios de 1964. En el verano de ese mismo año los dos hombres empezaron a trabajar juntos.

Wilson albergaba la sospecha de que la Vía Láctea, nuestra galaxia, que tiene una forma similar a la de un disco compacto, podría estar incrustada en un halo esférico de gas hidrógeno extremadamente frío resultante de la formación de la galaxia. De ser así, dicho gas emitiría ondas de radio muy débiles, y la bocina, gracias a su capacidad para rechazar las ondas de radio espurias de su entorno, reunía unas condiciones únicas para captar esa señal.

Sin embargo, había que hacer una modificación, puesto que la débil señal que Wilson pretendía buscar probablemente se vería ahogada por las ondas de radio procedentes del cielo. Por lo general los radioastrónomos esquivan este problema desplazando con rapidez su telescopio entre una fuente astronómica —una estrella o galaxia— y una zona de cielo vecina. Restando una señal de la otra, pueden eliminar sin problema la emisión de fondo del cielo.[2] Sin embargo, eso no funcionaría a la hora de observar el *halo galáctico*, puesto que seguimos estando dentro de la Vía Láctea: dado que el halo llena todo el cielo, es imposible apuntar fuera de él.

La solución que encontraron Penzias y Wilson fue comparar el halo galáctico con una fuente artificial de emisión de ondas de radio. Penzias construyó dicha fuente, que enfrió con helio líquido a solo cuatro grados por encima del cero absoluto. Luego alojó aquella *carga en frío* en un cobertizo unido al extremo más estrecho de la bocina, que también albergaba el receptor de radio.

Antes de iniciar su trabajo astronómico propiamente dicho, Penzias y Wilson quisieron asegurarse de que su equipo funcionaba de manera correcta realizando observaciones a una frecuencia en la que esperaban que no hubiera emisión de radio del halo galáctico. Parecía tonto, pero había un método en su locura: si la señal detectada al apuntar la bocina hacia un trozo de cielo vacío era exactamente cero, sabrían que su equipo funcionaba como se esperaba.

Sin embargo, cuando realizaron la prueba, las cosas no salieron según lo planeado. La señal que registraron no era cero, sino que detectaron el silbido residual de una interferencia de radio. Era la señal que emitiría un cuerpo que estuviera aproximadamente a −270 grados Celsius, o tres grados por encima del cero absoluto.

Al principio, los dos astrónomos pensaron que aquel silbido procedía de Nueva York, que se hallaba justo en el horizonte de Holmdel, pero cuando apuntaron la bocina lejos de la ciudad vieron que la interferencia no desaparecía. Su siguiente idea fue que podría provenir de una fuente del sistema solar —tanto el Sol como Júpiter emiten ondas de radio—, pero pasaron los meses, la Tierra fue desplazándose en su órbita alrededor del Sol y la interferencia no varió. Luego los astrónomos se preguntaron si la fuente podría ser una explosión de una bomba de hidrógeno producida a gran altitud. El 9 de julio de 1962, la prueba nuclear conocida como Starfish Prime había inyectado electrones de alta energía en los cinturones de Van Allen, dos regiones del campo magnético terrestre descubiertas hacía poco que atrapan partículas cargadas procedentes del Sol. Cabía esperar que dichos electrones, que se desplazaban en espiral en torno a las «líneas» del campo magnético, emitieran ondas de radio. Ese efecto, obviamente, iría disminuyendo con el tiempo, pero las interferencias se mantenían.

Finalmente, Penzias y Wilson repararon en dos palomas que habían anidado dentro de la bocina. A primera vista, no parecía que ese fuera un buen sitio para construirse un hogar, ya que cada vez que la bocina se giraba para apuntar en una nueva dirección tenían que rehacer su nido. Sin embargo, los inviernos de Nueva Jersey son fríos, y el extremo más estrecho de la bocina, donde habían anidado, estaba junto al refrigerador que enfriaba los sistemas electrónicos del receptor de radio. Cualquiera que haya estado detrás de un refrigerador sabe que este desprende calor, de modo que en realidad las palomas habían elegido un lugar acogedor para criar a su familia. Al hacerlo, no obstante, habían recubierto el interior de la bocina con lo que Penzias y Wilson denominaron un «material dieléctrico blanco». Dicho material —para el resto del mundo simplemente caca de paloma— emite ondas de radio como cualquier otra cosa. Penzias y Wilson intercambiaron una mirada cómplice. ¿Era posible que al final hubieran encontrado la fuente de la molesta interferencia de radio que les había impedido realizar su trabajo astronómico durante tantos meses?

En una ferretería local compraron una trampa para pájaros. Esta contenía un cebo; cuando entraba un pájaro y pisaba una plancha finamente calibrada, se cerraba una puerta tras él y lo atrapaba. Con ayuda de la trampa, los dos astrónomos capturaron las palomas y las enviaron (!) mediante el correo interno de AT&T a otra sede de la empresa en Whippany, Nueva Jersey.[3] Desaparecidas las palomas, Penzias y Wilson se subieron a la boca de la bocina para dedicar una hora de duro trabajo a limpiar el interior armados con escobas de cerdas rígidas, y de paso aprovecharon para pegar cinta de aluminio sobre los remaches que mantenían unidas las láminas de metal de la bocina, por si acaso contribuían a producir el silbido de interferencia.

De regreso en el suelo, volvieron a cambiarse para recuperar su atuendo habitual, con la esperanza de que su problema hubiera quedado por fin resuelto y de que por fin pudieran iniciar su trabajo astronómico propiamente dicho. Mientras la bocina, de dieciséis toneladas de peso, giraba poco a poco sobre sus ejes, Penzias y Wilson mantenían los ojos pegados a un registrador gráfico de pluma que trazaba una temblorosa línea recta en un rollo de papel. La abertura de la antena volvió a enfocar el punto que habían estado observando en el cielo. Y el trazo de la pluma empezó a saltar.

¡La interferencia de radio seguía allí! Penzias y Wilson menearon la cabeza consternados. ¿Qué demonios podría ser eso?

Washington, verano de 1948

Ralph Alpher y Robert Herman se quedaron un rato contemplando sus propios cálculos con admiración. En la pizarra estaban escritos los detalles que habían elaborado con grandes trabajos durante toda una tarde de lluvia de ideas. Si tenían razón, la prueba de que el universo había nacido en una fecha concreta en lugar de existir desde siempre estaba literalmente flotando a su alrededor, y tenía una impronta inconfundible.

El humo del cigarrillo de George Gamow todavía colgaba en el aire. «¡Transcríbanlo ustedes dos! ¡Transcríbanlo!», les había ordenado Gamow al ver sus cálculos. Luego se había marchado, mientras su mente disparaba ideas como petardos como era habitual en él. Seguro que ahora andaba tras la pista de alguna otra cosa: la formación de las galaxias, la teoría cuántica, analogías para utilizar en su popular serie de libros de «Mr. Tompkins»... y quién sabe qué más. Las visitas del exuberante supervisor de Alpher eran como los tiroteos de las películas de gángsteres: les dejaban a Herman y a él aturdidos y exhaustos. Pero, para ser honestos, había que reconocer que había sido justamente a Gamow a quien se le había ocurrido la idea que les había encaminado hacia su descubrimiento. Aunque les exasperaba —en gran parte porque sus bromas pesadas y su alcoholismo hacían que los demás físicos lo vieran más como un diletante que como un científico serio—, también le tenían un gran aprecio.[4] Gamow había huido de la Rusia de Stalin en 1933 junto con su esposa, Liúbov Vojminzeva, física como él. Ante la imposibilidad de encontrar un puesto académico permanente en Europa, al año siguiente se dirigió a Estados Unidos, donde terminó ostentando una cátedra en la Universidad George Washington, en la capital del país. Fue allí donde Alpher, que estudiaba de noche mientras mantenía un puesto de trabajo diurno investigando la teoría de los misiles guiados, había sabido de su existencia. Gamow era un tipo ruidoso, entusiasta, irreverente y exuberante en todos los sentidos. Puede que la comunidad de físicos no le tuviera en gran estima, pero conocía en persona a todos los grandes —Albert Einstein, Niels Bohr, Werner Heisenberg...—, y había realizado una importante contribución a la física al ser el primero en aplicar la teoría cuántica al núcleo del átomo, desentrañando de paso el antiguo misterio de la *desintegración alfa* radiactiva.

Alpher se armó de valor y fue a preguntarle a Gamow si lo aceptaría como estudiante de doctorado a pesar de que trabajaba en la Universidad Johns Hopkins de Baltimore, y Gamow le dijo que sí. Solo más adelante Alpher se tropezó con Robert Herman, un estudiante de posdoctorado que tenía su despacho unas puertas más allá en el mismo pasillo. Herman se detuvo un momento para presentarse, y, cuando Alpher le habló de los cálculos en los que estaba trabajando, se apuntó al instante.

La idea de dichos cálculos había partido de Gamow, que había estado reflexionando sobre el origen de los *elementos* químicos. Como ya hemos señalado antes, en la década de 1940 se había evidenciado que los 92 elementos naturales —desde el hidrógeno, el más ligero, hasta el uranio, el más pesado— no habían sido colocados en el universo el primer día por un Creador, sino que, lejos de ello, se habían *fabricado* posteriormente. La pista de ello se hallaba en la correlación entre la abundancia de los elementos y la fuerza con la que estaban unidos sus núcleos, lo que a su vez constituía un sólido indicio de que en la creación de los elementos había involucradas reacciones nucleares: de que el universo había empezado con tan solo hidrógeno, el elemento más simple, y el resto se había ido ensamblado después a partir de esta pieza de construcción nuclear básica.

El problema de construir elementos de ese modo reside en que todos los núcleos tienen una carga eléctrica positiva; dado que las cargas del mismo signo se repelen entre sí, eso implica que existe una potente repulsión entre ellos. La única forma de que se acerquen lo suficiente como para unirse es que colisionen entre sí a gran velocidad, lo que es sinónimo de alta temperatura. De hecho, se requiere una de muchos miles de millones de grados. Pero ¿en qué parte del universo puede encontrarse un horno que genere un calor tan abrasador?

El lugar evidente es el corazón de las estrellas, aunque Arthur Eddington había concluido erróneamente que el interior de las estrellas no era lo bastante caliente o denso para dar lugar a la *nucleosíntesis*. Así estaban las cosas a mediados de la década de 1940, cuando Gamow empezó a reflexionar sobre el problema de la construcción de elementos.

Cuando estaba en Rusia, Gamow había sido alumno de Aleksandr Fridman, que en 1922 fue el primero en reparar en el hecho de que la teoría de la relatividad general de Einstein implica que vivimos en un universo agitado que debe estar en movimiento y no puede ser estático e inmutable como creía el propio Einstein. Concretamente —razonó—, el universo tiene que estar, o bien contrayéndose, o bien expandiéndose a partir de un estado superdenso. El término *Big Bang* no se acuñaría hasta casi tres décadas después, pero con su postulado Fridman había descubierto las soluciones a las ecuaciones de Einstein (Fridman moriría prematuramente en 1925 a los treinta y siete años, lo que constituía otra de las razones por la que Gamow ya no estaba vinculado a Rusia).

En 1929, el astrónomo estadounidense Edwin Hubble, utilizando el que por entonces era el mayor telescopio del mundo —el del Observatorio del monte Wilson, en el sur de California—, descubrió que el universo, en efecto, se está expandiendo, y las galaxias que lo constituyen se alejan unas de otras como pedazos de metralla cósmica, justo como había predicho Fridman. Pero aunque era probable que la responsable de esa expansión cósmica hubiera sido una explosión producida en un pasado remoto, hasta Gamow nadie había reflexionado en serio sobre ello debido a que parecía un fenómeno extremadamente alejado de la experiencia cotidiana.[5]

Gamow imaginó la expansión del universo retrocediendo en el tiempo, como una película proyectada al revés. Cuando todo hubiera quedado comprimido en un volumen extraordinariamente minúsculo, habría estado muy caliente, por la misma razón por la que se calienta el aire comprimido en una bomba de bicicleta. Gamow comprendió que el Big Bang debió de ser una bola de fuego abrasadora. ¿Podría ser ese el escurridizo horno en el que se forjaron los elementos de la naturaleza? Gamow no era un hombre aficionado a los detalles; de hecho, era conocida su propensión a cometer errores en las ecuaciones y hacer sumas incorrectas. De modo que prefirió pasarle el problema a su alumno, Alpher, para que fuera él quien profundizara en el asunto.

Ni Alpher ni Gamow sabían cuáles eran los ingredientes exactos con los que había empezado el universo, pero sí eran conscientes de que debían de ser simples. Alpher probó varias posibilidades. Una era una mezcla de protones y neutrones. Junto con el protón, el neutrón —descubierto en 1932 por el físico inglés James Chadwick— es uno de los dos componentes básicos de todos los núcleos (hidrógeno aparte, pues contiene únicamente un solitario protón). En virtud de su carencia de carga eléctrica, un neutrón puede acercarse a un núcleo y unirse a él. Sin embargo, si en un núcleo se incrustan demasiados neutrones, este se vuelve inestable, y uno de sus neutrones se transforma en un protón, un proceso conocido como *desintegración beta*.

Alpher no tardó en darse cuenta de que, debido a la rápida expansión y enfriamiento de la bola de fuego del Big Bang, la construcción de los elementos solo habría sido posible dentro de un breve margen de tiempo, que habría durado desde que el universo tenía alrededor de un minuto de existencia hasta llegar aproximadamente a los diez minutos. A partir de ahí, la expansión habría separado tanto los núcleos, y estos se habrían movido tan despacio, que sus colisiones habrían sido demasiado infrecuentes y su impacto demasiado escaso para que se unieran entre sí. Otro efecto importante a tener en cuenta es que los neutrones libres decaen en protones al cabo de unos diez minutos, de modo que sus reservas se habrían agotado con rapidez.

Alpher hizo de manera diligente los cálculos para ver cuál habría sido el resultado de una orgía de «reacciones nucleares» producidas en la bola de fuego del Big Bang, y encontró que aquel horno habría convertido aproximadamente el 10 % de todos los núcleos en helio, dejando el 90 % restante en forma de hidrógeno. Una revelación extraordinaria, puesto que se correspondía con exactitud con lo que se observaba en el universo actual.

Aunque este era un éxito indudable que venía a reforzar el argumento de que, en efecto, el Big Bang había sido el horno en el que se forjaron los elementos, por otra parte resultaba difícil imaginar cómo podría haberse formado cualquier otro de los elementos más pesados que el helio. Aun en el caso de que las reacciones nucleares se hubieran prolongado durante más de diez minutos, el problema seguiría persistiendo, puesto que —como ya hemos visto antes— en la naturaleza no hay núcleos estables con cinco u ocho nucleones. Dado que el helio tiene cuatro nucleones (dos protones y dos neutrones), la ruta para construir núcleos más pesados —ya sea añadiendo un nucleón (y formando un núcleo con cinco nucleones) o uniendo dos núcleos de helio (y formando un núcleo con ocho nucleones)— se encuentra completamente bloqueada.[6]

Alpher escribió un artículo sobre sus cálculos, que en la práctica se convirtió en su tesis doctoral. Lo hizo en colaboración con Gamow, pero su supervisor —eterno bromista— decidió añadir el nombre de Hans Bethe como autor. Aunque en realidad Bethe no había contribuido en nada al artículo, ahora sus autores constaban como «Alpher, Bethe y Gamow».[7,8] Alpher se sintió consternado. Como mero estudiante, necesitaba acumular el mayor mérito posible por su trabajo para conseguir un puesto académico permanente, pero ahora Gamow había complicado las cosas. Bethe era un físico de renombre que había trabajado en el Proyecto Manhattan, célebre por haber deducido una cadena de reacciones nucleares que podrían explicar la energía de las estrellas escribiéndola en una servilleta en el vagón restaurante de un tren que viajaba entre Washington y Nueva York; en consecuencia, la gente tendería a dar por supuesto que él era la fuerza impulsora que había tras los cálculos de la *nucleosíntesis cósmica*. Los peores augurios de Alpher se vieron confirmados cuando, al presentarse a defender su tesis doctoral, se encontró no ante un jurado integrado solo por Gamow y uno o dos de sus colegas, sino ante un público de unos 300 físicos expectantes.

Sin embargo, la existencia de reacciones nucleares con el potencial de construir elementos no era la única consecuencia del postulado de un Big Bang de altas temperaturas. Había otra, que era justamente la que Alpher y Herman habían estado explorando y en torno a la cual giraban los cálculos que Gamow había visto garabateados en la pizarra en el despacho de Alpher. Cuando el universo tenía aproximadamente un minuto de existencia y su temperatura era de unos diez mil millones de grados, debía de haber también unos diez mil millones de fotones por nucleón; estos serían por completo dominantes, mientras que la materia constituiría tan solo un componente muy secundario del universo.[9] Pero eso planteaba una pregunta: ¿a dónde habían ido todos esos fotones? Gamow comprendió que la respuesta era que a ninguna parte. A diferencia del calor de la bola de fuego de una explosión nuclear, que a la larga se disipa en el entorno, el calor de la bola de fuego del Big Bang no tenía a dónde ir: estaba confinado en el universo, que, por definición, es todo lo que hay. En consecuencia, los fotones del «rescoldo» del Big Bang todavía deberían estar a nuestro alrededor. Una estimación rápida revelaba que la energía total de los fotones vestigiales presentes en cualquier volumen de espacio dado debería ser aproximadamente igual a la energía total de la luz de las estrellas en ese mismo volumen. A partir de ahí, Gamow concluyó que dichos fotones resultarían indistinguibles de la luz de las estrellas y que no había la menor posibilidad de detectarlos.

Pero Alpher y Herman se dieron cuenta de que Gamow se equivocaba. Hubo un evento crucial en la historia del universo producido unos cientos de miles de años después de su nacimiento, cuando la bola de fuego en expansión se había enfriado a unos tres mil grados. Ahora los núcleos y electrones se desplazaban de un lado a otro lo bastante despacio como para poder unirse y formar los primeros *átomos* del universo, lo cual tuvo un efecto espectacular en el aspecto de este último. Mientras que a los electrones libres se les da muy bien *dispersar*, o redirigir, fotones, no ocurre así con los electrones atrapados en los átomos. En consecuencia, antes de este *período* de la última dispersión los fotones se veían obligados a zigzaguear a través del espacio, como los que rebotan en las gotitas de agua de la niebla; pero después la niebla cósmica se disipó y el universo se volvió transparente. Desacoplados así de la materia, los fotones del Big Bang pudieron ahora volar con libertad en línea recta a través del espacio.

Los fotones vestigiales del Big Bang ya no serían aquellos fotones extremadamente calientes que iniciaron su viaje hace 13.820 millones de años: enfriados por la expansión del universo en los eones transcurridos desde entonces, aparecerían hoy como ondas de radio de onda corta, o *microondas*; además, parecerían proceder de manera homogénea de todas partes del cielo.

Esa radiación homogénea de microondas era solo la primera de dos características inconfundibles que en realidad, según dedujeron Alpher y Herman, hacían que el rescoldo del Big Bang sí resultara distinguible de la luz de las estrellas. La segunda característica era de índole un poco más técnica.

En la bola de fuego del Big Bang, cada vez que un fotón rebotaba en un electrón libre, el par intercambiaba energía: si el electrón se desplazaba con rapidez, el fotón ganaba energía; si lo hacía lentamente, el fotón la perdía. Las colisiones eran frecuentes, y el resultado de un gran número de ellas fue que la energía total disponible se repartió entre los fotones de una manera muy especial: muy pocos fotones terminaron con una energía muy baja, y muy pocos lo hicieron con una energía muy alta, mientras que la gran mayoría de ellos acabaron con un nivel de energía situado entre ambos extremos. Ese espectro de energías —que de forma gráfica dibuja una curva en forma de joroba— se conoce como *cuerpo negro* y resulta especialmente simple porque su forma depende de una sola variable: la temperatura.[10] A pesar de que la bola de fuego del Big Bang se expandía a gran velocidad, las colisiones entre fotones y electrones eran mucho más rápidas, de modo que hubo tiempo para que se produjera un gran número de ellas antes de que la bola de fuego se expandiera de manera apreciable. En consecuencia, incluso cuando la temperatura se desplomó, los fotones conservaron su característico espectro de cuerpo negro. Dicho espectro era la segunda de las propiedades que, como atinaron a ver Alpher y Herman, hacían que el rescoldo de la bola de fuego del Big Bang pudiera diferenciarse de hecho de la luz de las estrellas. Solo hacía falta conocer su temperatura para saberlo todo de él.

Alpher y Herman se pusieron manos a la obra. Juntos trabajaban extraordinariamente bien y desde el mismo momento en que se conocieron se dieron cuenta de que eran tal para cual; parecía casi que tuvieran una conexión telepática. A la larga dedujeron una temperatura: la cifra que Gamow vio en la pizarra y que le llevó a ordenarles que la transcribieran de inmediato en papel. Era una temperatura extremadamente fría: 5 grados Kelvin (−268 grados Celsius). En la actualidad el rescoldo del Big Bang aparecería como microondas procedentes de todas partes del cielo y su espectro sería exactamente igual al de un cuerpo que estuviera cinco grados por encima del cero absoluto.

Alpher y Herman hicieron lo que les había indicado Gamow y transcribieron su predicción de la *radiación cósmica de fondo* en forma de un breve artículo. Si tenían razón, el 99,9% de todos los fotones del universo se hallaban atrapados en el rescoldo del Big Bang, mientras que solo el 0,1% restante configuraba la luz de las estrellas y galaxias. Era una afirmación insólita, pero ¿y si habían cometido algún error? Aparcaron sus dudas y enviaron el artículo a la revista científica británica *Nature*. El artículo se publicó el 13 de noviembre de 1948, y Alpher y Herman aguardaron ansiosos la reacción de la comunidad científica.[11] Pero no hubo ninguna. Su predicción fue recibida con un silencio ensordecedor. Como no eran de los que tiran la toalla sin pelear, en los años posteriores los dos físicos mencionaron su resultado en numerosas conferencias. A ellas asistían también radioastrónomos, con quienes siempre aprovechaban la oportunidad para hablar. «¿Se podría detectar esa radiación vestigial del Big Bang mediante radiotelescopios?», les preguntaban. «No», era la respuesta unánime (aunque incorrecta). De modo que nadie se embarcó en la búsqueda de algo que, de existir, resultaría ser la característica más llamativa del universo: el rescoldo de la creación.

Holmdel, Nueva Jersey, primavera de 1965

Ya era bastante deprimente que el persistente e inexplicable silbido de microondas siguiera allí después de que Penzias y Wilson hubieran limpiado los excrementos de paloma de su antena de bocina. Pero todavía lo era más que las palomas, a las que habían enviado lejos de allí, regresaran a Crawford Hill (al fin y al cabo, eran palomas mensajeras) y hubiera que abatirlas a tiros. Penzias y Wilson ni siquiera pudieron consolarse con la idea de que las aves hubieran muerto en aras de la ciencia, ya que los dos científicos se encontraban en la misma situación en la que estaban desde que habían empezado a formar equipo el verano anterior: no podían llevar a cabo su trabajo astronómico.

Justo cuando empezaban a sucumbir a la desesperación, Penzias hizo la que resultaría ser una afortunada llamada telefónica a un amigo radioastrónomo, Bernie Burke, que trabajaba en el

Departamento de Magnetismo Terrestre del Instituto Carnegie, con sede en Washington. Lo que hablaron no tuvo relación alguna con la investigación que tenían entre manos, pero al final de la conversación Penzias no pudo evitar quejarse por la molesta interferencia que captaban en Crawford Hill. Al oír aquello, Burke se irguió en su asiento. Recientemente había asistido a una charla de un investigador de Princeton llamado Jim Peebles, y recordaba que el jefe de este, Bob Dicke, estaba supervisando la construcción de un pequeño radiotelescopio en la azotea del edificio de geología de Princeton con el objetivo de buscar microondas que hubieran sobrevivido a una posible fase caliente y densa del universo primigenio.[12]

De inmediato, Penzias le colgó el teléfono a Burke y llamó a Princeton. En aquel momento Dicke estaba compartiendo con su equipo una comida para llevar en su despacho. A continuación se desarrolló una breve conversación técnica que incluyó expresiones como «bocina de microondas» y «carga en frío». Los miembros del equipo de Dicke intercambiaron unas miradas cómplices y, cuando este colgó el teléfono, ya sospechaban lo que venía después.

—Bueno, muchachos —les dijo, meneando la cabeza—. Nos han fichado.

Al día siguiente, el grupo de Dicke se desplazó hasta Holmdel, que está a solo unos 50 kilómetros de Princeton. Tras examinar la bocina, el receptor de radio y la carga en frío, y hablar un poco con Penzias y Wilson sobre su configuración experimental, Dicke comprendió que se había acabado la partida: los dos astrónomos se habían topado exactamente con lo que el equipo de Princeton tenía planeado buscar.

La mayor parte de la luz del universo está atrapada en el rescoldo del Big Bang. Si sintonizaras un viejo televisor analógico entre dos emisoras, el 1% de las interferencias que aparecerían en la pantalla procederían de aquella gran explosión inicial.

Antes de ser interceptadas por tu antena de televisión, llevan 13.820 millones de años viajando por el espacio, y el último «objeto» con el que estuvieron en contacto fue la propia explosión originaria del cosmos. Al descubrir la radiación cósmica de fondo, Penzias y Wilson contribuyeron a demostrar que el universo no existía desde siempre, sino que había nacido en una bola de fuego: el Big Bang.[13]

Los dos equipos —Penzias y Wilson, y el grupo de Dicke— decidieron anunciar su descubrimiento en dos números consecutivos de la revista *The Astrophysical Journal Letters*. Irónicamente, Penzias y Wilson apoyaban la idea propuesta en 1948 por Fred Hoyle y otros dos colegas de que el universo existía desde siempre, en lugar de tener un denso y caluroso comienzo. Como partidarios de esta *teoría del estado estacionario*, no se sentían muy cómodos afirmando que lo que habían encontrado era una prueba que apoyaba la teoría rival del Big Bang. De modo que en su artículo mencionaron solo el molesto silbido de interferencia que habían captado, que consideraban un resultado experimental contundente, dejando la especulación acerca de la identidad precisa del silbido al artículo complementario del equipo de Dicke.

Dos semanas antes de la publicación de los artículos, sonó el teléfono en Crawford Hill y lo cogió Penzias. Era Walter Sullivan, reportero científico del *New York Times*. Estaba siguiendo la pista de otra historia cuando llamó a las oficinas de *The Astrophysical Journal*, y un redactor había dejado escapar que la revista estaba a punto de publicar dos artículos que informaban de una misteriosa señal de radio que potencialmente procedía del principio de los tiempos. Sullivan acribilló a Penzias con preguntas sobre su trabajo con la antena de bocina.

Por entonces el padre de Wilson, que vivía en Texas, había ido a verle. Como era aficionado a madrugar, al día siguiente se levantó mucho antes que su hijo y se dirigió al quiosco local.

A su regreso, esgrimió un ejemplar del periódico de la mañana ante las narices de su hijo, todavía con los ojos legañosos. Allí, en la portada del *New York Times*, aparecía una foto de la antena de bocina, junto con una descripción de los dos artículos publicados en *The Astrophysical Journal Letters*.

Gamow, que por entonces ya se había jubilado y vivía en Boulder, Colorado, leyó la noticia del *New York Times*, pero comprobó consternado que no aparecía su nombre, ni los de Alpher ni Herman. Ni que decir tiene que aguardó la publicación de los artículos de *The Astrophysical Journal Letters* con intenso interés.

El título del artículo de Penzias y Wilson era una clase magistral de cautela y sosería: «Medición de un exceso de temperatura de antena a 4.080 megaciclos por segundo».[14] Básicamente, lo único que decían los dos astrónomos era que «las mediciones de la temperatura efectiva de ruido en el cenit de la bocina reflectora de seis metros de abertura del Laboratorio de Crawford Hill de Holmdel, Nueva Jersey, a 4.080 megaciclos por segundo, han arrojado un valor de alrededor de 3,5 grados más de lo esperado». En ninguna parte de su breve artículo mencionaban la posibilidad de que la radiación que habían captado pudiera proceder de manera directa de un Big Bang con altas temperaturas. Simplemente señalaban: «Una posible explicación del exceso de temperatura de ruido observado es la que ofrecen Dicke, Peebles, Roll y Wilkinson en una carta complementaria publicada en este mismo número».

Alertados por Gamow, Alpher y Herman habían ido directos a sus respectivas bibliotecas en el mismo instante en que aparecieron publicados los dos artículos científicos. Les resultaba difícil creer que finalmente se hubiera encontrado la radiación del Big Bang; que aquella cosa que ellos habían predicho en una pizarra en Washington diecisiete años antes estuviera de verdad allí fuera. En realidad así era, y llenaba todo el universo, tal como habían supuesto. Los dos hombres leyeron en diagonal los artículos y, al llegar al final, se quedaron de piedra: en ninguna parte se mencionaba el innovador trabajo de Alpher y Gamow sobre la construcción de elementos en un Big Bang de altas temperaturas; y tampoco en ninguna parte se mencionaba la predicción de Alpher y Herman sobre el rescoldo del Big Bang. Ellos habían demostrado ser magos, pero parecía que nadie lo sabría jamás.

Era poco creíble que se les hubiera pasado por alto. No solo habían publicado los resultados de sus cálculos relativos a un potencial Big Bang de altas temperaturas en una serie de artículos técnicos aparecidos en *Physical Review*, sino que además habían escrito numerosos textos de divulgación de su trabajo. De hecho, en 1952, Gamow había publicado un libro para lectores profanos titulado *La creación del Universo*, en el que hablaba de la formación del helio en un Big Bang de altas temperaturas y de cómo esta se hallaba vinculada a la temperatura del universo. En 1956, incluso había explicado sus ideas en un artículo publicado en la popular revista *Scientific American*.

Y ahora otros científicos se estaban atribuyendo el mérito del trabajo que habían hecho ellos casi dos décadas antes. Para Gamow, Alpher y Herman, aquello casi resultaba imposible de soportar.[15]

Holmdel, Nueva Jersey, otoño de 1978

Wilson tuvo un primer indicio del premio a comienzos de 1978. «Un tipo publicó una predicción de futuros Nobel, creo que fue en la revista *Omni*, y nos mencionó —contaría posteriormente—. Pero se equivocaba en un montón de cosas, así que Arno y yo no nos lo tomamos en serio.» En el verano de 1978 hubo otra pista, esta vez de un irlandés que había trabajado en los Laboratorios Bell. Mientras estaba de visita en Suecia, a Jerry Rickson se le había acercado uno de los principales radioastrónomos del país. «Le hicieron algunas preguntas muy detalladas sobre nosotros y nuestra relación —comentaría Wilson—. ¿Quién había hecho qué? Ese tipo de cosas.»

Más tarde, un colega suizo de Wilson fue bastante más directo. Martin Schneider se había retrasado en entregarle a Wilson un informe sobre los progresos de un experimento y, cuando ambos se tropezaron en los Laboratorios Bell, Wilson le preguntó si podía tener el informe en su mesa al día siguiente.

—No creo que vayas a quererlo mañana —le respondió Schneider alegremente—. ¡Van a anunciar que te dan el Nobel!

Al día siguiente, el timbre del teléfono lo despertó a las siete de la mañana. Era otro de sus colegas de los Laboratorios Bell. Había oído una noticia en la emisora de radio WCBS, y quería saber si era cierto lo que decía la gente, que él y Arno Penzias habían ganado el Nobel. Wilson no lo sabía con certeza, pero todas sus dudas se disiparon cuando llegó un telegrama de la Real Academia de las Ciencias de Suecia: se había otorgado el Premio Nobel de Física de 1978 a Penzias y Wilson por su descubrimiento de la radiación cósmica de fondo de tres grados de temperatura por encima del cero absoluto.

Para Alpher y Herman, el Premio Nobel de Física no hizo sino hurgar en la herida. Penzias y Wilson se habían tropezado por accidente con la radiación que ellos habían predicho diecisiete años antes. Y por si eso no fuera ya bastante malo, durante los dos años siguientes a captar la señal, los investigadores de los Laboratorios Bell se habían negado a admitir que esta tuviera algo que ver con el nacimiento del universo.

Dicke y sus colegas sostuvieron que ellos ignoraban que Alpher y Herman ya hubiesen predicho la existencia del rescoldo del Big Bang en 1948, pero no lograron arreglar las cosas. Para ser justos, hay que decir que lo intentaron en varias ocasiones, aunque en opinión de Alpher y Herman no lo suficiente.* De modo que la herida siguió abierta. En cuanto a Gamow, siguió amargado por el trato que él y su equipo habían sufrido hasta su prematura muerte por hepatopatía alcohólica en 1968. Su única fortuna fue que no llegó a saber a quién le concedían el Nobel de Física de 1978.

Wilson, obviamente, no podía hacer nada al respecto, puesto que no tenía ningún poder sobre el comité encargado de la designación del Nobel. «Me considero muy afortunado», se limitaría a declarar.

El rescoldo del Big Bang es la característica más sorprendente de nuestro universo. Si nuestros ojos pudieran ver las microondas, en lugar de la luz visible, veríamos resplandecer todo el espacio de un blanco deslumbrantemente brillante. Sería como estar en el interior de una gigantesca bombilla. Siendo así, surge de forma inevitable la pregunta: ¿cómo es que la radiación cós-

---

* Dicke creía en un modelo de universo cíclico, en el que el cosmos se expandía y contraía repetidamente durante toda la eternidad como un gigantesco corazón palpitante. Si cada ciclo había de iniciarse como el anterior, sería necesario destruir los elementos acumulados en el ciclo previo, probablemente en el interior de las estrellas. Dicke comprendió que eso podría lograrse mediante un calor extremo, que haría colisionar los núcleos entre sí con tanta violencia que todos los elementos se desintegrarían convirtiéndose en hidrógeno. A partir de ahí se le ocurrió la idea de que el universo atravesaría una fase densa y caliente, que dejaría tras de sí una radiación térmica, exactamente por la razón opuesta al argumento de Gamow. Así funciona la verdadera ciencia: los dos hombres estaban en lo cierto, pero por razones equivocadas, y cada una de ellas era diferente de la otra. Después de todo, no parece que vivamos en un universo cíclico (como pensaba Dicke), y, por otra parte, tampoco la mayoría de los elementos se forjaron en un Big Bang de altas temperaturas (como creía Gamow).

mica de fondo no se descubrió hasta que Penzias y Wilson lo hicieron en 1965, y, además, por accidente? El físico y premio Nobel Steven Weinberg ha reflexionado mucho sobre esta cuestión y acerca de por qué no se llevó a cabo anteriormente una búsqueda sistemática. En su popular relato sobre el Big Bang, *Los tres primeros minutos del universo*, propuso tres razones principales de ello.

La primera y más evidente —explica Weinberg— es que los radioastrónomos les aseguraron a Alpher y Herman que el rescoldo de microondas del Big Bang era indetectable. Esto era incorrecto. Es cierto que resultaba difícil de detectar, ya que requería una carga en frío con la que comparar la temperatura del cielo, pero podía hacerse.

La segunda razón por la que nadie se puso a buscar la radiación residual de la bola de fuego —sigue Weinberg— es que la predicción de su existencia se derivaba de una teoría que más tarde se vio desacreditada. En la década de 1950 resultaba ya evidente para todo el mundo que no era posible que la mayoría de los elementos se hubieran creado en el Big Bang, como creía Gamow. En realidad la naturaleza había utilizado dos grandes hornos para forjarlos: la bola de fuego del Big Bang, que produjo el helio y los elementos más ligeros en los primeros minutos de existencia del universo; y las estrellas, que posteriormente crearon todos los elementos más pesados. Por desgracia, cuando se hizo patente que el Big Bang no podía haber producido los elementos pesados de la naturaleza, la teoría de Gamow se metió por completo en el mismo saco y se descartó en su totalidad.

Pero la razón más importante por la que la teoría del Big Bang no condujo a una búsqueda de la radiación residual de la bola de fuego —sostiene Weinberg— fue que hasta 1965 a los físicos les resultó extraordinariamente difícil tomarse en serio una teoría del universo primigenio. «El error de los físicos no estriba en tomarse sus teorías demasiado en serio, sino en no tomárselas lo suficiente», explica Weinberg.[16] Fue una simple falta de imaginación. La temperatura y la densidad de la materia en los primeros minutos de la creación se hallaban tan extremadamente alejadas de la experiencia cotidiana que a cualquiera le habría resultado difícil creer que hubieran llegado a existir alguna vez. Los científicos no podían imaginar que algo tan absolutamente disparatado como el Big Bang pudiera ser cierto. «El efecto más importante del descubrimiento definitivo del fondo de radiación de tres grados Kelvin fue obligarnos a todos a tomarnos en serio la idea de que hubo un universo primigenio», sostiene Weinberg.[17]

Base de la fuerza aérea Vandenberg, California, 18 de noviembre de 1989

La noche antes del lanzamiento del satélite de la NASA Cosmic Background Explorer (COBE), los miembros del equipo responsable del proyecto se desplazaron en avión hasta la base de la fuerza aérea Vandenberg, situada a 160 kilómetros al norte de Los Ángeles. A eso de las tres de la mañana los metieron en unos autobuses que luego los dejaron en un campo aproximadamente a un kilómetro y medio de la plataforma de lanzamiento. Hacía un frío glacial, y todavía faltaba bastante para que amaneciera.

El satélite COBE, equipado con bocinas de microondas, se había diseñado para observar la radiación cósmica de fondo desde más arriba de la atmósfera terrestre, lo que hacía que resultara difícil detectarla desde el suelo. La radiación de fondo lleva impresa una foto del universo «de pequeño», de cuando este tenía solo 380.000 años y la materia del Big Bang, en proceso de enfriamiento, empezaba a agruparse por la acción de la gravedad para formar lo que a la larga serían las galaxias. COBE iba a sacar esa foto.

Había mucha gente reunida, y reinaba un gran entusiasmo y expectación. Entre la multitud que aguardaba, pateando el suelo con fuerza para combatir el frío, había dos hombres de edad avanzada que se hallaban tan sorprendidos como complacidos de que les hubieran invitado. John Mather, científico del proyecto y jefe del equipo COBE, había puesto mucho empeño en que Ralph Alpher y Robert Herman asistieran al acto. Finalmente, todo el mundo reconocía la clarividencia de los dos magos al haber predicho la existencia del rescoldo del Big Bang en 1948.

7
Agujeros en el cielo

> Los agujeros negros de la naturaleza son los objetos macroscópicos más perfectos que existen en el universo: los únicos elementos que intervienen en su construcción son nuestros conceptos de espacio y tiempo.
>
> SUBRAHMANYAN CHANDRASEKHAR
>
> Los agujeros negros son donde Dios dividió por cero.
>
> STEVEN WRIGHT

Herstmonceux, Sussex, otoño de 1971

Había algo tremendamente extraño en aquella estrella azul. Parecía estar orbitando alrededor de un cuerpo que no estaba allí. Los dos astrónomos, sentados ante un escritorio en la sala octogonal del torreón de un castillo inglés del siglo XV, revisaron sus desconcertantes observaciones.

Corría el otoño de 1971. Paul Murdin y Louise Webster compartían despacho en el Real Observatorio de Greenwich (por entonces emplazado en el castillo de Herstmonceux, en Sussex Oriental) desde el verano, después de que Murdin regresara de su estancia de siete años en Estados Unidos. Era una sala espaciosa, a la que se accedía a través de una puerta de madera tan baja que Webster tenía que agacharse para cruzarla. Cuando se construyó el castillo, la sala solo disponía de unas pequeñas troneras, pero posteriormente se añadió una ventana más grande. A través de ella se podía ver el foso que rodeaba el pintoresco castillo y, más allá, los prados salpicados aquí y allá de gansos. En la pared situada junto a la ventana, los anteriores ocupantes de la sala del torreón habían registrado la fecha en la que cada año los vencejos regresaban al castillo.

Las observaciones que estaban examinando los dos astrónomos correspondían a una estrella llamada HDE 226868. HDE son las siglas inglesas de *Henry Draper Catalogue Extension*, o Ampliación del Catálogo Henry Draper (HD), un catálogo de estrellas recopilado entre 1925 y 1936 por un pequeño ejército de astrónomas de la Universidad de Harvard, financiado por la viuda de un médico y astrónomo aficionado estadounidense, y bautizado por esta con el nombre de su esposo. Murdin había tenido noticia por primera vez de la existencia de HDE 226868 cuando estaba en la Universidad de Rochester, en el estado de Nueva York, donde había realizado su investigación de doctorado y desempeñado varios trabajos temporales tras doctorarse.

De estudiante, Murdin había comprendido que el gran problema de la astronomía era identificar algo que mereciera la pena estudiar. En palabras del humorista británico Douglas Adams: «El espacio es grande. Uno no se creería lo inmensa, enorme y alucinantemente grande que llega a ser. Por ejemplo, a lo mejor te parece que la farmacia te queda muy lejos. Pues bueno, para el espacio eso es una miseria».[1] Se calcula que hay unos dos billones de galaxias, y muchas de ellas contienen cientos de miles de millones de estrellas. Encontrar un objeto interesante es el equivalente a hallar un solo grano de arena interesante entre todos los anodinos granos de todas las playas del mundo.

Murdin se dio cuenta de que, para encontrar algo interesante, había que detectar algún rasgo observacional que pudiera revelar el hecho de que estaba ocurriendo algo inusual. Y solía debatir con los otros estudiantes de posgrado de Rochester acerca de qué podría constituir un indicio de ese tipo. Una posibilidad era la emisión de ondas de radio, pero Murdin tenía olfato para encontrar ideas interesantes y optó por centrarse, en cambio, en la emisión de rayos X como un indicio más novedoso y prometedor.

Los rayos X son un tipo de luz de alta energía emitida por la materia cuando se calienta a cientos de miles o incluso millones de grados. La atmósfera terrestre actúa como una pantalla que filtra los rayos X procedentes del espacio, lo cual resulta desafortunado para los astrónomos, aunque no para la vida en la Tierra. Pero a finales de la década de 1950 y comienzos de la de 1960 el físico italoestadounidense Riccardo Giacconi construyó la que sería una primera versión tosca de un telescopio de rayos X, que él y sus colegas lanzaron en *cohetes sonda* que se elevaron sobre la mayor parte de la atmósfera antes de caer de nuevo a la Tierra. Sus breves atisbos del universo de rayos X revelaron la existencia de diversas fuentes cósmicas, y entre ellas estaba Cygnus X-1, descubierta en 1962, uno de los objetos más brillantes del cielo.

Por desgracia, los primeros telescopios de rayos X eran tan toscos que a la hora de situar dónde estaba una fuente cósmica por lo general lo máximo que podían precisar era que se hallaba «en una determinada constelación». En el caso de Cygnus X-1, la constelación era —obviamente— Cygnus, el Cisne. Nadie sabía qué aspecto podía tener una estrella que emitiera rayos X, de modo que la idea era buscar algo inusual. Al principio, el área del cielo donde buscar era tan extensa que la tarea resultaba poco menos que imposible, pero en 1970 los avances técnicos en los telescopios de rayos X habían mejorado la situación. Murdin observó que el «recuadro» que mostraba la posible ubicación de Cygnus X-1 contenía una estrella que resultaba ser mucho más brillante que el resto: HDE 226868. Sin embargo, no parecía haber nada extraño en ella.

Cuando Murdin volvió a Inglaterra —para ocupar un nuevo puesto temporal, esta vez en el Real Observatorio de Greenwich, en Herstmonceux— la NASA había lanzado ya el primer satélite equipado con un telescopio astronómico sensible a los rayos X. El satélite —llamado Uhuru— localizó un gran número de fuentes de rayos X celestes y Murdin recibió una preimpresión del catálogo donde se recopilaban. El recuadro que señalaba la ubicación de Cygnus X-1 se había reducido considerablemente, de modo que ahora tenía solo alrededor de un tercio del diámetro aparente de la Luna llena. Y, de manera crucial, en el recuadro todavía estaba HDE 226868. «La estrella seguía ondeando una bandera que decía: "¡Mírame! ¡En realidad soy bastante interesante!"», comentaría más tarde Murdin.

Las cosas podrían haberse quedado ahí de no haber sido por lo que resultaría ser una afortunada circunstancia: el hecho de que Murdin compartiera despacho con Louise Webster. Esta última, una joven australiana apenas un poquito mayor que Murdin —que aún no había cumplido los treinta—, estaba trabajando con Richard Woolley, el director del observatorio, en un proyecto para estudiar cómo se desplazan las estrellas a través del espacio en nuestra galaxia, la Vía Láctea.[2]

Murdin no creía que la estrella azul HDE 226868 fuera la fuente de los misteriosos rayos X: él y Webster habían estudiado la luz de la estrella y resultaba ser demasiado corriente.[3] Sin embargo, se sospechaba que una posible fuente de rayos X podría ser la materia desprendida de una estrella que se precipitara en una trayectoria espiral hacia una compañera compacta y superdensa, de manera similar a como se precipita el agua hacia un desagüe. La fricción interna producida en ese *disco de acreción* haría calentarse tanto la materia que esta se convertiría en una brillante fuente de rayos X. De modo que Murdin se formuló la siguiente pregunta: ¿podría tener HDE 226868 una compañera que fuera la fuente de emisión de los rayos X? Si la estrella azul variara su velocidad con el tiempo, acercándose a la Tierra para volver a retroceder luego, eso sería una señal inequívoca de que estaba orbitando alrededor de otra estrella. Murdin ni siquiera tuvo que hacer ningún cálculo para determinar si la velocidad de la estrella variaba o no, ya que su compañera de despacho y el equipo que colaboraba con ella se dedicaban justamente a medir la velocidad de las estrellas: se limitó tan solo a escribir las coordenadas celestes de HDE 226868 en una ficha y se la entregó a Webster.

La astrónoma utilizaba el gigantesco telescopio de 2,5 metros Isaac Newton, que, por una ridícula decisión, se había montado en Herstmonceux, un lugar habitualmente nublado, brumoso o lluvioso (en 1979, con un coste mayor del que había requerido su construcción inicial, el telescopio se trasladaría al Observatorio del Roque de los Muchachos, en la isla canaria de La Palma). Sin embargo, aquel resultaría ser también un hecho afortunado para Murdin. Mientras que los mejores observatorios del mundo —a menudo situados en lugares secos y de gran altitud, donde la visión era excelente— centraban su atención en los objetos más tenues y lejanos del universo, en Herstmonceux no había más remedio que concentrarse en objetos más brillantes que pudieran detectarse incluso cuando el cielo no estuviera despejado. Y HDE 226868 era un buen candidato.

Webster usaba asimismo un *espectrómetro* extremadamente sensible para obtener los espectros de las estrellas. Estos son los registros de las variaciones de su brillo con la frecuencia, o color, de su luz. La frecuencia es similar al tono de un sonido: se hace más alta cuando una estrella se desplaza hacia nosotros, y más baja al alejarse. Este fenómeno —equivalente a lo que ocurre con la sirena de un coche de policía, que suena más aguda cuando se acerca a nosotros, y más grave cuando se aleja— se conoce como *efecto Doppler*.

Afortunadamente, la naturaleza ha dotado a cada tipo de átomo de un conjunto de frecuencias características a las que emite su luz y que actúan como una especie de huella dactilar. Para detectar el movimiento de una estrella a lo largo de la línea de visión, basta con identificar uno de esos rasgos en el espectro de la estrella y luego ver si varía con respecto a la frecuencia que tendría en un laboratorio en la Tierra.

Webster y su equipo realizaron seis análisis espectrales de HDE 226868; pero, de manera decepcionante, solo uno de los seis mostró algún indicio de movimiento. No era un resultado prometedor, y Murdin empezó a perder interés en la estrella azul. Pero como no era él quien tenía que hacer el trabajo duro, y al menos había un solitario espectro que ofrecía algún tipo de promesa, decidió dejar la ficha donde estaba, y la estrella azul permaneció en el programa de observación de Webster.

La astrónoma realizó diligentemente una nueva serie de análisis espectrales pero, cuando obtuvieron los resultados, Murdin se sorprendió al ver que esta vez revelaban que había movimiento. De inmediato se hizo evidente que HDE 226868 orbitaba en torno a otra estrella. Cuando Murdin hizo los cálculos —girando la manivela de lo que hoy consideraríamos una calculadora prehistórica—, descubrió que recorría una órbita completa cada 5,6 días.

La órbita deducida por Murdin reveló por qué los primeros análisis espectrales de Webster habían mostrado tan pocos indicios de movimiento. El desplazamiento Doppler únicamente revela un componente del movimiento de una estrella: el relativo a su aproximación o alejamiento de la Tierra. Pero, por una desafortunada casualidad, cinco de los primeros análisis espectrales se habían realizado en una fase de la órbita de HDE 226868 en la que esta se desplazaba a lo largo de nuestra línea de visión y, por lo tanto, apenas se alejaba o acercaba de nosotros.

Al examinarlo retrospectivamente, Murdin se dio cuenta de que el único espectro de la primera serie que había dado un resultado positivo en realidad era el resultado de un error, causado por algún problema en los instrumentos que nunca lograría detectarse. Pero eso fue otra afortunada casualidad para Murdin: de no haber sido por el sexto espectro y su anómala indicación de movimiento, él no le habría dejado la ficha a Webster y no habría descubierto la compañera de HDE 226868.

Cuando Murdin y Webster repasaron los últimos datos sentados en su escritorio, centraron su atención en la masa de la invisible compañera estelar. Ahora que habían obtenido múltiples espectros de HDE 226868, los dos astrónomos sabían que era una estrella extremadamente joven, caliente y luminosa, que emitía unas 400.000 veces más luz que el Sol. En 1971 se creía que la masa media de este tipo de *supergigante azul de clase O* equivalía a unas 20 masas solares. Utilizando esta cifra y el período orbital de 5,6 días, era posible determinar la masa de su compañera. En realidad, eso no era del todo correcto: dado que la órbita de HDE 226868 se proyectaba en un firmamento bidimensional, mientras que se ignoraba su verdadera orientación en el espacio tridimensional, solo era posible decir que la compañera superaba una cierta *masa mínima.*

Murdin y Webster se repartieron las tareas de cálculo. El primero fue a consultar varios libros de referencia en la biblioteca situada a 50 metros pasillo abajo, verificando no dos, sino tres veces que estaba empleando la fórmula correcta para deducir la masa desconocida. Era una ecuación compleja, y quería asegurarse de que la recordaba correctamente.

La reunión entre los dos astrónomos duró solo una hora, pero estaban seguros de su conclusión. La compañera estelar era al menos cuatro veces más masiva que el Sol, y probablemente sextuplicaba su tamaño.[4]

En ese momento, los únicos objetos estelares compactos que se conocían eran las *enanas blancas* y *las estrellas de neutrones*; esta última categoría la había descubierto cuatro años antes en forma de *púlsares* Jocelyn Bell, una estudiante de posgrado de Cambridge. Pero la teoría limitaba la masa de ambos tipos de cuerpos a una magnitud equivalente a menos de un par de masas solares, lo que dejaba tan solo un tipo de objeto teórico como candidato para la estrella invisible. Webster y Murdin se miraron. Ella estaba serena e impasible, como siempre, mientras que él apenas podía contener su emoción. El objeto en el que ambos pensaban era una monstruosa entidad de pesadilla cuya existencia había predicho más de medio siglo antes un hombre que yacía moribundo en la cama de un hospital de campaña...

Frente Oriental, invierno de 1916

Le despertó el sonido de los cañones. Karl Schwarzschild sentía las sordas detonaciones en la médula de los huesos mientras yacía apretando los párpados para protegerse del sol invernal que se filtraba a través de las delgadas cortinas. Por un momento su ánimo se ensombreció. Con el dolor y la incomodidad que había estado sufriendo, le había resultado difícil conciliar el sueño, pero no podía permitirse sucumbir a la autocompasión; ese camino lleva al olvido. Debía aferrarse a toda costa a las cosas buenas. Miró hacia donde tenía sus cálculos en la mesita de noche, aterrado por una fracción de segundo ante la idea de que no hubieran sido más que un sueño. Pero no: gracias a Dios, el artículo científico que había escrito estaba exactamente donde lo había dejado a primera hora de la mañana. Todo era verdad. Con solo una pluma y un papel, había revelado algo extraordinario sobre el universo: que en algún lugar del espacio podrían existir cuerpos celestes tan monstruosos que parecían de pesadilla.

La rutina matutina era larga y agotadora. Las enfermeras, vestidas con uniformes almidonados de color blanco, entraron en la sala de aislamiento donde se encontraba. Con ternura y delicadeza, enjugaron las feas ampollas supurantes que ahora cubrían la mayor parte de su cuerpo, y luego lo sentaron en una silla mientras le cambiaban las sábanas manchadas de sangre, antes de dejarle una bandeja con pan tierno y leche tibia (aunque él habría preferido una cerveza).[5] Mientras masticaba el pan mojado —el único alimento que no inflamaba más aún su boca llena de ampollas—, escuchó el ruido sordo de los cañones y reflexionó sobre la cadena de acontecimientos que lo habían llevado hasta aquel hospital en el Frente Oriental.

Cuando estalló la guerra, en agosto de 1914, Schwarzschild no tenía ninguna necesidad de presentarse voluntario. No solo había entrado ya en la cuarentena, sino que además, como director del Observatorio de Berlín, ostentaba uno de los puestos más prestigiosos de la comunidad científica alemana. Pero el antisemitismo iba en aumento, y él era judío. No era algo que fuera diciendo por ahí. De hecho, en su testamento, que había redactado el día antes de alistarse, le aconsejaba a su esposa que no les dijera a sus hijos que era judío hasta que tuvieran al menos catorce o quince años.[6] Pero aunque llevaba una vida laica y no asistía a la sinagoga, sentía la firme convicción de que era necesario dar un paso al frente: si los judíos pretendían poner freno a aquella corriente de antisemitismo, debían demostrar más allá de toda duda que eran auténticos patriotas alemanes. Esa era la razón por la que, cuando se desarrollaron los siniestros acontecimientos que asolaron Europa durante el verano de 1914, había resuelto que, si llegaba el caso, arriesgaría su vida para defender su patria. En los dieciocho meses que había servido en el ejército del káiser, Schwarzschild había dirigido una estación meteorológica en Bélgica, había calculado trayectorias balísticas con una batería de artillería en Francia y, por último, lo habían destinado al Frente Oriental. Fue allí donde aparecieron las úlceras bucales. Al principio creyó que eran consecuencia del agotamiento. El invierno de 1915 había sido especialmente frío, y resultaba estresante estar separado de su esposa y su familia. Pero la afección había empeorado y en el plazo de un mes todo su cuerpo se había llenado de úlceras sangrantes hasta formar grandes zonas de dolorosas llagas de carne viva que a la larga se convertían en costras. Las ampollas parecían ir y venir en oleadas, aflorando y remitiendo de manera impredecible.

Cuando llegó al hospital de campaña, los médicos quedaron completamente perplejos. Pasaron varios días antes de que le diagnosticaran *pemphigus vulgaris* (pénfigo vulgar). Nadie sabía qué desencadenaba esa rara enfermedad en la que el cuerpo ataca su propia piel, pero sí se sabía que era más común entre los judíos, en especial entre los asquenazíes de Europa oriental.[7] Le dijeron que no había ninguna cura conocida.

Como científico, Schwarzschild quiso saberlo todo de la enfermedad. Los médicos, tal vez para evitarle la angustia, se mostraron evasivos, pero para él resultaba del todo manifiesto que su afección era potencialmente letal. Al fin y al cabo, la piel es el mayor órgano del cuerpo. Sudamos a través de ella, y, si se ve afectada, el cuerpo carece de medios para evitar el sobrecalentamiento. Es más, la piel proporciona una barrera contra las infecciones: si se abren brechas en ella, el cuerpo queda expuesto al ataque de toda clase de microorganismos extraños.

El artículo que Schwarzschild acababa de terminar era el segundo que había comenzado a escribir mientras estaba con su batería de artillería en el Frente Oriental. Empezó a revisar los cálculos. ¿Había cometido algún error? ¿Sus resultados eran firmes? No tenía a nadie con quien compartir sus ideas. En las últimas semanas había sabido cómo se había sentido Newton, «viajando solo por los extraños mares del pensamiento».[8] Tan novedosa era la nueva teoría gravitatoria que estaba utilizando que sabía que era una de las primeras personas —si no directamente la primera— capaces de entenderla y dominarla. Aparte, por supuesto, de su genio creador.

Albert Einstein solo se había cruzado con Schwarzschild un puñado de veces, y en esas ocasiones habían intercambiado poco más que cumplidos. La razón era que el Observatorio de Berlín se hallaba en Potsdam, justo a las afueras de la ciudad, mientras que el lugar de trabajo de Einstein, el Instituto de Física Káiser Guillermo, estaba en el barrio residencial de Dahlem, más cerca del centro. Sin embargo, pese a este mínimo contacto, Schwarzschild había seguido con «ferviente interés» el esfuerzo de Einstein durante toda una década por encontrar una teoría gravitatoria que fuera compatible con su teoría de la relatividad especial.[9]

La teoría de la relatividad especial contradice la teoría gravitatoria de Newton en varios aspectos. Mientras Einstein concluía que nada puede viajar más deprisa que la luz —el límite de velocidad cósmico—, Newton suponía que la gravedad de un cuerpo como el Sol deja sentir sus efectos de manera instantánea en todas partes, lo que equivale a decir que la influencia gravitatoria se propaga a velocidad infinita. Y mientras que Einstein sostenía que todas las formas de energía tienen gravedad porque todas ellas tienen una *masa efectiva*, Newton consideraba que la única fuente de gravedad era la masa.*

---

* O, estrictamente hablando, la masa-energía.

El hecho de que la energía luminosa tenga una masa efectiva tiene una consecuencia observable, que Einstein dedujo ya antes de lograr su objetivo de encontrar una teoría gravitatoria que fuera compatible con la relatividad: al pasar cerca del Sol en su viaje a la Tierra, la trayectoria de la luz de las estrellas debería desviarse a consecuencia de la gravedad solar. Y, de hecho, cuando estalló la Primera Guerra Mundial en 1914, un colega de Schwarzschild, Erwin Freundlich, se hallaba en Crimea junto con otros dos colaboradores con el propósito de observar la desviación de la trayectoria de la luz durante el eclipse total de Sol del 21 de agosto.[10] Por desgracia, los rusos los metieron en la cárcel como extranjeros enemigos, y regresaron exhaustos a Berlín a finales de septiembre, en el que sería uno de los primeros intercambios de prisioneros de la guerra.

Los esfuerzos de Einstein por encontrar su esquiva teoría gravitatoria culminó con su *teoría de la relatividad general*, que presentó en cuatro artículos a la Academia Prusiana de las Ciencias en noviembre de 1915. Esta teoría pintaba la imagen de un mundo nuevo e inesperado.

Para Newton, entre el Sol y la Tierra existía una «fuerza» gravitatoria muy similar a una correa invisible que uniera los dos cuerpos y mantuviera a nuestro planeta perpetuamente atrapado en su órbita alrededor del Sol. Einstein demostró que esa concepción era errónea: lo que en realidad hace una masa como la del Sol es crear un «valle» en el espacio-tiempo que la rodea;[11] la Tierra atraviesa entonces la parte superior de las laderas de ese valle como una bola en una ruleta. Aunque nadie usaría palabras como esas al menos durante otro medio siglo, lo que afirma en esencia la teoría de la relatividad general es esto: «La materia le dice al espacio-tiempo cómo deformarse, y el espacio-tiempo deformado le dice a la materia cómo moverse».[12]

Según Einstein, el espacio-tiempo deformado *es* la gravedad. Sin embargo, dado que el espacio-tiempo es tetradimensional y nosotros somos seres tridimensionales, no podemos percibir en absoluto los valles y colinas del espacio-tiempo. De modo que, para explicar el movimiento de un cuerpo como la Tierra alrededor del Sol, hemos inventado una fuerza llamada *gravedad*.

A los pocos días de su presentación en Berlín, Schwarzschild recibió sendas copias de los artículos de Einstein en el Frente Oriental. Y al instante se enamoró de la teoría de la relatividad general.[13] Su belleza y audacia le dejaron sin aliento; pero también —lo que era todavía más importante— le trasladó a otro lugar, lejos de la muerte, la destrucción y el martilleo de los cañones. De manera increíble, encontró tiempo entre sus cálculos de trayectorias balísticas para absorber las complejas ecuaciones matemáticas y reflexionar profundamente sobre las consecuencias de la teoría.

Einstein utilizó su teoría para explicar el desconcertante movimiento del planeta más cercano al Sol. Mercurio, como todos los demás planetas, sufre el tirón de la gravedad no solo del Sol, sino también de los otros planetas del sistema solar. Estos hacen que su órbita elíptica modifique gradualmente su orientación en el espacio, en lo que se conoce como *precesión*. Pero aun teniendo en cuenta este efecto, queda una pequeña parte de su movimiento sin explicar: la denominada *precesión anómala del perihelio de Mercurio*.

Einstein comprendió que la proximidad de Mercurio a la mayor masa de todo el sistema solar implicaba que el planeta estaba orbitando en un espacio-tiempo más deformado que cualquier otro planeta, y que su trayectoria a través del espacio se vería en consecuencia afectada por ello. Utilizó su teoría gravitacional para predecir la trayectoria y descubrió que coincidía exactamente con la que observaban los astrónomos.

Fue todo un logro: su teoría explicaba a la perfección el movimiento anómalo de Mercurio.

Sin embargo, los cálculos de Einstein resultaban deshilvanados y poco elegantes. El problema residía en el hecho de que la maquinaria de su teoría gravitatoria era compleja. Utilizaba las matemáticas del espacio-tiempo curvo que habían desarrollado en el siglo XIX varios matemáticos, especialmente Carl Friedrich Gauss y Bernhard Riemann. Mientras que en la teoría newtoniana basta con una ecuación para describir la gravedad, la de Einstein requiere un total de diez.[14] En consecuencia, encontrar la forma del espacio-tiempo para una determinada distribución de materia dada —lo que se conoce técnicamente como una *solución de las ecuaciones del campo gravitatorio de Einstein*— resulta una tarea ardua. El propio Einstein la había juzgado imposible, de modo que, para explicar el movimiento anómalo de Mercurio, había recurrido a una expresión aproximada del espacio-tiempo curvo alrededor del Sol.

Schwarzschild estaba familiarizado con la llamada *geometría de Riemann*, las matemáticas del espacio curvo. Mientras los cañones retumbaban a su alrededor, se preguntó si él sería capaz de hacerlo mejor que Einstein. ¿Podía encontrar una fórmula exacta para describir la curvatura del espacio alrededor de una masa localizada como el Sol?

Empezó formulando algunos supuestos básicos: en primer lugar, que el Sol —o, de hecho, cualquier estrella— es perfectamente esférico; en segundo término, que la curvatura del espacio-tiempo a su alrededor no cambia con el tiempo; y en tercer lugar, que la curvatura del espacio-tiempo no depende de la dirección, sino únicamente de la distancia *radial* con respecto al Sol. De manera sorprendente, estos supuestos permitieron a Schwarzschild simplificar de manera enorme las ecuaciones de Einstein, reduciéndolas de diez a tan solo una. Luego empleó un poco de brujería matemática y se produjo el milagro: descubrió que aquella solitaria ecuación tenía una solución única. Schwarzschild había logrado lo imposible: había superado a Einstein en su propio campo. En lugar de una expresión aproximada de la curvatura del espacio-tiempo alrededor del Sol, había hallado una descripción precisa de esta, que constituía la primera solución exacta de la teoría gravitatoria de Einstein que había encontrado nadie. En los años siguientes, en reconocimiento de la dificultad que entrañaba encontrar soluciones a las ecuaciones de Einstein, los físicos se referirían a dichas soluciones por los nombres de sus descubridores. La suya quedaría inmortalizada, pues, como *solución de Schwarzschild* o, más exactamente, *métrica de Schwarzschild*.

Usando su solución exacta, Schwarzschild pronto confirmó la afirmación de Einstein de que su teoría explicaba el movimiento anómalo de Mercurio. «Es algo maravilloso que a partir de una idea tan abstracta surja de forma tan inevitable la explicación de la anomalía de Mercurio», observaría el científico.[15]

Luego Schwarzschild redactó sus cálculos en forma de artículo, y el 22 de diciembre de 1915 escribió una carta de presentación a Einstein. Esta concluía con las siguientes palabras: «Como puede ver, la guerra me ha tratado con la suficiente generosidad, pese al intenso fuego de artillería, para permitirme alejarme de todo y dar este paseo por la tierra de sus ideas».[16] Por entonces todavía no era consciente de la gravedad de las ampollas que habían empezado a formársele en la boca, y que pronto le dejarían incapacitado y exento del servicio en un hospital de campaña.

Fue una sorpresa recibir una carta del Frente Oriental. Einstein sabía —porque era una hazaña extraordinaria— que al estallar la guerra el director del Observatorio de Berlín, pese a haber entrado ya en la cuarentena, se había alistado como voluntario en el ejército del káiser. Pero ¿para qué querría escribirle? Cuando leyó la misiva, se sorprendió al ver que esta contenía unos cálculos realizados basándose en su propia teoría. Pasó el dedo por las líneas de álgebra, asintiendo enfáticamente con la cabeza mientras lo hacía. Él había presentado su teoría gravitatoria a la Academia Prusiana de las Ciencias hacía solo algo más de un mes, pero Schwarzschild no solo había logrado dominarla, sino que de hecho la había llevado a un nuevo terreno: allí estaba la primera solución exacta de su teoría de la relatividad general, algo que el propio Einstein había juzgado imposible.

Este respondió de inmediato a Schwarzschild: «He leído su artículo con sumo interés. No esperaba que se pudiera formular la solución al problema de una manera tan sencilla. Me ha gustado mucho su tratamiento matemático del tema».[17]

Einstein prometió presentar el trabajo a la Academia Prusiana el jueves siguiente, junto con unas palabras aclaratorias. Cumplió su promesa, y el 13 de enero de 1916 entregó un resumen del artículo de Schwarzschild. Pero este, tendido en su cama del hospital, todavía no había terminado su trabajo con la teoría de Einstein. Había examinado el caso de una estrella idealizada —una masa perfectamente esférica— y había encontrado una descripción exacta de la curvatura del espacio-tiempo en su exterior; pero ¿qué ocurría en el interior? Ese había sido el tema de su segundo artículo, aquel cuyos cálculos estaba comprobando ahora y que estaba a punto de enviar también a Einstein.

El tema le había tenido fascinado durante varios días y —lo que era aún más importante— le había liberado del dolor. Era un hombre perdido en sus propias ensoñaciones y ajeno a todo.

«¡Profesor Schwarzschild! —recordaba haber oído vociferar a alguien mientas le zarandeaba—. Tenemos que cambiarle el vendaje..., la ropa de cama... Ha de salir a dar un paseo...» Lo que había descubierto al examinar su solución milagrosa era algo increíble. Si se comprimiera un cuerpo celeste dentro de un cierto radio crítico, el espacio-tiempo se deformaría de una forma tan tremenda que dicha deformación ya no sería un simple valle.[18] En lugar de ello, se transformaría en una especie de pozo sin fondo del que nada podría salir, ni siquiera un rayo de luz. La estrella quedaría aislada del universo para siempre y aparecería como un agujero en el espacio. En aquel momento él no dio ningún nombre a aquella región del espacio-tiempo tan extremadamente deformada, pero llegaría un día en que no habría casi nadie en la Tierra que no hubiera oído alguna vez la expresión *agujero negro*.

El radio crítico que marcaba ese umbral era ridículamente pequeño, y, al igual que la solución del espacio-tiempo de Schwarzschild, un día llevaría también el nombre de su descubridor. En el caso del Sol, el *radio de Schwarzschild* era de 1,47 kilómetros, mientras que en el de la Tierra era de apenas cinco milímetros. Si el Sol y la Tierra se comprimieran hasta alcanzar ese diminuto tamaño, de repente dejarían de existir como tales y desaparecerían de la vista para siempre.

Pero el Sol tiene más de un millón de kilómetros de diámetro, así que eso implicaría comprimir su material a una densidad enorme, prácticamente inconcebible. De modo que la primera reacción de Schwarzschild fue pensar que aquello resultaba «muy extraño y tal vez solo una curiosidad matemática», aunque no lo descartó de antemano:[19] «La historia nos enseña que las soluciones matemáticas a menudo se materializan en la naturaleza, como si hubiera algún tipo de armonía preestablecida entre las matemáticas y la física», escribió. Esa era una idea que estaba muy presente en la Universidad de Gotinga, donde había trabajado antes de ir a Berlín, y él se confesaba «creyente» en ese sentido. De manera que quizás el monstruo descrito por su ecuación podía existir en la realidad.

Schwarzschild dobló la carta que contenía su nuevo artículo, la deslizó en un sobre y lo franqueó. Cuando llegó un ordenanza, se lo entregó para que lo echara al correo.

Einstein presentó la solución del agujero negro de Schwarzschild a la Academia Prusiana de las Ciencias el 13 de febrero de 1916. En marzo, Schwarzschild, cuyo estado se había agravado, fue trasladado a Berlín, donde falleció el 11 de mayo del mismo año. Tenía solo cuarenta y dos años. Pero hubo algo que no murió con él: su solución de las ecuaciones de Einstein para el caso de un agujero negro.

Herstmonceux, Sussex, invierno de 1971

Tras su reunión con Louise Webster, a Paul Murdin le resultaba imposible calmarse: la adrenalina invadía su cuerpo. Webster, reservada e imperturbable como siempre, siguió trabajando en su escritorio, inmune a la distracción, mientras Murdin paseaba arriba y abajo por la sala del torreón, repasando una y otra vez la lógica de la extraordinaria conclusión a la que habían llegado.

Los rayos X de Cygnus X-1 provenían de materia desprendida de la estrella supergigante azul y calentada hasta la incandescencia por la fricción interna mientras se precipitaba formando remolinos hacia un agujero negro. Si los dos astrónomos estaban en lo cierto, habían hecho un descubrimiento astronómico verdaderamente trascendental. Sin embargo, seguía siendo difícil creer que una predicción teórica tan descabellada pudiera hacerse realidad. «Es sorprendente que los agujeros negros resulten ser objetos reales —señalaría Murdin—. Aunque parezca increíble, ¡existen de verdad!» El astrónomo esperaba que el descubrimiento del primer agujero negro en el espacio le valdría para hacerse un nombre en el campo de la astronomía, y que asimismo —lo que era más importante aún— pudiera traducirse en un puesto de trabajo permanente. Con una familia joven que mantener, esa no era una consideración banal.

Murdin y Webster escribieron un artículo de 500 palabras sobre su descubrimiento, pero se tropezaron con una sorprendente cantidad de dificultades a la hora de obtener el permiso para enviarlo a la revista *Nature* para su publicación. El director del Real Observatorio de Greenwich, Richard Woolley, no creía en la existencia de los agujeros negros, que consideraba una especie de fantasía típica del espíritu *new age*. «En una de las conversaciones que mantuvimos, incluso me preguntó exactamente por qué creía que Cygnus X-1 contenía una «caja negra»», explicaría Murdin más tarde.

Parte de la reticencia de Woolley se debía al hecho de que este había sido alumno de Arthur Eddington, que tampoco creía en la existencia de los agujeros negros, pero otra razón era que hasta hacía poco las instalaciones del Real Observatorio de Greenwich en Herstmonceux las había gestionado la armada británica. La percepción pública era extremadamente importante para la armada, y Woolley temía que el observatorio hiciera una declaración que pudiera dejarlo expuesto a la burla y al ridículo.

Pero si algo tenían las observaciones que habían acumulado Murdin y Webster era poder de convicción: todos los indicios apuntaban a que HDE 226868 orbitaba alrededor de algo invisible y masivo, y el único objeto concebible que encajaba en esa descripción era un agujero negro. Finalmente, después de consultar con otros miembros de alto rango del observatorio, Woolley cedió y dio permiso a Murdin y Webster para enviar su artículo a la revista.

Murdin se jugaba mucho, y aquel fue un momento de gran nerviosismo. No había garantía alguna de que alguien más no pudiera llegar a la misma conclusión sobre HDE 226868 y se les adelantara publicándola antes que ellos. Para protegerse ante tal eventualidad, Murdin decidió llevar el documento en persona a la sede de *Nature*, en el centro de Londres, y asegurarse de que la fecha de entrada quedara estampada en el documento. Sin embargo, mientras se dirigía en automóvil a la estación de Hastings para coger el tren, medio escuchó una noticia en la radio que parecía guardar relación con un evento estelar caracterizado por una gran cantidad de energía. De inmediato pensó: «¡Oh, no! ¡Alguien más ha obtenido nuestro increíble resultado! ¡Se nos han adelantado!».

Durante todo el día en Londres, Murdin se sintió extremadamente preocupado. Solo tras su regreso a Hastings aquella tarde pudo escuchar la noticia completa: para enorme alivio suyo, resultó que tenía que ver con una tormenta en Marte.

El artículo apareció publicado en *Nature* el 7 de enero de 1972.[20] Murdin obtuvo su puesto de trabajo permanente, y su familia pudo mudarse a una casa más grande. De hecho, fue la primera persona en la historia que pagó su hipoteca gracias a un agujero negro.[21]

El día en que se publicó el artículo, Murdin y su esposa Lesley lo celebraron llevando a sus dos hijos pequeños a una cafetería situada en el paseo marítimo de Hastings y obsequiándoles con un magnífico helado. Mientras los niños, de tres y siete años respectivamente, hundían sus largas cucharas en las capas de helado, fruta y sirope, no era difícil adivinar lo que les pasaba por la cabeza. «Creo que esperaban que su padre encontrara más agujeros negros», comentaría Murdin.[22]

Sería difícil imaginar un mayor contraste entre el mundo del hombre que había sido codescubridor de los agujeros negros y el del mago que había predicho su existencia en una cama de hospital del Frente Oriental cincuenta y seis años antes.

Cuando Murdin y Webster descubrieron el primer agujero negro en Cygnus X-1, la teoría de tales objetos había pasado de formar parte de la solución exacta de Schwarzschild a integrarse en la teoría gravitatoria de Einstein.[23] Este último nunca creyó en la posibilidad de los agujeros negros, y la mayoría de los otros científicos que estudiaban la solución —aunque no Schwarzschild— coincidían con él en que la idea de un cuerpo del que nada puede escapar, ni siquiera la luz, simplemente resultaba demasiado estrafalaria. Cuando una estrella masiva se encoge al final de su vida —razonaban—, debe de intervenir una fuerza aún desconocida para evitar que se forme semejante monstruosidad. Y había algo que parecía respaldar la existencia de dicha fuerza: una nueva y revolucionaria descripción del mundo de los átomos y sus elementos constitutivos que se había formulado en la década de 1920.

La *teoría cuántica* reconoce que los componentes fundamentales del mundo, como los átomos, los electrones y los fotones, tienen una extraña naturaleza «doble»:[24] pueden comportarse como partículas —como pequeñas bolas de billar— y como ondas —similares a las ondulaciones producidas en el agua de un estanque—. Dado que tales ondas cuánticas se expanden y, en consecuencia, necesitan mucho espacio, es difícil apretujar las partículas a ellas asociadas en un pequeño volumen. O dicho de otro modo: cuando se comprimen, oponen resistencia.

Resulta que, cuanto más pequeña es la partícula, mayor es la onda cuántica. La menor de las partículas familiares, con la mayor onda cuántica, es el electrón, de modo que, cuando la materia de una estrella se comprime en un volumen pequeño, los electrones que orbitan en el interior de sus átomos oponen resistencia. Esta *presión de degeneración* de los electrones sería la fuerza que intervendría para evitar que una estrella se contraiga hasta llegar a formar un agujero negro. O eso era lo que se creía.

En 1930, un estudiante de física de diecinueve años que viajaba en barco de la India a Inglaterra demostró que la teoría de la relatividad especial de Einstein lo había cambiado todo. Subrahmanyan Chandrasekhar imaginó cómo serían las cosas desde la perspectiva de las partículas. Los electrones oponen resistencia cuando se comprimen en un pequeño volumen porque su movimiento de agitación es cada vez más rápido, como el de un enjambre de abejas enfurecidas. Sin embargo, la teoría de Einstein concluye que nada puede viajar más deprisa que la luz, de modo que la velocidad de agitación de los electrones, y la fuerza con la que estos pueden oponer su resistencia, tiene un límite. Si una estrella moribunda tiene menos de alrededor de 1,4 veces la masa del Sol, la presión de degeneración de los electrones puede mantener a la gravedad a raya, lo que da como resultado una *enana blanca* extremadamente compacta. Pero para una estrella cuya masa esté por encima del llamado *límite de Chandrasekhar* las cosas son distintas: su gravedad es lo bastante fuerte como para superar el movimiento de sus electrones, de modo que nada puede evitar que su desenfrenada contracción acabe formando un agujero negro.

El descubrimiento del neutrón por parte de James Chadwick, en 1932, vino a añadir una nueva vuelta de tuerca a esta historia. Junto con los protones, los neutrones componen el *núcleo* central del átomo, alrededor del cual orbitan los electrones como los planetas alrededor del Sol. Si una estrella se comprime en un volumen lo suficientemente pequeño, sus electrones quedan encajonados en sus protones y crean una densa bola o *estrella de neutrones*. Estos neutrones tienen una onda cuántica asociada y oponen resistencia a la compresión igual que los electrones. Pero, como ocurre con estos últimos, su velocidad de agitación y la fuerza con la que pueden oponer su resistencia tienen un límite. El efecto es más complicado de calcular que con los electrones porque en él interviene la llamada *fuerza nuclear fuerte*, de la que resulta especialmente difícil elaborar modelos teóricos. Pero en el caso de una estrella cuya masa supere aproximadamente el triple de la del Sol, la gravedad es lo bastante fuerte como para superar la agitación de los neutrones, y nada puede impedir la formación de un agujero negro. Los agujeros negros son inevitables. Como lo son también los problemas que plantean a la física.

La principal razón por la que los agujeros negros se han considerado una monstruosidad tal es que, cuando una estrella sufre una contracción desenfrenada para formar un agujero negro, a la larga termina comprimida en un punto infinitesimal con una densidad que se dispara hasta el infinito. Esa *singularidad* señala el desmoronamiento del espacio y el tiempo; y, de hecho, de la propia física.

«Los agujeros negros son objetos de lo más exóticos —sostiene Andrea Ghez, de la Universidad de California en Los Ángeles—. Técnicamente, un agujero negro mete una enorme cantidad de masa en un volumen cero. De modo que nuestra comprensión del centro de los agujeros negros carece de sentido, lo cual constituye un gran indicio para nosotros los físicos de que nuestra física no es del todo correcta.»[25]

El físico estadounidense John Wheeler lo expresó de modo más poético: «El agujero negro nos enseña que el espacio se puede arrugar como un trozo de papel en un punto infinitesimal, que el tiempo se puede extinguir como una llama apagada, y que las leyes de la física que consideramos «sagradas» e inmutables son cualquier cosa menos eso».[26]

No es de extrañar, pues, que a Einstein le repugnara el hecho de que su teoría gravitatoria predijera la existencia de tales monstruos: en ese sentido, esta contiene el germen de su propia destrucción. Para entender lo que realmente les sucede al espacio y al tiempo en el corazón de un agujero negro habrá que encontrar una nueva teoría gravitatoria, más profunda y libre de singularidades. Se espera que la teoría gravitatoria de Einstein resulte ser una aproximación de esa hipotética teoría más profunda, del mismo modo en que la teoría gravitatoria de Newton resultó ser una aproximación de la de Einstein.

En cualquier caso, la singularidad de un agujero negro está rodeada por un *horizonte*, una especie de membrana imaginaria que marca el punto de no retorno para la luz y la materia que se precipita hacia ella. Este horizonte, sin embargo, no es un mero límite pasivo y en 1974 el físico británico Stephen Hawking descubrió algo extraordinario en relación con él.

Para poder apreciar lo que descubrió Hawking es necesario entender lo que dice la teoría cuántica sobre el espacio vacío. Lejos de estar vacío, es un hervidero de energía; constantemente se están creando partículas subatómicas en pareja junto con sus correspondientes antipartículas, tal como permite el *principio de incertidumbre de Heisenberg*. La naturaleza hace la vista gorda ante esas partículas, y no le importa de dónde proviene la energía necesaria para crearlas, con tal de que se encuentren y se destruyan —o «aniquilen»— entre sí de forma inmediata. Es algo similar a cuando un adolescente le coge «prestado» el coche a su padre para salir por la noche y lo devuelve al garaje antes de que este pueda advertir su ausencia.

Pero Hawking comprendió que en las inmediaciones del horizonte de un agujero negro sucede algo muy interesante. Existe la posibilidad de que una de las dos partículas de una pareja recién creada se precipite a través del horizonte hacia el agujero negro. La partícula que queda no tiene entonces ninguna compañera con la que aniquilarse y se aleja del agujero, junto con un incontable número de otras que se encuentran en su misma situación. Debido a ello, y contrariamente a todas las expectativas, en realidad los agujeros «negros» no son negros, sino que brillan con el fulgor de las partículas que emiten: es la llamada *radiación de Hawking*.

Anteriormente Hawking había descubierto que, cuando dos agujeros negros se fusionan, la superficie del horizonte del agujero combinado siempre es mayor que la suma de las superficies de los dos agujeros precursores. El físico israelí Jacob Bekenstein había especulado con la posibilidad de que la superficie representara la *entropía* del agujero negro. Esta es una propiedad derivada de la teoría de la termodinámica —la teoría del calor y el movimiento que constituye uno de los fundamentos de la física, la química y muchos otros campos— que experimenta un incremento constante. Pero solo vale para los cuerpos calientes; de modo que ¿cómo podría aplicarse a un agujero negro?

Hawking había encontrado la respuesta: la termodinámica también es aplicable a los agujeros negros porque estos están calientes. La prueba de ello es el calor que desprenden, es decir, la radiación de Hawking. La importancia de este descubrimiento reside en el hecho de que en el horizonte de un agujero negro convergen tres de las grandes teorías de la física: la teoría gravitatoria einsteiniana, la teoría cuántica y la termodinámica. Representaba, pues, un tímido primer paso en el camino para su unificación: el santo grial de la física.

Sin embargo, la radiación de Hawking planteaba un grave problema: sus partículas no provienen del interior del agujero negro, ya que nada puede escapar a su gravedad. En lugar de ello, se crean justo en el límite exterior del horizonte. Pero la energía para crearlas tiene que provenir de algún sitio, y de hecho proviene de la energía gravitatoria del propio agujero negro. A medida que emite la radiación de Hawking, este se va haciendo gradualmente más pequeño. Los agujeros negros del tamaño de una estrella tienen una radiación de Hawking extremadamente débil, pero en la medida en que su tamaño se reduce la radiación se vuelve más brillante, hasta que el agujero estalla al final en un destello cegador. Dado que esta *evaporación* requeriría mucho más tiempo que la edad actual del universo, podría parecer intrascendente; pero nada más lejos de la verdad.

Una de las piedras angulares de la física es la afirmación de que la información no puede destruirse. Dar una descripción completa de la estrella que al inicio se colapsó para formar un agujero negro requeriría dejar constancia del tipo y la posición de todas y cada una de la enorme cantidad de partículas subatómicas que la componen. Pero una vez que un agujero negro se ha evaporado, no queda literalmente nada de él; entonces, ¿a dónde va a parar la información?

En la actualidad se especula con la posibilidad de que el horizonte de un agujero negro podría no ser homogéneo y libre de irregularidades, como sugiere la teoría gravitatoria de Einstein, sino desigual y asimétrico a escala microscópica, y que es en las irregularidades y protuberancias de su paisaje liliputiense donde se almacenaría la información que describe la estrella que dio origen al agujero negro. Dado que la radiación de Hawking nace en el vacío apenas un suspiro por encima del horizonte de sucesos de un agujero negro, es lógico pensar que se halla bajo la influencia de las ondulaciones microscópicas de esta membrana. Estas últimas la «modulan» de la misma forma en que la música pop lo hace con la *onda portadora* de una emisora de radio. De ese modo, la información que describía la estrella precursora se transmite al universo, impresa de forma indeleble en la radiación de Hawking. No se pierde información, con lo que se deja intacta una de las leyes más preciadas de la física.

Desde que, en 1971, Murdin y Webster descubrieran el primer agujero negro en Cygnus X-1, se han encontrado nuevos candidatos, si bien hasta el momento la cifra total no llega a veinticinco. Pero casi una década antes, en 1963, ya habían hecho acto de presencia otros agujeros negros, aunque de un tipo muy distinto.

Los denominados *cuásares*, descubiertos por el astrónomo holandés-estadounidense Maarten Schmidt, son los núcleos extremadamente brillantes de las galaxias recién nacidas. Suelen emitir cien veces la energía de una galaxia de estrellas, pero lo hacen con un volumen más pequeño que el del sistema solar. La única fuente posible de tan prodigiosa luminosidad es la materia, calentada hasta la incandescencia, que se precipita formando remolinos hacia un agujero negro como el agua por un desagüe. Pero aquí no se trata de un agujero de masa estelar, sino de uno cuya masa puede llegar a equivaler hasta 50.000 millones de veces a la del Sol.

Inicialmente se creyó que estos agujeros negros *supermasivos* solo alimentaban lo que se conoce como *galaxias activas*, es decir, el 1% de galaxias «rebeldes» de las que los cuásares constituyen el ejemplo más llamativo. Pero en la década de 1990 los astrónomos que manejaban el telescopio espacial Hubble de la NASA, situado en la órbita terrestre, descubrieron que en realidad hay un agujero negro supermasivo escondido en el corazón de casi todas las galaxias. El que está en el centro de la Vía Láctea, conocido como Sagitario A*, es una menudencia, con una masa de solo 4,3 millones de veces la del Sol. La razón de que haya un agujero negro supermasivo en cada galaxia sigue siendo uno de los grandes misterios sin resolver de la cosmología.

El caso es que, pese a haber indicios observacionales de la existencia de agujeros negros, estos eran siempre de carácter indirecto. Los astrónomos observaban estrellas o gas caliente girando a velocidades fantásticas alrededor de un invisible objeto compacto, y de ello inferían la existencia de un agujero negro; pero siempre existía la posibilidad de que se tratara, en cambio, de un objeto extremadamente compacto de naturaleza inimaginable, sustentado por alguna fuerza hasta entonces desconocida.

Sin embargo, el 14 de septiembre de 2015 llegó la prueba definitiva de la existencia de los agujeros negros. Fue el día en que las ondas gravitatorias —ondulaciones producidas en la propia estructura del espacio-tiempo, predichas por Einstein en 1916— se detectaron por primera vez en la Tierra. La clave estaba en el hecho de que la forma de onda detectada fue precisamente lo que había predicho la teoría gravitatoria de Einstein para la fusión de dos agujeros negros.

Así pues, los agujeros negros existen más allá de cualquier duda. Mientras tanto, la investigación sigue buscando captar su imagen en el espacio. El problema que afrontan los astrónomos es que los agujeros negros de masa estelar que hay en la Vía Láctea son pequeños y resultan ser también negros, mientras que los agujeros negros supermasivos, aunque mucho más grandes, están a distancias astronómicas, y, en consecuencia, también parecen pequeños a nuestros ojos. Sin embargo, hay dos agujeros negros que son relativamente grandes y a la vez están relativamente cerca. Uno de ellos, Sagitario A*, se encuentra a 26.000 años luz de distancia en el centro de nuestra galaxia; el otro, que es aproximadamente mil veces mayor, está en una galaxia cercana llamada M87.

En los últimos años, los astrónomos han estado tratando de formarse una imagen de los horizontes de sucesos de estos dos agujeros negros supermasivos utilizando una red de radiotelescopios repartidos por el mundo que trabajan de forma coordinada y que se conocen conjuntamente como Telescopio del Horizonte de Sucesos (o EHT, por sus siglas en inglés). Las señales de radio registradas en cada uno de los telescopios se combinan luego en un ordenador, situado en el Observatorio Haystack del Instituto de Tecnología de Massachusetts, simulando así un gigantesco reflector del tamaño de la Tierra. Cuanto mayor es el reflector y más corta la longitud de onda de observación —el EHT utiliza una longitud de onda de 1,3 milímetros—, mayor es el nivel de ampliación con el que pueden observarse los detalles del cielo.

La esperanza es que el EHT verifique una controvertida afirmación que hizo Hawking en los últimos años de su vida. Tras conmocionar al mundo de la física en 1974 al afirmar que los agujeros negros no son «negros», sino que emiten la que pasaría a conocerse como *radiación de Hawking*, el científico volvería a hacerlo de nuevo en 2014, cuando aseguró que los horizontes de sucesos no existen, lo que, estrictamente hablando, implica que los agujeros negros tampoco.

Cuando una estrella se contrae hasta formar un agujero negro, su colapso es un acontecimiento violentamente caótico, y, en lugar de un horizonte —afirmaba Hawking—, lo que en realidad se forma es un límite de turbulencia espacio-temporal extrema. Pero ese *horizonte aparente* permite que salga información a través de él. La conclusión de Hawking era extraordinaria: «La ausencia de horizontes de sucesos implica que no hay agujeros negros, entendiendo estos como regímenes de los que la luz no puede escapar al infinito —escribió—. Sin embargo, hay horizontes aparentes que persisten durante un período de tiempo». En otras palabras: los agujeros negros no son lo que creíamos que eran.

Entonces, ¿el horizonte que rodea un agujero negro es el punto de no retorno que hasta ahora todo el mundo pensaba que era? ¿O se trata simplemente de un horizonte aparente —como sostenía Hawking—, que en realidad sí deja escapar cosas desde el interior del agujero? La clave estriba en poder observar el horizonte y ver si se comporta o no como había predicho Einstein, o incluso si existe. «Una imagen nos permitirá verificar la relatividad general en el límite del agujero negro, donde nunca se ha verificado antes —declaraba Shep Doeleman, del Instituto de Tecnología de Massachusetts, jefe del equipo del EHT—. Ello representaría un punto de inflexión en nuestra comprensión de los agujeros negros y de la gravedad.»

Ese punto de inflexión ya se ha alcanzado. El 10 de abril de 2019, el equipo del EHT reveló la primera imagen de un agujero negro jamás obtenida.[27] No era de Sagitario A*, sino de M87, con una masa de siete mil millones de veces la del Sol (Sagitario A*, al ser más pequeño, aparecía rodeado de materia en muchas de las observaciones y la imagen era más borrosa). El horizonte de sucesos aparece como una «sombra» oscura iluminada desde atrás por intensas ondas de radio, emitidas por materia calentada hasta la incandescencia en su caída en espiral hacia el agujero negro a través del *disco de acreción*.

«El agujero es una parte de nuestro universo permanentemente oculta a la vista —explica la física Feryal Özel, de la Universidad de Arizona en Tucson, miembro del equipo del EHT—. Un lugar donde nuestra física (al menos tal como está formulada en la actualidad) no puede llegar.» Su colega holandés Heino Falcke, de la Universidad Radboud de Nimega, lo expresa de manera más dramática: «Hemos visto las puertas del infierno en el mismo final del espacio y el tiempo».

8

El dios de las pequeñas cosas

El descubrimiento del bosón de Higgs, al igual que los del planeta Neptuno y la onda de radio, se había predicho antes con un lápiz empleando ecuaciones matemáticas.

MAX TEGMARK[1]

¡Tigre! ¡Tigre!, ardiente fulgor
en las selvas de la noche,
¿qué mano u ojo inmortal
pudo trazar tu terrible simetría?

WILLIAM BLAKE[2]

Westminster Central Hall, Londres, 4 de julio de 2012

Jon Butterworth estaba cabreado. Y lo estaba porque aquel día, que él creía destinado a ser uno de los más excepcionales de sus cuarenta y cinco años de vida, se encontraba atrapado en Londres. Él no quería estar en Londres, sino en Suiza, que era donde se encontraba la acción. Y, para más inri, encima podía ver donde preferiría haber estado en una gigantesca pantalla de vídeo situada al fondo del estrado del lugar en el que se encontraba, la iglesia metodista londinense de Westminster Central Hall.

Aun así, el humor de Butterworth mejoró cuando se sentó junto a sus compañeros de estrado —su colega físico Jim Virdee y John Womersley, director ejecutivo del Consejo de Estructuras de Ciencia y Tecnología del Reino Unido— y echó un vistazo al público. Varios cientos de periodistas, físicos y políticos, incluido el ministro de Ciencia británico, David Willetts, se habían congregado en aquel centenario lugar de reunión situado a un tiro de piedra del Parlamento, y la emoción y la expectación eran palpables. Butterworth se sintió gratamente sorprendido al ver que tanto el público como los políticos parecían fascinados por lo que él y otros miles de físicos habían estado haciendo durante gran parte de la última década.

Butterworth y Virdee se encontraban en aquella conferencia de prensa en Londres en lugar de estar en Suiza porque eran, respectivamente, los responsables de los proyectos ATLAS y CMS en el Reino Unido. Estos dos gigantescos proyectos experimentales del CERN, el laboratorio europeo de física de partículas situado cerca de Ginebra, eran dos de los «ojos» del llamado Gran Colisionador de Hadrones (LHC, por sus siglas en inglés). Estaban ubicados en puntos donde sus dos haces de protones de súper-alta energía que rotaban en sentidos opuestos colisionaban entre sí. Cada experimento utilizaba una serie de detectores que envolvían los puntos de colisión como las capas de una cebolla y que medían la energía, la carga eléctrica y la dirección de las innumerables piezas de metralla subatómica que estallaban en todas direcciones.

En el ATLAS trabajaban unos 3.000 físicos de 38 países distintos, mientras que en el CMS lo hacían alrededor de 4.300 de 41 países. El CMS era tan enorme que pesaba tanto como la Torre Eiffel. Juntos, los equipos del ATLAS y el CMS buscaban dos eventos de colisión claramente diferenciados, cada uno de los cuales constituía una «pista» que delataba la existencia de una hipotética partícula subatómica. Una partícula como nada visto nunca hasta entonces. Una partícula que era la clave para entender por qué el universo tiene el aspecto que tiene, y cuya existencia se había predicho en una sola frase casi cuatro décadas antes...

Edimburgo, agosto de 1964

Peter Higgs estaba molesto. El director de *Physics Letters* había rechazado su segundo artículo en tres semanas, acerca de cómo las partículas portadoras de fuerza de la naturaleza podrían haber adquirido su masa. Lo único que mitigaba su molestia, mientras contemplaba desde la ventana de su despacho la ciudad, que ahora centelleaba bajo el sol de agosto, era el enorme alivio que sentía por encontrarse de regreso en su amada Edimburgo y no tener que soportar más el deplorable calvario de las Tierras Altas de Escocia.

El viaje de acampada había tenido lugar hacía una semana, pero todavía no podía quitárselo de la cabeza, como una pesadilla cuyas imágenes persisten durante las horas de vigilia. Una amiga le había hablado de un lugar que, según había leído en un artículo, tenía la tasa de pluviosidad más baja de toda Escocia, y Higgs había seguido su consejo y había viajado hasta allí con la que desde hacía un año era su esposa, Jody, una estadounidense a la que había conocido gracias a la participación de ambos en la Campaña para el Desarme Nuclear. Por desgracia, cuando llegaron estaba lloviendo, y se les rompió la tienda de campaña —que habían pedido prestada— mientras intentaban montarla. Empapados y desaliñados, habían tenido que buscar refugio en un cercano *bed and breakfast*. Para empeorar aún más las cosas, tras su prematuro regreso a Edimburgo su amiga reconoció que se había equivocado al leer el artículo: lejos de tener la tasa de pluviosidad más baja de Escocia, el lugar que les había recomendado tenía en realidad la más alta.³

Aquella acampada había acabado adquiriendo cierto estatus «mítico» en las mentes de Higgs y de su esposa, como una de esas anécdotas sobre «las peores vacaciones de mi vida» que garantizan las risas cuando uno echa mano de ellas mientras está de copas con los amigos. Pero, para Higgs, aquel espantoso clima fue solo una de las razones por las que el viaje le había resultado tan desagradable. También había tenido que dejar su trabajo a medias, y eso era lo último que le apetecía cuando estaba a punto de resolver el problema que le obsesionaba a todas horas desde hacía varios años.

En su primer artículo, de tan solo un millar de palabras, completado el 24 de julio y presentado a continuación a la revista *Physics Letters*, demostraba cómo una prometedora teoría sobre las fuerzas fundamentales de la naturaleza que todos creían fatalmente defectuosa en realidad resultaba no tener fallo alguno.⁴ Lo había escrito un lunes, tras un momento de especial lucidez durante el fin de semana, y lo consideraba su primera idea propiamente dicha; de hecho, la única idea que había tenido nunca (era un hombre modesto).⁵

El artículo terminaba dejando algunas cuestiones en el aire, y con la tentadora promesa de que a continuación vendría una segunda entrega; pero entonces se había interpuesto el viaje a las Tierras Altas. El hecho de que su mente hubiera estado de manera tan clara en otra parte no había ayudado en nada en la relación con su esposa. Pero ahora, de regreso a Edimburgo, un lugar cálido, seco y sin distracciones, podía volver a concentrarse plenamente en su trabajo. Se había puesto a escribir a toda prisa, y el 31 de julio envió el segundo artículo a *Physics Letters*.

Cuando le devolvieron el artículo rechazado, se sintió dolido. No tenía sentido fingir que no. En su carta de rechazo, Jacques Prentki, el director de la revista, le sugería que debía trabajar un poco más en su teoría. Pero la pregunta era: ¿en qué aspectos concretos?

Los dos artículos de Higgs habían tenido una larga gestación. El científico se sentía fascinado por la teoría de campos cuánticos, que fusionaba en un conjunto coherente los dos logros más importantes de la física del siglo XX: la teoría de la relatividad especial de Einstein, que describe lo que sucede con el espacio y con el tiempo en los cuerpos que viajan a una velocidad cercana a la de la luz, y la teoría cuántica, que describe el mundo submicroscópico de los átomos y sus partículas constituyentes. El físico que había dado el primer paso hacia aquella unificación había sido Paul Dirac, cuyo ilustre nombre aparecía repetidamente mencionado en el tablón de antiguos alumnos destacados de la escuela de Cotham, en Bristol. De joven, cuando estudiaba en aquella misma institución, Higgs solía preguntarse en las reuniones que marcaban el inicio de cada jornada escolar quién era Dirac. Había sido su curiosidad por descubrir lo que había hecho el gran hombre lo que lo había llevado a interesarse por la teoría de campos cuánticos.

Los campos cuánticos son la sustancia de la que está hecha el mundo en última instancia.[6] La materia está compuesta de átomos; los átomos, de núcleos y electrones; los núcleos están hechos de protones y neutrones; los protones y neutrones, de quarks (aunque en 1964 esta era todavía una idea muy novedosa), y los quarks y los electrones están hechos de campos. Hasta donde sabemos, los campos cuánticos son el último peldaño en la escalera de la naturaleza.

Un campo es simplemente algo que tiene un valor dado en cada punto del espacio-tiempo. Puede ser una cifra, como la temperatura, o una cifra con una dirección asociada, como la velocidad del viento. O también puede ser algo mucho más complejo. Cada partícula elemental tiene un campo asociado: hay un campo de electrones, un campo de fotones, un campo de quarks arriba, etc. Tales campos fluctúan porque está en la naturaleza de todo lo cuántico ser intrínsecamente inquieto. Y si se hace fluctuar lo bastante a un determinado campo concreto —en otras palabras, si se le inyecta la suficiente energía—, a través de él se propaga una ondulación, y eso es una partícula. Una buena imagen visual de ello sería la de una perturbación del viento propagándose a través de un campo de trigo. Así, una ondulación en el campo de electrones es un electrón, una ondulación en el campo electromagnético es un fotón, etcétera. Lo curioso es que no se puede hacer ondular un campo cuántico a una velocidad arbitraria, sino solo a ciertas frecuencias o energías discretas. Se dice entonces que sus oscilaciones están *cuantificadas*.

De ese modo, la llamada *teoría de campos cuánticos* —o *teoría cuántica de campos*— unifica las dos desconcertantes propiedades del mundo subatómico, a primera vista mutuamente excluyentes, descubiertas a comienzos del siglo XX; esto es, la capacidad de los átomos y de sus elementos constituyentes de comportarse a la vez como ondas y como partículas.

Una de las características más extraordinarias de la teoría de campos cuánticos del electrón, que dejó una enorme impronta tanto en Higgs como en muchos otros, es que a partir de ella resulta posible deducir, casi de forma baladí, la existencia de la fuerza electromagnética tal como la describiera James Clerk Maxwell en 1862. La clave reside en la *simetría*, una propiedad que tiene cualquier entidad que permanece inalterable cuando se hace algo con ella. Por ejemplo, un círculo tiene simetría rotacional porque, cuando se le hace girar sobre su centro, permanece igual; en cambio, un cuadrado solo se mantiene igual si se gira un cuarto de vuelta o varios cuartos de vuelta seguidos.

En 1918, la matemática alemana Emmy Noether, a la que Einstein calificaría como la mujer más importante de toda la historia de las matemáticas, demostró un potente teorema relacionado con esto. Siempre que existe una simetría, existe la correspondiente ley de conservación, que dicta que una determinada cantidad física ni se crea ni se destruye. Por ejemplo, el hecho de que no haya diferencia alguna en el resultado de un experimento tanto si se realiza hoy como la próxima semana —la llamada *simetría de traslación temporal*— se corresponde con la *ley de conservación de la energía*, que establece que la energía ni se crea ni se destruye. El teorema de Noether tiene asimismo profundas implicaciones para la teoría de campos cuánticos del electrón, puesto que también son posibles transformaciones de sus ecuaciones que no cambian ninguna de sus consecuencias observables.

Un electrón se describe mediante una *función de onda*. Esta se propaga a través del espacio de acuerdo con la ecuación de Dirac y la probabilidad de encontrar el electrón en cualquier ubicación dada viene determinada por el cuadrado de la altura de la onda (o, estrictamente hablando, el cuadrado de su *amplitud*, su desplazamiento máximo desde el nivel cero). La función de onda tiene una *fase*, que describe en qué punto de su pauta de ondulación se encuentra. Resulta que variar la fase en una misma magnitud en todas partes —o, en la jerga física, multiplicar la función de onda por un *factor de fase*— simplemente desplaza las crestas y valles de la onda a lo largo de esta, pero no cambia ningún aspecto observable, como la probabilidad de encontrar el electrón en una determinada ubicación concreta. Según el teorema de Noether, la existencia de esta simetría debe corresponderse necesariamente con una ley de conservación. Y, en efecto, así es: la ley de conservación de la carga eléctrica, que establece que la carga ni se crea ni se destruye.

El teorema de Noether se aplica a una variación realizada en todas partes a la vez que no tiene consecuencias observables. Pero esta simetría *global* es solo uno de los tipos posibles. Existe otro, mucho más restrictivo, en el que la fase de la función de onda no varía en la misma magnitud en todas partes, sino en una magnitud distinta en cada ubicación del espacio y el tiempo. Puede parecer ridículo esperar que tales cambios no tengan consecuencias observables y que la función de onda del electrón exhiba tal *simetría local*, pero no lo es en absoluto.

Imagina una bola de billar que viaja a través de la mesa en línea recta.[7] Elevar verticalmente la mesa de billar, ya sea un metro o diez, no varía la trayectoria de la bola, que viene dictada por las leyes del movimiento de Newton. Pero aquí hay un supuesto implícito: que todas las partes de la mesa de billar pueden levantarse a la vez. Aunque eso es cierto para una mesa normal y corriente, imagina ahora una mesa de billar de escala cósmica, pongamos de diez años luz de ancho. En este caso sería imposible hacer un cambio en todas las partes de la mesa de manera simultánea, ya que, según Einstein, nada puede viajar más deprisa que la velocidad de luz. Las ubicaciones más distantes reaccionarán a una variación en la altura de la mesa más tarde que las más cercanas. De hecho, resulta imposible que una variación realizada en el lado cercano de la mesa la «perciba» el extremo más alejado antes de que hayan transcurrido diez años. En general, al intentar variar la altura de la mesa de billar, su superficie se ve recorrida por una gradación de alturas, que hace que la mesa tenga una altura distinta en diferentes lugares y momentos. Eso es lo máximo que puede hacerse en un universo einsteiniano.

Aquí está el quid de la cuestión. Todavía podemos esperar que las leyes de la física sean las mismas en todas partes, de modo que una bola de billar siga la trayectoria rectilínea requerida por las leyes del movimiento newtonianas. Sin embargo, dado que la superficie de la mesa de billar ya no es plana, eso solo puede suceder si en cada ubicación y en cada momento la bola de billar experimenta una «fuerza» que compense exactamente el desnivel del terreno.

La altura de la mesa de billar es un sencillo ejemplo de lo que los físicos denominan *gauge*, un término acuñado en 1929 por el físico alemán Hermann Weyl.* La exigencia de que se conserven las leyes de la física cuando el gauge varía constantemente de un lugar a otro y de un momento a otro se conoce como *invariancia de gauge local*. Como muestra el ejemplo de la mesa de billar, mantener la invariancia de gauge a escala local requiere la existencia de una fuerza compensatoria. Ahí está el quid de la cuestión.

En el caso del electrón, el mantenimiento de la invariancia de gauge implica la exigencia de que no debe haber consecuencias observables al cambiar de manera constante la fase de la función de onda del electrón de un lugar a otro y de un momento a otro. La fase de la función de onda del electrón es, obviamente, un ente matemático más abstracto que la altura de una mesa de billar; pero, al igual que en ese ejemplo, mantener la invariancia de gauge requiere la existencia de una fuerza compensatoria. De forma sorprendente, esa fuerza compensatoria resulta ser la fuerza electromagnética descrita por Maxwell en el siglo XIX.

---

* Weyl acuñó los términos *Eichsymmetrie* y *Eichinvarianz*, que podrían traducirse respectivamente por 'simetría bajo recalibración' e 'invariancia bajo recalibración'. Aunque en el ámbito académico hispanohablante a veces se ven traducciones como *invariancia* o *simetría de recalibración*, *de calibración*, o similares, el término que parece haber hecho fortuna es el calco literal del inglés *gauge*; se habla, pues, de *invariancia de gauge*, *simetría de gauge*, *transformaciones de gauge*, *campo de gauge* o *bosón de gauge* (aunque en algunos textos también pueden verse estas expresiones sin el uso de la preposición «de»: *simetría gauge*, *transformaciones gauge*, etc.) (*N. del t.*).

Así pues, la fuerza electromagnética —con su desconcertante variedad de fenómenos— no es más que una consecuencia inevitable de la invariancia de gauge local. Básicamente, el campo electromagnético existe de tal modo que, cuando determinadas cargas eléctricas se reordenan en un lugar del espacio y el tiempo, la noticia se transmite a otros lugares para que pueda mantenerse la invariancia de gauge local. El transmisor de la noticia es el campo electromagnético, que está compuesto de fotones, es decir, de ondulaciones del campo electromagnético.

De forma sorprendente, si no supiéramos nada de la electricidad, el magnetismo y los fotones, pero sí conociéramos el principio de gauge, podríamos deducir que todas esas cosas existen simplemente para imponer la invariancia de gauge local de la función de onda del electrón. Este extraordinario descubrimiento fue realizado en la década de 1950 por Julian Schwinger, uno de los pioneros de la electrodinámica cuántica, la teoría cuántica de la fuerza electromagnética. Resulta tan sorprendente que parece lógico preguntarse si podría ser un principio universal. ¿Es posible que la necesidad de imponer la invariancia de gauge local sea la razón de la existencia no solo de la fuerza electromagnética, sino de todas las fuerzas fundamentales de la naturaleza?

Además de la fuerza electromagnética, las partículas elementales del universo están unidas por otras tres fuerzas básicas. La más conocida, la gravedad, fue descrita por la teoría de la relatividad general de Einstein. Al igual que el electromagnetismo, se basa en un principio de simetría: las ecuaciones que revelan cómo la gravedad —es decir, la curvatura del espacio-tiempo— depende de la distribución de la energía tienen la misma forma matemática para todo el mundo, con independencia de su movimiento o sistema de *coordenadas*. Incluso la teoría de la relatividad *inicial* de Einstein, la relatividad *especial*, surge de la exigencia de que la velocidad de la luz debe ser la misma para todos los observadores que se mueven a velocidad constante unos con respecto a otros. De hecho, Einstein fue el primero en comprender la importancia de la simetría como elemento sustentador de las leyes fundamentales de la naturaleza. «La naturaleza parece hallar placer en explotar todas las simetrías posibles en sus leyes fundamentales, como una pintora ansiosa por usar todos los colores más magníficos de su paleta», sostiene el físico italiano Gian Francesco Giudice.[8]

Pero dejando aparte la fuerza de la gravedad, que por diversas razones nadie tiene ni la menor idea de cómo expresar en forma de teoría de campos cuánticos, hay otras dos fuerzas fundamentales, las llamadas fuerzas nucleares fuerte y débil, que operan solo en el ultraminúsculo reino del núcleo atómico.

La primera persona que pensó seriamente en la posibilidad de que el principio de gauge podía ser la clave para comprender no solo la fuerza electromagnética, sino también las fuerzas fuerte y débil, fue el físico chino Chen Ning Yang. «El único verdadero viaje de descubrimiento —escribió Marcel Proust— no consiste en ver nuevos paisajes, sino en mirar con nuevos ojos.» En la década de 1950, Yang y su colaborador, el físico estadounidense Robert Mills, miraron el mundo con nuevos ojos y formularon la ecuación que un campo cuántico debería obedecer para imponer una simetría de gauge local más genérica en una función de onda.

La ecuación de Yang-Mills reveló que el campo electromagnético es la forma más sencilla posible de un *campo de gauge*; no solo se transmite por una sola *partícula de gauge*, sino que esta, el fotón, no lleva carga eléctrica. Dado que la carga eléctrica es esencial para que una partícula interactúe con el campo electromagnético, el fotón es inmune a la fuerza electromagnética.

Sin embargo, en los campos de gauge más complejos cuya existencia permite la ecuación de Yang-Mills, las partículas portadoras de fuerza sí llevan «cargas». Esas análogas de la carga eléctrica —que, de manera similar, ni se crean ni se destruyen— hacen que las portadoras perciban el campo de gauge. En el caso de la fuerza fuerte, por ejemplo, tales partículas interactúan no solo con el campo, sino también entre sí, de formas complejas que resultan difíciles de predecir. Este hecho obstaculizó los primeros intentos de los físicos de demostrar que la fuerza fuerte es consecuencia de la invariancia de gauge local, como lo hizo su errónea creencia de que dicha fuerza actúa principalmente entre protones y neutrones. Tal como se haría evidente a finales de la década de 1960, en realidad los protones y neutrones son partículas compuestas, y son sus quarks constituyentes los que mantiene unidos la fuerza fuerte.

Pero quienes suscribían la idea de que las fuerzas fundamentales son consecuencia de la invariancia de gauge local afrontaban un obstáculo aún mayor. La teoría de campos cuánticos del electrón, cuyo origen se remonta a los trabajos realizados por Paul Dirac en la década de 1930, estaba plagada de ecuaciones que se «disparaban» y hacían predicciones sin sentido. Se habían podido eliminar esas *infinitudes* mediante un truco matemático, pero el problema era que esta *renormalización* solo funcionaba si las partículas portadoras de fuerza no tenían masa. Aunque eso era lo que ocurría en el caso del campo electromagnético, cuya partícula de gauge es el fotón, no parecía resultar aplicable en los de las fuerzas fuerte y débil. La pista estaba en su limitado alcance.

En el panorama cuántico, se considera que una fuerza surge de algo parecido a una especie de partido de tenis submicroscópico: las portadoras de fuerza chocan de aquí para allá entre las partículas, haciendo que estas se separen las unas de las otras. Al igual que sucede con muchas analogías científicas, aunque esta imagen transmite la idea general, no es perfecta, ya que explica cómo funciona una fuerza de repulsión, pero no cómo lo hace una de atracción.

Dado que las leyes que orquestan el mundo submicroscópico son muy diferentes de las que gobiernan el mundo cotidiano a escala macroscópica, las partículas portadoras de fuerza como el fotón tienen un carácter muy especial. Como ya hemos mencionado antes, una de las piedras angulares de la física es el axioma de que la energía no se crea ni se destruye, sino que tan solo se transforma de una forma en otra. Pero en el mundo cuántico se produce un giro inesperado: aquí la energía puede hacerse aparecer de la nada —estrictamente hablando, del vacío—, y la naturaleza hará la vista gorda siempre que se restituya de inmediato.

En 1905, Einstein descubrió que la masa es una forma de energía: la forma más concentrada posible; en consecuencia, la energía que se hace aparecer del vacío puede convertirse en la masa-energía de partículas subatómicas. Estas partículas, debido a la fugacidad de su existencia, se conocen como *partículas virtuales*, para distinguirlas de las *reales*. Resulta que, cuanto mayor es la energía que se toma «prestada» del vacío, más deprisa debe restituirse. Por lo tanto, cuanto más masiva es una partícula virtual, más fugaz resulta su existencia y más corta es la distancia a la que puede viajar antes de desaparecer de nuevo en el vacío.

Dado que el fotón no tiene *masa en reposo*, se necesita muy poca energía para crearlo, por lo que, en consecuencia, también hay muy poca energía que restituir. Eso implica que puede existir durante mucho tiempo y llegar a los rincones más remotos del universo; de ahí que la fuerza electromagnética tenga un alcance infinito. Sin embargo —y este es el punto clave—, la conexión íntima entre el alcance de una fuerza y la masa de sus partículas portadoras sugiere que las fuerzas fuerte y débil, dado su alcance ultracorto, las transmiten unas portadoras masivas. (Esta lógica resulta ser errónea en el caso de la fuerza fuerte; como se verá más adelante, la naturaleza ha encontrado otra forma de hacerla de corto alcance.)

El problema es que las únicas teorías cuánticas de campos que carecen de infinitudes catastróficas son las teorías de gauge local —tal como demostró el físico holandés Gerardus 't Hooft en 1971—, pero este rasgo esencial solo se da si las partículas de gauge no tienen masa y se pierde en el instante en el que se introducen portadoras de fuerza con masa. Esa era una de las razones por las que a comienzos de la década de 1960 la teoría de campos cuánticos no gozaba del favor de los físicos.

En julio de 1964, el problema de mantener todas las propiedades deseables de una teoría de gauge local y al mismo tiempo tener partículas portadoras de fuerza con masa hacía ya varios años que ocupaba la mente de Higgs. ¿Qué pasaría si las portadoras de fuerza fueran intrínsecamente partículas carentes de masa —se preguntó—, pero la adquirieran mediante algún proceso externo? ¿Podría eso lograr la cuadratura del círculo de tener partículas con masa pero a la vez conservar una teoría de gauge local renormalizable? Higgs imaginó que el espacio estaba lleno de un campo invisible hasta entonces insospechado, que, como el agua de una piscina, resiste el movimiento a través de él.

A primera vista, la idea de la piscina se aviene perfectamente con nuestra experiencia de la masa. Un cuerpo con una gran masa, como una nevera, es difícil de mover: resiste los intentos de cambiar su movimiento. Sería plausible que ello se debiera a que hay un medio invisible que opone resistencia. Sin embargo, la analogía resulta imperfecta: una característica básica del mundo, y una piedra angular de la teoría de la relatividad especial de Einstein, es que ningún experimento puede revelar si te estás moviendo a velocidad constante o estás estacionario. Si dos personas juegan a pasarse la pelota en un tren, las ventanas están tapadas y el tren no experimenta vibraciones, la pelota se desplazará entre ellos de un lado a otro exactamente tal como lo haría si estuvieran fuera, junto a la vía. No podrán saber por el movimiento de la pelota si ellos están en movimiento o no.

Sin embargo, si el ubicuo «campo espacial» de Higgs fuera exactamente como el agua de una piscina, sería posible diferenciar entre un cuerpo que se moviera a través de él y otro que estuviera estacionario, contradiciendo así la relatividad. Por el contrario, el campo de Higgs debería aparecer estacionario a todos los cuerpos del universo, con independencia de su movimiento.* Esta propiedad de ser —en la jerga física— *invariante de Lorentz* se aplica solo a los *campos escalares*, que, como la temperatura y la altura de una mesa de billar, se caracterizan por una simple cifra en cada punto del espacio.

Pero resulta chocante que el campo de Higgs resista a las partículas a pesar de que estas siempre sean estacionarias con respecto a él. Por lo tanto, sería más preciso decir que el campo simplemente interactúa con ellas. Es esta interacción la que hace que unas partículas intrínsecamente carentes de masa pa-

---

* ¿Cómo puede algo parecer igual para todos, con independencia de su velocidad? Imagina un arco iris. Se sabe que los colores son un indicador de la distancia entre crestas sucesivas de ondas luminosas, y hay ondas con *longitudes de onda* más cortas y más largas que la luz visible. Convencionalmente se dice que un arco iris contiene siete colores. Imagínalos numerados del uno —que representa la longitud de onda más larga— al siete —la más corta—. Pero resulta que es posible un número infinito de «colores». Imagínalos etiquetados de «–[infinito]» a «+[infinito]». Ahora imagina que todos ellos existen en el espacio. Si vuelas a través de ellos a velocidad constante, todas las ondas aparecerán desplazadas debido al *efecto Doppler*, por lo que el uno se convertirá en dos, el dos en tres, y así sucesivamente. Sin embargo, el resultado de desplazar todos los colores de esta manera seguirá siendo un conjunto de colores que abarque el rango de –[infinito] a +[infinito]. En consecuencia, te será imposible saber que te estás moviendo con respecto a la luz. En cierto sentido, todos los colores existen en el espacio porque, según la teoría cuántica, cada *modo* de vibración del campo electromagnético debe contener una cantidad mínima de energía. Y lo que vale para el campo electromagnético también lo vale para todos los campos, incluido el campo de Higgs.

sen a tenerla, y su masa exacta dependerá de la fuerza con la que cada partícula interactúa con el campo.

La idea de un campo cuya energía era distinta de cero en toda la extensión del espacio resultaba completamente novedosa. En ausencia de masa no hay campo gravitatorio, y en ausencia de carga eléctrica no hay campo electromagnético. Pero Higgs imaginó un campo que existía en un espacio por lo demás vacío y no manaba de fuente alguna. El campo tenía la misma energía en todas partes, y era esa uniformidad la que explicaba por qué hasta entonces nadie había advertido su presencia: estamos inmersos en él, del mismo modo que lo estamos en el aire que respiramos.

Si se le da la oportunidad, todo lo que existe tiende a minimizar su *energía potencial*. Por ejemplo, una pelota rodará hasta el pie de una colina, donde su *energía potencial gravitatoria* alcanza el nivel más bajo. Siempre se había supuesto que el vacío era el estado de menor energía del universo; era donde este terminaría, un hecho tan inevitable como que la bola termine rodando hasta el pie de la colina. Sin embargo, Higgs sugería que eso no era así, y que el estado de menor energía del universo es en realidad un vacío lleno del campo de Higgs, con una energía distinta de cero en toda su extensión.

Pero introducir de manera arbitraria en una teoría un campo que llena todo el espacio para dotar de masa a las partículas portadoras de fuerza resulta tan artificial como insertarles manualmente la masa. También estaba garantizado que daría al traste con la invariancia de gauge local, la cual constituía un requisito esencial para una teoría libre de infinitudes monstruosas. Lo que necesitaba Higgs era un modo de introducir su campo de forma natural, y ya sabía cómo hacerlo.

Una teoría de gauge en la que todas las partículas portadoras de fuerza carecen de masa es elegante y simétrica; al fin y al cabo, aquí las masas de todas las partículas son exactamente iguales. Por otro lado, una teoría en la que las partículas tienen masas que pueden no ser iguales resulta enrevesada y menos simétrica: los físicos dicen que su simetría «se ha roto».

En el mundo cotidiano es fácil encontrar ejemplos en los que la simetría se rompe de forma natural. Imagina un lápiz en equilibrio vertical sobre su extremo afilado. Es perfectamente simétrico: tiene el mismo aspecto desde cualquier dirección. Sin embargo, si le alcanza una corriente de aire puede caer apuntando hacia el norte, hacia el suroeste o en cualquier otro sentido: su orientación con respecto a la vertical ya no es simétrica. Esto ilustra el hecho de que, si bien las leyes fundamentales de la física pueden ser simétricas —en este caso la fuerza de gravedad apunta hacia abajo, y no favorece ninguna de las direcciones de la brújula—, el resultado de dichas leyes puede no serlo.

El campo en el que pensaba Higgs era perfectamente simétrico —a efectos prácticos, «apagado» e incapaz de alterar la invariancia de gauge local—, pero cuya simetría se rompía de forma espontánea, haciendo que se «encendiera» e interactuara con las partículas portadoras de gauge para dotarlas de masa. La representación más sencilla que se le ocurrió imaginaba que la energía del campo venía dada por la altura de una canica en un *potencial* con la forma de un sombrero mexicano. Al principio —y eso es lo que habría ocurrido en las condiciones de súper-alta energía del Big Bang— la canica se habría hallado en un estado perfectamente simétrico en la copa central del sombrero. Sin embargo, durante el proceso de enfriamiento del universo hacia su actual estado de baja energía, la canica se habría deslizado hacia una de las alas del sombrero, eligiendo así una dirección y rompiendo la simetría.

Habrá que dejar para más adelante la explicación de cómo la interacción de las partículas portadoras de fuerza sin masa con el campo espontáneamente roto de Higgs genera la masa de dichas partículas, ya que el esquema de Higgs plantea un problema más inmediato y acuciante; un problema del que otros físicos ya eran conscientes, y que fue otra de las razones por las que en la década de 1960 las teorías de campos cuánticos no gozaban del favor de la comunidad científica.

Piensa otra vez en el sombrero mexicano. La canica que representa la energía del campo de Higgs podría terminar en cualquier parte del ala, y cada una de sus posibles ubicaciones corresponde a un estado del campo de Higgs. Un átomo puede cambiar de un estado de energía a otro emitiendo o absorbiendo un fotón con una energía igual a la diferencia de energías entre los dos estados. Sin embargo, en el caso del campo de Higgs todos los estados del ala del sombrero se hallan exactamente a la misma altura y, por lo tanto, tienen exactamente la misma energía. Cambiar de un estado a cualquier otro, pues, no requiere energía, lo que se corresponde con una partícula de masa cero, la cual se conoce como *bosón de Goldstone*.

El físico británico Jeffrey Goldstone descubrió que dichas partículas son una consecuencia inevitable de la ruptura espontánea de la simetría de un campo escalar. El problema era que, al tener masa cero, deberían ser muy fáciles de crear y, en consecuencia, deberían haber revelado su presencia hace ya mucho tiempo en los experimentos de los físicos. Pero resulta que ni un solo bosón de Goldstone se ha dejado ver jamás. Los físicos interpretaron la ausencia de bosones de Goldstone como una prueba de que las teorías de campos cuánticos que requieren la ruptura espontánea de la simetría para establecer contacto con el mundo real son un callejón sin salida teórico.

Sin embargo, a Higgs la idea de que fuera la simetría de gauge local la que engendrara las fuerzas fundamentales le resultaba enormemente atractiva. Era elegante, hermosa y sonaba bien, de modo que no podía prescindir de ella así como así. Durante años estuvo dándole vueltas en su mente, hasta que hizo un descubrimiento decisivo. Tres semanas antes había enviado a

Physics Letters su artículo, en el que exponía un resultado asombroso. El gran logro de Higgs fue descubrir que los bosones de Goldstone desaparecen si una teoría de campos cuánticos presenta invariancia de gauge local, es decir, si hay también partículas portadoras de gauge. Para entender por qué, es necesario tener en cuenta una distinción fundamental entre las partículas que carecen de masa y aquellas otras que sí la tienen.

Como ya hemos señalado, una partícula subatómica es simplemente una onda que se propaga a través de un campo cuántico, de manera muy similar a como el viento forma ondulaciones en un campo de trigo. El mundo en el que vivimos tiene tres dimensiones espaciales, por lo que parece obvio que una onda que representa una partícula pueda oscilar en tres direcciones perpendiculares entre sí. Esta intuición es correcta en el caso de una partícula que tiene masa, pero no es aplicable a una sin masa como el fotón, que viaja a la velocidad de la luz.

Un fotón está asociado a una onda electromagnética, cuyos campos eléctrico y magnético oscilan en un plano perpendicular a la dirección del recorrido de la onda. Además de estas dos oscilaciones *transversales*, cabría esperar que la onda también oscilara en su dirección de movimiento, pero una onda *longitudinal* así tendría que alternar necesariamente entre desplazarse más despacio que la velocidad de la luz y más deprisa que esta, lo cual resulta imposible porque, de acuerdo con Einstein, la velocidad de la luz es el límite máximo de velocidad cósmica. El resultado de ello es que, si una partícula con masa tiene tres formas independientes de oscilar, una sin masa tiene solo dos.

El gran logro de Higgs fue comprender que en una teoría con partículas de gauge sin masa los bosones de Goldstone desaparecen como por arte de magia. De hecho, los «engullen» las partículas portadoras de fuerza. El *mecanismo de Higgs* no solo elimina los molestos bosones de Goldstone, sino que además estos, al ser engullidos, proporcionan a las partículas de gauge sin masa una tercera forma de oscilación, dotándolas así de masa.⁹

Cabe señalar que este mecanismo de adquisición de masa es distinto del anteriormente descrito en el que las partículas interactúan con el ubicuo campo de Higgs encontrando resistencia como un nadador que atraviesa una piscina. En realidad, la naturaleza ha estimado conveniente proporcionar dos mecanismos distintos para dotar de masa a las partículas: uno, que dota de masa a las portadoras de fuerza de la naturaleza, implica la ruptura espontánea de la simetría; el otro, que dota de masa a sus componentes básicos —los quarks y los leptones—, implica una interacción más directa con el campo de Higgs.

El mecanismo de Higgs es un milagro que mata dos pájaros de un tiro: se deshace de los bosones de Goldstone y, a la vez, dota de masa a las partículas portadoras de gauge. En palabras de Steven Weinberg, el papel de los bosones de Goldstone «pasa de ser el de unos molestos intrusos a convertirse en el de unos amigos bien recibidos».¹⁰ Bajo la capa inductora de masas de los bosones de Goldstone, las partículas portadoras de fuerza continúan careciendo de masa, y, en consecuencia, sigue siendo posible describirlas mediante una teoría de gauge local renormalizable y libre de infinitudes.

Higgs había explicado detalladamente todo esto en dos breves artículos escritos en el verano de 1964. En el primero de ellos mostraba cómo era posible deshacerse de los bosones de Goldstone en una teoría de campos cuánticos siempre que hubiera también presentes bosones de gauge. En el segundo describía cómo los bosones de gauge adquieren su masa «canibalizando» a los bosones de Goldstone.¹¹ Pero ahora, sentado en su despacho, con su segundo artículo rechazado en el escritorio ante él, todavía debía afrontar el problema de averiguar qué tenía que añadir al artículo para que aceptaran publicárselo. ¿Quizás alguna consecuencia física de su idea?

Todo campo cuántico tiene una partícula o partículas asociadas a él, ya que todo campo puede ondular y, de hecho, una partícula no es más que una ondulación que se propaga a través del campo. Higgs sabía que su campo de simetría rota no iba a ser una excepción.

Pensó de nuevo en el potencial del sombrero mexicano por el que se regía su campo. Los bosones de Goldstone surgían porque la canica podía oscilar en sentido circular por el ala del sombrero. Pero ese no era el único tipo de oscilación posible: la canica también podía hacerlo en sentido radial, es decir, arriba y abajo del «valle» formado por el ala del sombrero. Tal oscilación requeriría una cantidad mínima de energía para excitarla, y, según Einstein, la energía tiene una masa equivalente. Si se inyectara la energía suficiente en un área del espacio reducida, sería posible crear ese tipo de partícula; es decir, una ondulación en el campo de Higgs.

La irritación de Higgs ante la negativa a publicar su segundo artículo por parte de *Physics Letters* no se debía simplemente al hecho de que su director no hubiera sabido apreciar la importancia de su trabajo. Jacques Prentki había empeorado aún más las cosas al sugerirle que no volviera a enviar su artículo revisado a *Physics Letters*, una revista seria que sometía todos los trabajos que recibía al criterio de «árbitros» científicos independientes, sino a *Il Nuovo Cimento*, una revista italiana que no se molestaba lo más mínimo en recurrir a criterios arbitrales externos. Prentki parecía pensar, pues, que el artículo era irrelevante y carecía de valor, y eso le había dolido.[12]

Debido a ello, a Higgs ni se le pasó por la cabeza seguir el consejo de Prentki, y decidió, en cambio, enviar el artículo revisado a *Physical Review Letters*, la rival estadounidense de *Physics Letters*. Sin embargo, primero necesitaba añadir algo, y por fin sabía el qué. Cogió un bolígrafo y completó su artículo con un último párrafo compuesto tan solo por dos frases. La primera de ellas rezaba: «Vale la pena señalar que un rasgo esencial del tipo de teoría que se ha descrito en esta nota es la predicción de multípletes incompletos de bosones escalares y vectoriales». Lo que Higgs quería decir con esta afirmación formulada en un lenguaje tan extremadamente técnico era que el proceso de ruptura de la simetría dejaría como resultado una partícula: un bosón de Goldstone con masa, una partícula elemental hasta entonces del todo insospechada.

En ese momento Higgs ignoraba que otros cinco físicos habían llegado exactamente a la misma conclusión que él y casi al mismo tiempo. En Londres estaba la que acabaría llamándose «banda de los tres», compuesta por Tom Kibble, Gerry Guralnik y Dick Hagen, mientras que en Bruselas trabajaba la «banda de los dos», integrada por Robert Brout y François Englert. En alusión a esos otros grupos de científicos, más tarde Higgs se referiría a sí mismo jocosamente como la «banda de uno».

Cuando Higgs llevó su artículo enmendado a la secretaría de su departamento para que volvieran a pasárselo a máquina, estaba resplandeciente de satisfacción. No tenía ni idea de cómo podría encajar en el marco de la física de partículas, pero estaba seguro de que era importante. Tampoco podía imaginar ni por asomo que la frase que había añadido al final le valdría la inmortalidad; de hecho, le haría ganar el Premio Nobel.

El trabajo de Higgs no causó sensación ni saltó a los titulares. Como diría más tarde Tom Kibble, uno de los integrantes de la que se conocería como «banda de los seis»: «Nuestro trabajo fue recibido con un silencio atronador». Al idear su mecanismo para dotar de masa a las partículas portadoras de gauge, Higgs esperaba dar sentido a la fuerza nuclear fuerte, que mantiene unidos los componentes del núcleo atómico, pero ese problema aún no estaba lo bastante maduro para poder dilucidarlo: por entonces todavía se creía que la fuerza fuerte actuaba principalmente entre los protones y los neutrones, pero estos resultan ser partículas compuestas, y lo que la fuerza fuerte mantiene unidos de hecho son sus quarks constituyentes, algo que solo descubrirían los físicos Murray Gell-Mann y George Zweig a mediados de la década de 1960.

Por si esto no fuera suficiente traba para tratar de entender la fuerza fuerte, había otra dificultad esencial: resultaba que el corto alcance de esta fuerza no se debía, como cabría esperar, al hecho de que sus partículas portadoras tuvieran masa y, por lo tanto, surgieran del vacío tan solo de un modo fugaz. En realidad los *gluones* no tienen masa, por lo que, en lo que respecta a la fuerza fuerte, el mecanismo de Higgs resulta irrelevante. Aquí la naturaleza nos ha lanzado una bola con efecto y ha optado por utilizar un mecanismo completamente distinto para proporcionar a la fuerza fuerte su corto alcance.

Al igual que la fuerza restauradora de una goma elástica se hace más fuerte cuanto más se estira la goma, del mismo modo la fuerza de atracción entre dos quarks se hace más fuerte cuanto más se separan estos. De hecho, la separación de un par de quarks requiere inyectar tanta energía que esta hace aparecer la masa-energía de un par quark-antiquark, que a su vez tiene que separarse y hace aparecer otro par quark-antiquark, y así sucesivamente. En consecuencia, como nunca es posible separar por completo dos quarks, la fuerza fuerte nunca tiene la oportunidad de operar sobre otra cosa que no sea un alcance ultracorto.

En el caso de la fuerza fuerte, la simetría de gauge local se mantiene por la sencilla razón de que las partículas portadoras de gauge, los gluones, conservan su ausencia de masa. Junto con los quarks, están encerrados dentro de los protones y neutrones, y permanentemente ocultos a la vista. Mientras que la simetría sin masa de la fuerza débil permanece oculta por la ruptura de la simetría, la simetría sin masa de la fuerza fuerte permanece oculta por el denominado *confinamiento de los quarks*.

La consecuencia de todo esto es que Higgs, al inventar un mecanismo para dotar de masa a las partículas portadoras de fuerza, había tenido en mente la fuerza equivocada. En realidad tendría que haber pensado en la fuerza nuclear débil, tal como descubrirían, a finales de la década de 1960, Steven Weinberg en Estados Unidos y Abdus Salam en el Reino Unido, que entablarían una auténtica lucha para demostrar que las fuerzas débil y electromagnética tienen un origen común.

Recordemos que el gran triunfo de la física del siglo XIX fue el descubrimiento, realizado por James Clerk Maxwell, de que las fuerzas eléctrica y magnética tienen un origen común.[13] Pero en este caso existían fuertes indicios de que estaban interrelacionadas: Hans Christian Ørsted había demostrado que un campo eléctrico fluctuante crea un campo magnético, mientras que Michael Faraday había demostrado que un campo magnético fluctuante genera un campo eléctrico. Pero en el caso de la fuerza electromagnética y la fuerza débil no resultaba tan obvio que hubiera una conexión.

La fuerza electromagnética tiene un alcance infinito, mientras que la fuerza débil tiene un alcance de apenas el 1% del diámetro de un protón. Y mientras que la fuerza electromagnética se limita a desplazar partículas cargadas en el espacio, la fuerza débil puede variar la carga eléctrica de las partículas, transformándolas mágicamente de un tipo en otra; por ejemplo, un neutrón en un protón en el proceso de desintegración beta radiactiva (aunque lo que en realidad sucede es que la fuerza débil convierte un *sabor* de quark dentro del neutrón, un quark abajo, en otro, un quark arriba).

La fuerza débil reviste una importancia crucial en el Sol debido al hecho de que son raras las reacciones nucleares que requieren de ella. (En el mundo cuántico, *débil* es sinónimo de *infrecuente*.) La infrecuencia de ese primer paso en la cadena de reacciones nucleares que generan la luz solar es la razón por la que el Sol consumirá su combustible de manera gradual a lo largo de más o menos diez mil millones de años en lugar de derrocharlo de golpe de manera explosiva. Eso ha permitido que el Sol brillara constantemente durante los miles de millones de años necesarios para la evolución de la vida compleja. Y si eso no bastara para estarle agradecido, la fuerza débil también tiene una importancia clave en los procesos nucleares producidos en las estrellas masivas que acumularon elementos como el carbono, el oxígeno y el hierro, que han sido cruciales para la vida en la Tierra.*

La fuerza débil parece tan distinta de la fuerza electromagnética que la afirmación de que tienen un origen común resulta de lo más audaz. ¿Cómo demonios es posible que el arco iris y la desintegración radiactiva sean aspectos de un mismo fenómeno fundamental? Pues eso es exactamente lo que propuso Schwinger en 1956.[14] Algo más tarde, en la década de 1960, Weinberg, Salam y otros se dispusieron a demostrar que tenía razón. Y fue en la *unificación* de las fuerzas electromagnética y débil en la llamada *fuerza electrodébil* donde la idea de Higgs demostró su valía.

El corto alcance de la fuerza débil se explica por el hecho de que sus partículas portadoras de gauge tienen grandes masas, equivalentes a casi cien veces la del protón. Dado que la de-

---

* Otro aspecto de la fuerza débil es que afecta solo a las partículas que «giran» en un sentido (es decir, con un determinado espín). Piensa un momento en lo extraño que resulta eso. Imagina que se forma un huracán de categoría cinco y pilla a un montón de parejas bailando. Las que giran en el sentido de las agujas del reloj salen volando al instante, mientras que las que lo hacen en sentido contrario no se ven afectadas en absoluto. Este extraordinario aspecto —de hecho, apenas creíble— de la fuerza débil, que viola la llamada simetría izquierda-derecha, fue descubierto por el físico sino-estadounidense Chien-Shiung Wu en 1956.

sintegración beta inducida por la fuerza débil añade una carga eléctrica positiva a un neutrón para formar un protón, debe haber una partícula portadora con carga positiva: es el bosón W^+. Y dado que la desintegración beta puede funcionar a la inversa, añadiendo una carga negativa a un protón para formar un neutrón, también debe existir un bosón W^-. De hecho, Schwinger ya predijo la existencia de W^+ y W^-. Por razones técnicas, también debe existir una portadora de fuerza débil sin carga eléctrica: es el bosón Z°, predicho por el físico estadounidense Sheldon Glashow en 1960. Los bosones W^+, W^- y Z° se conocen en conjunto como *bosones de vector débil*.

Aclaremos brevemente qué es un bosón. En la naturaleza, las partículas pueden tener un espín intrínseco, o *cuántico*, y este solo puede ser un múltiplo entero de un espín básico (como 0 o 1) o un múltiplo semientero de dicho espín (como 1/2 o 3/2). El primer tipo de partículas se conocen como *bosones*, mientras que las del segundo se denominan *fermiones*. Las partículas portadoras de fuerza, como los fotones y los gluones, son bosones; las partículas constituyentes de la materia, como los quarks y los electrones, son fermiones. Existe una profunda conexión entre el espín de las partículas y cómo se comportan estas en términos de masa. Según el *teorema de la estadística del espín*, dos bosones con propiedades idénticas pueden estar en el mismo lugar al mismo tiempo, pero no dos fermiones. Esa es la razón por la que los fotones no tienen el menor problema en viajar juntos en innumerables trillones en un rayo láser, mientras que los electrones hacen todo lo posible por evitarse los unos a los otros. Es precisamente este carácter «insociable» de los electrones el que explica por qué ocupan órbitas separadas en los átomos, permitiendo así que la materia adquiera extensión y sean posibles los cuerpos sólidos.

En la teoría de Weinberg y Salam, la fuerza electromagnética existe para mantener una simetría de gauge local conocida como U(1); básicamente, para mantener una cifra —la fase *compleja* de la onda cuántica de un electrón— constante en todos los puntos del espacio-tiempo. Por su parte, la fuerza débil existe para mantener una simetría algo más compleja conocida como SU(2), que involucra una matriz de 2 × 2 que es similar, pero no exactamente igual, a la utilizada por Paul Dirac en su célebre ecuación (véase el capítulo «A través del espejo»). Estas dos simetrías se conocen en conjunto como U(1) × SU(2). Ambas se entremezclan entre sí, como también supo ver Glashow, por lo que las portadoras de la fuerza electrodébil resultan ser el fotón y el bosón Z°, que surgen de mezclar las dos simetrías, y los bosones W^- y W^+. El Z° no es más que un fotón dotado de masa, lo que se podría denominar *luz pesada*.

Dado que las partículas portadoras de gauge existen para imponer la simetría de gauge local, todas ellas carecen de masa. Este habría sido el caso en las condiciones de súper-alta energía de los primeros instantes del Big Bang. Aquí entra en juego el mecanismo de Higgs, pero en esta situación el campo de Higgs resulta un tanto más complejo que el ilustrado con la imagen del sombrero mexicano. Es lo que se conoce como un estado SU(2) con cuatro componentes, que generan cuatro bosones de Goldstone, o *Higgses*. Tres de ellos son canibalizados por los bosones W^+, W^- y Z° en el proceso que les dota de masa (el fotón no participa en este juego y permanece sin masa). Lo que queda es, entonces, un bosón de Higgs con masa intrínseca: es la partícula «resultante» cuya existencia predijo Peter Higgs en agosto de 1964.

En julio de 2012, los experimentos habían revelado sólidas pruebas de la existencia de todas las partículas elementales del denominado *modelo estándar*, la teoría de campos cuánticos de las tres fuerzas no gravitatorias.[15] Dichas partículas incluyen seis quarks, conocidos como arriba, abajo, extraño, encanto, fondo y cima; seis leptones, conocidos como electrón, neutrino electrónico, muón, neutrino muónico, tauón y neutrino tauónico; y doce partículas portadoras de fuerza. De estas últimas, el fotón transmite la fuerza electromagnética; los bosones W^+, W^- y Z^0, la fuerza débil; y ocho gluones, la fuerza fuerte.*

En realidad no es del todo cierto que se hubieran encontrado todas las partículas del modelo estándar. En realidad se habían encontrado todas menos una: el Higgs.

Westminster Central Hall, Londres, 4 de julio de 2012

En la pantalla situada al fondo del estrado daba comienzo la conferencia de prensa del CERN. El auditorio principal del laboratorio estaba repleto, y sus asientos —escalonados en una fuerte pendiente— se hallaban aún más abarrotados que los de la larga y oscura nave de Westminster Central Hall en Londres. Butterworth ya estaba respondiendo a las preguntas de los ansiosos periodistas y, para su frustración, solo de vez en cuando podía desviar la mirada hacia la gigantesca pantalla.

En el CERN, los portavoces de los experimentos ATLAS y CMS, Fabiola Gianotti y Joe Incandela, estaban haciendo las presentaciones. El Gran Colisionador de Hadrones es la máquina más compleja jamás construida. Está instalado en un túnel circular que se extiende a lo largo de 27 kilómetros bajo la

---

* Los elementos constitutivos de la materia —los quarks y los leptones— son fermiones, mientras que las partículas portadoras de fuerza que los mantienen unidos son bosones. Toda la materia normal está compuesta de solo cuatro de estas partículas: los quarks arriba y abajo, el electrón y el neutrino electrónico (un protón de un núcleo atómico consiste en dos quarks arriba y uno abajo, mientras que un neutrón consta de dos quarks abajo y uno arriba). Los otros quarks y leptones son simplemente versiones más pesadas de ellas. Es un completo misterio por qué la naturaleza ha elegido triplicar sus componentes básicos de ese modo.

frontera suizo-francesa. Anteriormente el túnel estaba ocupado por el gran Colisionador Electrón-Positrón (o LEP, por sus siglas en inglés). El LEP tenía un límite en cuanto a las energías de colisión que podía alcanzar, dado que, cada vez que los electrones y los positrones se aceleran —lo que en este caso sucedía cuando sus trayectorias se desviaban en círculo por efecto de los potentes imanes repartidos por todo el túnel—, emiten radiación electromagnética, lo que debilita su energía. Sin embargo, y de manera crucial, esta *radiación de sincrotrón* es un problema que afecta en mayor medida a las partículas ligeras que a las más pesadas. De hecho, su intensidad es proporcional a la *cuarta potencia inversa* de la masa de una partícula; por lo tanto, en el caso de los protones, cuya masa es unas dos mil veces mayor que la de los electrones, la radiación resulta ser aproximadamente diez billones de veces menos intensa que en el caso de sus parientes más ligeros. Esa es la razón por la que, cuando se desmontó el LEP instalado en el túnel del CERN, se reemplazó por un colisionador protón-protón: el LHC. (Aclaremos aquí que un *hadrón* es cualquier partícula que experimenta la fuerza nuclear fuerte.)

Obligar a los protones de súper-alta energía a seguir el recorrido circular de su pista de carreras subterránea a cien metros bajo la superficie de Suiza y Francia requiere desviar su trayectoria mediante electroimanes lo más potentes posible, lo que a su vez exige que sus bobinas se alimenten con corrientes eléctricas de la mayor intensidad posible (12.000 amperios en el caso del LHC). Estas intensas corrientes normalmente generarían enormes cantidades de calor, pero los 1.232 imanes de desviación con que cuenta el LHC —cada uno de ellos de 15 metros de largo y con un peso de 35 toneladas— están formados por bobinas *superconductoras* especiales que se enfrían mediante helio líquido, el mejor refrigerante del mundo. A −271,3 °C (apenas 1,9 grados por encima de la temperatura más baja posible), las bobinas no ofrecen resistencia a la corriente eléctrica y, en consecuencia, no disipan calor mientras mantienen sus propiedades superconductoras. No obstante, en las pruebas realizadas poco después del 10 de septiembre de 2008, cuando se encendieron por primera vez los haces de protones del LHC, una conexión entre dos imanes perdió su superconductividad. Esto provocó una chispa que perforó el tanque de enfriamiento de 27 kilómetros de largo —el mayor refrigerador jamás construido—; la fuga de helio líquido resultante causó una explosión al convertirse este rápidamente en gas, lo que provocó importantes daños en una extensión de 750 metros del anillo magnético. El accidente retrasó más de un año el calendario del programa.

Sin embargo, desde su reinicio en noviembre de 2009, el LHC funcionó sin el menor problema. En los experimentos ATLAS y CMS, las colisiones producidas entre protones que viajan al 99,9999991% de la velocidad de la luz recrean, durante el más breve de los instantes, las condiciones que existieron durante una centésima de milmillonésima de segundo tras el nacimiento del universo, cuando la temperatura de la bola de fuego del Big Bang era de unos diez trillones de grados. A partir de la energía generada en estas colisiones —estrictamente hablando, no entre protones, sino entre sus quarks y gluones constituyentes— se crean «chorros» de quarks y gluones. Estos, a su vez, engendran partículas exóticas, que viven durante diminutas fracciones de tiempo antes de transformarse en nuevos residuos subatómicos. Tanto el hardware como el software utilizados en los experimentos están diseñados para descartar la mayoría de los eventos de este desconcertante caos subatómico, mostrando únicamente aquellos que lleven la más rara impronta de todas las que los físicos están buscando: la del bosón de Higgs.

En caso de crearse, se calcula que esta esquiva partícula subatómica sobrevive durante un tiempo demasiado breve como para poder detectarla directamente; el truco consiste, pues, en buscar aquellas otras partículas a las que da lugar al desintegrarse y que resultan distinguibles de las engendradas por montones de otros confusos procesos «de fondo». El experimento ATLAS buscaba pares raros de fotones generados por la desintegración de los bosones W^+ y W^-, generados a su vez por el Higgs, mientras que el CMS buscaba pares raros de bosones Z^0, también derivados de la desintegración de un Higgs. En la medida de lo posible, a los físicos que trabajaban en cada uno de estos experimentos se les mantenía en la ignorancia con respecto a los progresos realizados en el otro: lo que el CERN deseaba por encima de todo era que cualquier resultado experimental de uno de ellos se viera confirmado por un segundo resultado de forma por completo independiente.

Butterworth sabía aproximadamente lo que diría Gianotti porque el día antes había estado presente en la Salle Curie, una de las salas de conferencias del CERN, cuando esta última había ensayado su presentación ante sus colegas. Aun así, estaba ansioso por no distraerse cuando su presentación alcanzara su punto culminante. Por fortuna, la creciente emoción suscitada en Suiza se había extendido también a Londres: los periodistas presentes en Westminster Central Hall se habían callado, y ahora todas las miradas estaban pendientes de la pantalla gigante.

Gianotti estaba mostrando un gráfico. En él se apreciaba una cresta en el punto correspondiente a 126 GeV, alrededor de 126 veces la energía requerida para crear un protón. Eso era exactamente lo que cabría esperar si los productos de desintegración detectados por ATLAS y CMS provenían de una partícula cuya existencia durara tan solo el más fugaz de los instantes. Una nueva partícula, hasta entonces desconocida para la ciencia. Gianotti pronunció las palabras mágicas: «En ambos experimentos, el descubrimiento ha alcanzado actualmente el nivel de confianza "cinco sigma"».*

En el CERN se armó un auténtico revuelo. La audiencia, que durante la última media hora había estado escuchando con paciencia los tecnicismos de los experimentos, prorrumpió en sonoros aplausos y estridentes vítores. La imagen de la pantalla mostró entonces el rostro eufórico y sonriente de Peter Higgs, a quien habían invitado a asistir al acto y estaba apretujado entre el público. Quienes se sentaban más cerca de él lo felicitaban y le tendían la mano para estrechársela. Higgs, un hombre modesto que por entonces tenía ochenta y tres años, daba la impresión de estar un tanto abrumado. Se ajustó las gafas y pareció enjugarse una lágrima. François Englert, miembro de la «banda de los dos», también estaba presente. Al año siguiente, 2013, los dos hombres compartirían el Premio Nobel de Física.[16]

En Westminster Central Hall también hubo un gran revuelo. La gente se levantó y prorrumpió en una sonora ovación. Butterworth había olvidado por completo los sentimientos que había experimentado a su llegada al edificio. Aquel era un momento histórico, y, por más que se encontrara a 750 kilómetros de Ginebra, formaba parte de él. Había llegado a creer que trabajaba en un campo esotérico de la física y que a nadie en el mundo le importaba realmente lo que hacía, pero ahora tenía ante sí la prueba de que estaba equivocado. Todos, sin importar cuánto entendieran de física, eran conscientes de que aquel era un momento clave en la historia de la ciencia; de hecho, un momento clave en la historia de la raza humana.

---

* *Sigma* es una unidad de probabilidad: cuanto mayor es su valor, más seguros están los físicos de que el resultado es real y no solo un evento fortuito reflejado en sus datos. En un nivel de confianza de «cinco sigma», los físicos saben que hay tan solo una probabilidad de uno entre dos millones de que la naturaleza los haya engañado, lo que les permite hablar de «descubrimiento».

En el verano de 1965, un hombre tímido y modesto sentado en un despacho de la Universidad de Edimburgo había añadido dos frases a un artículo cuya publicación había sido rechazada, prediciendo la existencia de una partícula con masa hasta entonces insospechada. Ahora, casi cuatro décadas después, y tras la construcción y puesta en marcha de la máquina más compleja jamás construida, con un coste de unos 5.000 millones de euros, allí estaba la partícula.[17] ¿O no?

—¿Es el Higgs, profesor Butterworth? ¿De verdad se trata del Higgs? —preguntó alguien.

—Hemos encontrado una nueva partícula, que es real —respondió Butterworth, eligiendo con gran cuidado sus palabras—. Y es coherente con el Higgs.

—Pero ¿es el Higgs?

—Creemos que es el Higgs, pero hemos de seguir trabajando un poco más para estar seguros. Lo que sí sabemos es que se trata de una nueva partícula. Eso es lo más emocionante: ¡una nueva partícula!

Pero los periodistas no se conformaron con esa respuesta. La pregunta siguió planteándose una y otra vez. Era un bombardeo incesante, que a Butterworth le resultó a la vez divertido y frustrante. «¿Han encontrado el Higgs?»

Butterworth todavía no estaba dispuesto a llegar tan lejos. El hecho de que algo se pareciera al bosón de Higgs no significaba que lo fuera. Él y sus colegas tenían que evaluar las propiedades de la nueva partícula —su espín cuántico y los detalles precisos de su desintegración— para ver si era o no el bosón de Higgs tal como lo describía el modelo estándar. Pero en sus adentros, en lo más profundo de su corazón, sabía que lo era: tenía todo el aspecto del Higgs; olía al Higgs. Finalmente habían encontrado el bosón de Higgs.

El descubrimiento del bosón de Higgs reviste una importancia monumental. Se trata de la última pieza del rompecabezas del modelo estándar, el punto culminante de 350 años de ciencia. Hemos identificado los elementos constitutivos fundamentales del universo y entendido las fuerzas que los mantienen unidos. Todo —tú y yo, las galletas digestivas, los caracoles, las telenovelas, las jirafas, las estrellas y las galaxias— existe para imponer la simetría de gauge local, un sencillo principio del que surge todo.

Nadie sabe por qué la naturaleza tiene un deseo tan fuerte de imponer la invariancia de gauge local. Citando unas palabras del gran físico italiano Enrico Fermi: «Antes de venir me sentía confuso con respecto a este tema. Tras escuchar su conferencia sigo sintiéndome confuso; pero en un nivel superior». Sea como fuere, el descubrimiento del bosón de Higgs constituye una confirmación espectacular del poder de la ciencia: de su magia esencial. La que hace que la gente pueda ver cosas en las ecuaciones matemáticas que ha ideado para describir la naturaleza y luego salga y las encuentre en el mundo real. «Que unas ecuaciones escritas en papel puedan conocer la naturaleza, y que cuarenta y ocho años después los experimentos puedan demostrarlo, resulta impresionante —sostiene Frank Close—. Un adjetivo que se utiliza en exceso, pero que en esta ocasión está justificado.»[18]

La partícula de Higgs es única en el modelo estándar. Es el único bosón elemental que no es una partícula de gauge, el único bosón que no es una partícula portadora de fuerza. No tiene carga eléctrica ni espín cuántico. De hecho, es la primera partícula con espín o jamás descubierta. Las partículas portadoras de las fuerzas electromagnética, débil y fuerte tienen espín 1, mientras que el *gravitón*, la hipotética portadora de la fuerza gravitatoria, tiene espín 2.

El Higgs, con una masa de 126 veces la del protón, es la partícula subatómica más pesada detectada hasta ahora. Al ser tan masiva, interactúa con mayor frecuencia con otras partículas pesadas como los quarks cima y fondo y el leptón tau, o tauón, y parece comportarse exactamente como predice la teoría. No hay razón para creer que no interactúe también como se ha predicho con los quarks y leptones más ligeros; sin embargo, estas interacciones son más raras y harán falta muchos más datos para confirmarlas, al igual que para observar el Higgs interactuar consigo mismo.

El bosón de Higgs no es la «partícula de Dios», como lo denominara Leon Lederman, pero, tomando prestadas las palabras de la novelista india Arundhati Roy, sí podríamos decir que es «el dios de las pequeñas cosas».

Sin embargo, por más importancia que revista, la partícula de Higgs no es más que una fugaz ondulación en el campo de Higgs; su auténtica trascendencia reside en el hecho de que confirma la existencia del campo en sí y empieza a revelarnos sus propiedades. En realidad, lo importante siempre fue el campo de Higgs; pero este era una entidad demasiado esotérica para vendérsela a la opinión pública, a diferencia de la posibilidad de descubrir una nueva partícula subatómica.

El campo de Higgs es algo auténticamente novedoso. Como ya hemos mencionado antes, todos los demás campos tienen un valor cero en el espacio vacío. Pueden fluctuar un poco debido a la incertidumbre cuántica, pero su valor medio acaba siendo cero. En cambio, el Higgs tiene un valor distinto de cero en todas partes del espacio y, dado que es ubicuo, todo lo que existe en el universo pasa su vida inmerso en él. Hasta el 4 de julio de 2012, todo esto era solo una posibilidad teórica. Pero ahora, gracias a que hemos observado una ondulación en el campo de Higgs —el bosón de Higgs—, sabemos que realmente está ahí. Y todos los fermiones —todos los quarks y leptones— interactúan de manera constante con él. Al igual que los bosones W^+, W^- y Z^0, carecen intrínsecamente de masa, pero la adquieren, y esta depende de lo fuerte que sea su interacción con el campo de Higgs.[19] En otras palabras: hoy sabemos que lo que durante siglos hemos llamado *masa* es consecuencia de la interacción entre las partículas elementales y el campo de Higgs.

¿Y qué hay del propio bosón de Higgs? Bueno, pues este obtiene su masa... ¡interactuando consigo mismo!

Conviene hacer aquí una salvedad. Aunque las partículas pueden adquirir su masa mediante dos mecanismos distintos —la absorción de los bosones de Goldstone en el caso de W^+, W^- y Z^0, y la interacción con el campo de Higgs en el caso de los fermiones (e incluso del propio bosón de Higgs)—, en realidad estos mecanismos resultan ser responsables aproximadamente de solo el 1% de la masa de nuestro cuerpo. Ello se debe al hecho de que los principales elementos constitutivos de este son los quarks, y lo que explica la mayor parte de la masa de estos últimos no es el Higgs, sino la relatividad especial de Einstein. Dentro de los protones y neutrones de los núcleos atómicos, los quarks se mueven a una velocidad cercana a la de la luz, y, como mostró Einstein, a medida que se aproximan a la velocidad de la luz todos los cuerpos se hacen más masivos.*

Si los físicos les hubieran vendido el LHC a los políticos diciéndoles que iban a encontrar la explicación del 1% de la masa, probablemente no habrían llegado muy lejos. Pero ese porcentaje resulta de importancia crucial, ya que, sin él, los quarks y los electrones de nuestro cuerpo no tendrían masa. Eso implicaría que viajarían a la velocidad de la luz y no podrían asentarse en átomos. Todo saldría disparado. Sin el campo de Higgs no existiríamos ni tú ni yo, ni las estrellas ni las galaxias.

---

* Dado que sabemos que la fuerza fuerte que mantiene unidos a los quarks se intensifica cuanto más separados están, de ello se deduce que también se debilita cuanto más cerca se hallan. Dentro de los protones y neutrones, la fuerza es tan débil que los quarks se comportan como partículas libres. Se dice que tienen *libertad asintótica*.

Por supuesto, eso fue exactamente lo que pasó en los primeros momentos del Big Bang. A las altas energías que había entonces, todas las partículas carecían de masa y viajaban a la velocidad de la luz, interactuando entre sí de una manera por completo distinta de como lo hacen en el universo de baja energía actual. «El pasado es un territorio extranjero: allí hacen las cosas de manera distinta», observaba el novelista L. P. Hartley en *El mensajero*. Nuestro gran triunfo como seres humanos es haberlo descubierto. Fue la «activación» del campo de Higgs lo que hizo posible todo lo que vemos a nuestro alrededor.

Dada su ubicuidad, también es posible que el campo de Higgs desempeñe algún otro papel todavía insospechado en el control del universo. Pero aunque no lo haga, su mera existencia nos muestra que los campos escalares son posibles. Dichos campos —como ya hemos mencionado— tienen la propiedad clave de que presentan el mismo aspecto para cualquier observador con independencia de su velocidad, y, por lo tanto, no entran en conflicto con el requisito de la relatividad especial de Einstein. La existencia del campo de Higgs plantea la posibilidad de que el universo pueda contener otros campos escalares, y que estos puedan explicar algunas de sus características más desconcertantes. Por ejemplo, se cree que durante su primera fracción de segundo de existencia el universo pasó por una breve fase de expansión acelerada, conocida como *inflación*, y que, extrañamente, hoy está experimentando una forma mucho más débil y más sostenida de expansión acelerada alimentada por una misteriosa *energía oscura*. Los teóricos sospechan que la primera fase la impulsó un campo escalar que ejerció una fuerza gravitatoria repulsiva, conocido como *inflatón*, y que la segunda también podría estar impulsada por un campo escalar.

La verdad sobre el campo de Higgs, no obstante, es que sabemos que existe pero no conocemos su origen, ignoramos por qué tiene un valor medio distinto de cero en el espacio vacío y ni siquiera sabemos si se trata realmente de un campo elemental: resultaría concebible que fuera un compuesto de campos como los protones y neutrones, que están formados por tres campos de quarks distintos. Los físicos confían en que, a medida que vayan aprendiendo más cosas sobre el Higgs, irán obteniendo nuevas perspectivas en su disciplina, ya que, si bien el modelo estándar representa un logro en sí mismo, lo cierto es que todavía hay mucho de arbitrario y misterioso en él.

Los físicos ignoran, por ejemplo, por qué las partículas elementales tienen la masa que tienen —¿por qué los quarks cima son aproximadamente un billón de veces más masivos que los neutrinos?— y por qué las fuerzas fundamentales tienen la magnitud relativa que tienen. No sabemos por qué la fuerza electromagnética es nada menos que 10.000 trillones de trillones de veces (10^{40}) más fuerte que la gravitatoria. ¿Y por qué hay tres familias de quarks y tres familias de leptones, con cada generación más masiva que la anterior? Y lo que resulta aún más serio: en el modelo estándar no hay lugar para la gravedad, o para la *materia oscura*, que se sabe que supera a la materia visible en las estrellas y galaxias por una proporción de seis de uno. El modelo estándar es solo una aproximación a una teoría más profunda. Y es esta última la que todos están desesperados por descubrir.

9

La voz del espacio

> Si me preguntan si hay ondas gravitatorias o no, debo responder que no lo sé. Pero es un problema de lo más interesante.
>
> ALBERT EINSTEIN

> Damas y caballeros, hemos detectado ondas gravitatorias. ¡Lo logramos!
>
> DAVID REITZE, 11 de febrero de 2016

En una galaxia muy muy lejana, en una época en la que el organismo más complejo de la Tierra era una bacteria, había dos monstruosos agujeros negros atrapados en una mortífera espiral. Se arremolinaron el uno en torno al otro por última vez. Se fundieron en un beso. Y en ese instante, el equivalente al triple de la masa del Sol desapareció literalmente, solo para reaparecer un momento después como un tsunami de torturado espacio-tiempo, disparándose en todas direcciones a la velocidad de la luz.

Por un breve instante, la potencia de las *ondas gravitatorias* fue cincuenta veces mayor que la irradiada por todas las estrellas del universo juntas. En otras palabras, si la fusión de los agujeros negros hubiera creado luz visible en lugar de violentas convulsiones del espacio-tiempo, la intensidad de su brillo habría sido muchas veces superior a la de todo el universo entero.

Las ondas gravitatorias se propagaron hacia fuera en todas direcciones como las ondulaciones concéntricas de la superficie de un estanque. Zarandearon un millón de galaxias. Sacudieron un millón de millones de millones de estrellas. Hicieron cosquillas a innumerables planetas, lunas, asteroides y cometas.

En la Tierra, grandes placas tectónicas se encabritaron, giraron y chocaron entre sí, hasta encaramarse unas sobre otras para formar imponentes cadenas montañosas que luego barrerían el viento, la lluvia y el hielo hasta desaparecer de nuevo. La vida, que llevaba tres mil millones de años estancada en un estadio unicelular, dio el insólito salto que daría lugar a los organismos pluricelulares. Proliferaron las plantas y animales, que se extendieron por toda la faz del planeta, sufriendo repetidas extinciones por los impactos de trozos de escombros interplanetarios, solo para resurgir de nuevo. Los dinosaurios aparecieron y se desvanecieron. El hielo se extendió desde los polos y luego regresó al punto de partida en un flujo y reflujo que se repitió una y otra vez, como una marea blanca de un kilómetro y medio de profundidad. Surgió un mono que caminaba erguido y dejó unas cuantas huellas de pisadas en la ceniza volcánica de Laetoli, en Tanzania; apenas un instante de tiempo geológico después, sus descendientes dejaron las huellas de sus botas en el polvo del Mar de la Tranquilidad, en la Luna.

Las ondulaciones del espacio-tiempo siguieron propagándose. Lamieron los bordes exteriores de la Vía Láctea. Penetraron vertiginosamente en el brazo espiral de Orión. Sacudieron la nube de cometas helados de la periferia del sistema solar. Pasaron disparados por los gigantescos planetas gaseosos y sus megalunas y continuaron hacia los planetas rocosos que se apiñaban en las inmediaciones del fuego del Sol. Acariciaron Marte, la Luna y la parte superior de la atmósfera terrestre.

Y finalmente, tras su inmenso viaje de 1.300 millones de años a través del espacio, se tropezaron con algo que había estado esperándolas pacientemente.

Hannover, Alemania, 14 de septiembre de 2015

Era alrededor de mediodía cuando un ping anunció la llegada de un correo electrónico. Marco Drago, sentado ante su ordenador, no miró de inmediato qué decía el mensaje porque en ese momento estaba ocupado escribiendo un artículo científico. Todos los días a esa hora llegaba un correo electrónico similar, y siempre era por cuestiones de rutina y sin ninguna trascendencia especial.

Para Drago, el lunes 14 de septiembre de 2015 había empezado como un día normal. Aquella soleada mañana otoñal había salido de su piso de Nordstadt, un tranquilo barrio situado cerca del centro de Hannover, y había caminado diez minutos hasta llegar al Instituto Max Planck de Física Gravitacional. El centro, que daba trabajo a unas doscientas personas, consistía en un par de modernos edificios rectangulares separados por una calzada y conectados por un corredor acristalado. Drago llegó a su despacho del primer piso a las nueve de la mañana, se quitó el abrigo y se sentó ante su ordenador portátil para revisar los correos electrónicos que habían llegado durante la noche. Había alrededor de un millar de personas involucradas en el proyecto conjunto LIGO-Virgo y las diferencias horarias entre sus distintos países hacían que sus conversaciones electrónicas fueran constantes.

Drago había venido a Alemania el año antes procedente de la Universidad de Trento, cerca de Verona. Su trabajo posdoctoral, en el que se conocía informalmente como Instituto Albert Einstein, le exigía supervisar uno de los algoritmos que analizaban las señales de salida de los dos detectores de ondas gravitatorias LIGO situados en Estados Unidos y del detector Virgo emplazado en Europa, diseñado para detectar cualesquiera *señales de excitación* que pudieran ser candidatas a ondas gravitatorias.

Drago guardó lo que llevaba escrito de su artículo, fue a la bandeja de entrada de su correo y clicó en el mensaje de alerta. El detector Virgo, situado cerca de Pisa, todavía no había entrado en funcionamiento, de modo que solo había dos archivos adjuntos. Uno venía de Livingston, en Luisiana, y el otro de Hanford, en el estado de Washington.

En Livingston se había instalado una «regla» de cuatro kilómetros de largo hecha de luz láser; a tres mil kilómetros de distancia, en Hanford, había una regla idéntica, también de luz láser y de cuatro kilómetros de extensión. Cuando Drago clicó en los dos archivos adjuntos y los comparó en la pantalla situándolos uno encima del otro, observó que a las 5:51 de la mañana, hora del este de Norteamérica, la regla de Livingston había experimentado una sacudida y siete milisegundos después —menos de una centésima de segundo— la regla de Hanford había hecho lo propio. Ambas perturbaciones se mostraban como unas líneas onduladas que avanzaban de izquierda a derecha, y cuyas oscilaciones verticales reflejaban a la perfección la extensión y la compresión de las gigantescas reglas. Durante aproximadamente una décima de segundo las vibraciones se iban haciendo más rápidas y frenéticas, hasta alcanzar un punto culminante y luego desaparecer de manera abrupta.

Era la firma inconfundible del paso de una onda gravitatoria; una onda gravitatoria originada por la fusión de un par de agujeros negros. Pero esta idea resultaba simplemente demasiado ridícula para que Drago la aceptara, y ni por un momento se le pasó por la cabeza que fuera eso lo que estaba presenciando.

Aunque el Advanced LIGO —siglas en inglés del Observatorio de Ondas Gravitatorias por Interferometría Láser— llevaba ya un mes en funcionamiento, seguía siendo objeto de diversas actualizaciones de ingeniería destinadas a aumentar su sensibilidad, y no estaba programado que iniciara su trabajo científico hasta cuatro días después, el 18 de septiembre. El proyecto LIGO había comenzado en la década de 1980, pero solo ahora, en su versión mejorada (o *Advanced*), empezaba a aproximarse a la sensibilidad necesaria para poder realizar una detección. ¿Qué posibilidades había —se preguntó Drago— de que tan poco tiempo después de entrar en funcionamiento captara ya una onda gravitatoria? Casi cero.

Eso no fue lo único que despertó recelos en la mente de Drago. Las ondas gravitatorias son increíblemente débiles,[1] y ello por una sencilla razón: la fuerza de la gravedad resulta ser nada menos que 10.000 trillones de trillones de veces más débil que la fuerza eléctrica que mantiene unidos los átomos del cuerpo humano.[2] «Cuando subes las escaleras te parece que la gravedad de la Tierra tiene realmente cierta entidad —explica el físico Rainer Weiss, del MIT—. Pero desde la perspectiva de la física es una miseria, un efecto diminuto, casi infinitesimal.»

Una forma equivalente de decir esto mismo es afirmar que el espacio-tiempo es increíblemente rígido: mil cuatrillones de veces más rígido que el acero. Es fácil hacer vibrar la piel de un tambor, pero increíblemente difícil hacer vibrar la piel de tambor del espacio-tiempo. Aunque en puridad el mero hecho de agitar la mano en el aire crea ondulaciones en la urdimbre del espacio-tiempo, solo los movimientos más violentos de masas imaginables, como la fusión de dos agujeros negros, son capaces de generar ondas gravitatorias lo bastante potentes como para que las detecte la tecnología del siglo XXI.

Sin embargo, es probable que las fusiones de agujeros negros resulten ser extremadamente raras, lo que implica que cualesquiera de esas ondas gravitatorias que lleguen a la Tierra es posible que se hayan generado en un lugar inmensamente remoto del universo. Tras haberse propagado a través de un volumen de espacio casi inimaginable, acabarán diluyéndose en ondulaciones infinitesimales. Teniendo esto en cuenta, todos esperaban que la primera señal captada por LIGO-Virgo apenas resultaría perceptible en medio del «ruido» de fondo. Pero la señal que Drago estaba contemplando en la pantalla de su ordenador se encontraba muy lejos de ser débil e imperceptible: antes bien, era potente y definida; casi parecía que iba a saltar de la pantalla hacia él. De modo que no tuvo muchas dudas: debía ser una falsa alarma.

Decidido, no obstante, a pedir una segunda opinión, Drago recorrió el pasillo hasta el despacho de un colega sueco de posdoctorado. Andrew Lundgren abrió el correo electrónico de su ordenador y clicó en los enlaces. Cuando aparecieron en su pantalla el par de formas de onda idénticas de Hanford y Livingston, se mostró tan poco convencido como Drago. Los dos hombres coincidieron: se trataba de un falso positivo.

Había dos posibilidades lógicas. De vez en cuando, para probar la capacidad de respuesta de su instrumento, los ingenieros de LIGO-Virgo inyectaban una falsa señal en el sistema. Pero lo normal era que avisaran con antelación de aquellas «inyecciones programadas», y ni Drago ni Lundgren pudieron encontrar ninguna mención al respecto.

El segundo tipo de falsa señal se había diseñado para garantizar que los físicos pudieran distinguir una auténtica onda gravitatoria de una interferencia espuria. Había un pequeño equipo de físicos responsable de aquellas «inyecciones aleatorias». Obligados por un acuerdo de confidencialidad, sus miembros solo confesaban haber creado una falsa señal si los pillaban o si se descubría que había un artículo científico en el que se afirmaba que se había realizado una detección a punto de publicarse en una revista. El 16 de septiembre de 2010, una inyección aleatoria había dado lugar a uno de tales artículos, que estaba a punto de enviarse a *Physical Review Letters* cuando se reveló que la señal era falsa.

Después de discutir durante toda una hora, Drago y Lundgren concluyeron que la explicación más probable de las señales que estaban viendo era una inyección aleatoria. Lo único que tenían que hacer era telefonear a Hanford y Livingston, y verificar que todo funcionara correctamente. En Hanford eran las 3:30 de la madrugada, y Drago solo pudo obtener respuesta de la sala de control de Livingston, donde eran las 5:30 de la mañana. Pero fue suficiente. William Parker, el técnico de servicio, le aseguró que no había problemas con el instrumento y le confirmó que no había habido ninguna inyección programada.

Entonces Drago y Lundgren decidieron enviar un correo electrónico a todos los colaboradores del proyecto LIGO-Virgo para informarles de la alerta y ver qué pensaban los demás al respecto. «Hola a todos —escribió Drago—. Evento muy interesante en la última hora. ¿Alguien puede confirmar que no es una inyección de hardware?»

El resto del día transcurrió como una exhalación. En Estados Unidos la gente comenzó a despertarse y todo el mundo empezó a hablar de la señal. A Drago se le acumularon tantos correos electrónicos con los que lidiar que le resultó imposible hacer cualquier otro trabajo. Estaba demasiado ocupado incluso para sentirse emocionado, pero, aun así, seguía convencido de que la señal era falsa.

Todo cambió dos días después, cuando llegó una impactante noticia del equipo de físicos cuyo trabajo consistía en mantener a los científicos alerta: no había habido ninguna inyección aleatoria.

El Instituto Albert Einstein, como cabría esperar, está adornado con más de una imagen del célebre científico que le da nombre. Esa noche, cuando Drago salía del edificio para irse a casa, pasó junto a un retrato de Einstein de un metro de altura colgado en la pared del pasillo. Y le pareció que el gran hombre, que había predicho la existencia de las ondas gravitatorias casi exactamente un siglo antes, le sonreía con malicia, como diciéndole: «¡Os lo dije!».

Princeton, Nueva Jersey, julio de 1936

Durante diez minutos, el nuevo ayudante polaco de Einstein, sentado al otro lado de su escritorio y parcialmente oculto por tambaleantes montones de papeles, había estado cantando las alabanzas de Howard Percy Robertson. Leopold Infeld parecía haber entablado una gran amistad con aquel hombre tras su reciente regreso de un año sabático en Caltech. De hecho, ese día Einstein había visto a la pareja charlando en el césped desde la ventana de su despacho. Habían mantenido una animada conversación bajo el brillante sol de julio mientras Robertson chupaba su pipa a intervalos regulares, antes de enfilar, con su maletín balanceándose en la mano, el amplio camino de acceso al Instituto de Estudios Avanzados.

Einstein sabía quién era Howard Percy Robertson. El joven profesor de la Universidad de Princeton le había impresionado el año anterior cuando, partiendo de la propia teoría gravitatoria einsteiniana, había formulado algunas suposiciones plausibles sobre la uniformidad de la materia en todo el universo y había logrado obtener una *solución cosmológica* que explicaba a la perfección el descubrimiento que había hecho Edwin Hubble en 1929 de que el universo se hallaba en expansión.

Inclinándose ora hacia un costado, ora hacia el otro, en un vano intento de verle la cara a su jefe al otro lado del escritorio, Infeld le explicó que había estado hablando con Robertson del artículo que Einstein había escrito sobre las ondas gravitatorias en colaboración con su antiguo ayudante, Nathan Rosen. Robertson había detectado un fallo en el artículo, que Infeld procedió a describir nerviosamente sin saber cómo respondería Einstein. Pero no tenía de qué preocuparse.

—¡Ah! —le dijo Einstein—. Yo también me he dado cuenta hace poco de ese error.

En cuanto Infeld salió de su despacho, Einstein localizó el manuscrito del artículo que había escrito con Rosen y empezó a revisarlo. El tema de las ondas gravitatorias resultaba ser mucho más problemático de lo que esperaba. En 1916, solo unos meses después de presentar su revolucionaria teoría gravitatoria, la teoría de la relatividad general, le había parecido manifiestamente obvio que era posible sacudir el espacio-tiempo y, al hacerlo, crear ondulaciones que se propagaban en todas direcciones a la velocidad de la luz. Estas ondas gravitatorias eran del todo análogas a las que ondulaban a través del campo electromagnético y que en 1862 Maxwell había identificado de manera triunfal como luz.

Sin embargo, a Einstein le había resultado imposible extraer predicciones exactas de su teoría de la gravedad completa. Esto no resultaba demasiado sorprendente: para describir el campo gravitatorio de cualquier distribución de energía, se había visto obligado a reemplazar la ecuación de Newton por otras diez. Y por si eso no fuera suficiente complicación, resultaba que todas las formas de energía —no solo la masa-energía— tienen gravedad, incluida la propia energía gravitatoria. ¡La gravedad crea gravedad! Para evitar la *no linealidad* que desafiaba los cálculos de su teoría, Einstein no había tenido otro remedio que considerar solo el caso en el que la gravedad era extremadamente débil y, por lo tanto, en esencia no creaba por sí misma ninguna gravedad adicional. Esto no solo reducía sus diez ecuaciones a una más manejable, sino que producía una *ecuación de onda* exactamente como la que había encontrado Maxwell. Parecía, pues, que las ondas gravitatorias debían existir.

Lo cierto es que Einstein solo podía estar seguro de que existían ondas gravitatorias en ese caso especial de su teoría en el que la gravedad era débil; pero eso no sería más que un espejismo si resultaba que no existían en el caso general, en el que la gravedad era fuerte. Probar que estaban implícitas en su teoría completa resultó ser una auténtica pesadilla: la teoría era tan compleja que toda su intuición se fue al garete. Sin embargo, la necesidad de probar de manera definitiva que las ondas gravitatorias debían existir había persistido en un rincón de su mente durante dos décadas. Luego, cuando Einstein huyó de la Alemania nazi y terminó en el Instituto de Estudios Avanzados de Princeton tras una estancia en el sur de California, había vuelto a concederle un lugar prioritario en sus pensamientos.

Sorprendentemente, él y Rosen —su primer discípulo estadounidense— habían encontrado una solución a las ecuaciones completas que implicaba las ondas gravitatorias. Debería haber sido un triunfo, pero por desgracia dicha solución contenía una *singularidad*, un lugar donde la descripción de la onda tendía a infinito y, por lo tanto, carecía de sentido. Al intentar probar la existencia de las ondas gravitatorias, parecía que él y Rosen habían demostrado inadvertidamente que, después de todo, resultaba que no existían.

Pero Einstein estaba lejos de sentirse consternado. Dado que todos los demás «campos» conocidos —el campo electromagnético, el aire, el agua, etc.— podían experimentar ondulaciones, consideró un hallazgo notable descubrir que el campo gravitatorio no podía.* Había escrito al respecto a su amigo, el

---

* Un *campo* es simplemente algo que tiene un valor en cada punto del espacio. Puede ser un número, como en el caso del aire, donde cada punto tiene una cifra de cierta magnitud que representa la presión; o puede ser un *vector*, como

pionero de la física cuántica Max Born, que estaba en Alemania: «Junto con un joven colaborador, he llegado al interesante resultado de que las ondas gravitatorias no existen». Luego, él y Rosen habían escrito conjuntamente un artículo que llevaba por título: «Do Gravitational Waves Exist?» ('¿Existen las ondas gravitatorias?'), y que habían presentado a la revista estadounidense *Physical Review* a finales de mayo de 1936.

Einstein no pudo menos que sorprenderse cuando el 23 de julio John Tate, el director de la revista, le devolvió el manuscrito. En su carta de rechazo, el director le decía que un «árbitro» anónimo al que había enviado el artículo había señalado que contenía un error. El árbitro afirmaba que la inquietante infinitud que Einstein y Rosen habían tomado como prueba de que las ondas gravitatorias no existían en realidad no era más que un artificio matemático que podía eliminarse con facilidad. Por su parte, Tate añadía que estaría encantado de conocer la respuesta de Einstein a los comentarios y críticas del árbitro.

Rosen, que por entonces había dejado Princeton para ocupar un puesto académico en la Unión Soviética, se ahorró tener que ver a su supervisor subiéndose por las paredes. En Alemania, las revistas como *Annalen der Physik* publicaban todo lo que les enviaba Einstein sin vacilar. Si se equivocaba en un cálculo, alguien se limitaba a publicar una corrección señalando el error. Esa era la forma alemana de hacer ciencia. Einstein no podía creer que *Physical Review* tuviera la desfachatez de rechazar el artículo. Él no era una *prima donna*; no era una cuestión de orgullo: simplemente no era así como se hacían las cosas.

De modo que Einstein le escribió una punzante misiva a Tate:

---

en el caso de un campo magnético, donde cada punto tiene una cifra que representa la magnitud de la fuerza y una flecha que representa su dirección. Imagínalo como un campo de flechas.

27 de julio de 1936

Estimado señor:

Nosotros (el Sr. Rosen y yo) le enviamos nuestro manuscrito para su publicación y no le autorizamos a mostrárselo a ningún especialista antes de que se imprimiera. No veo razón alguna para abordar los comentarios —en cualquier caso erróneos— de su experto anónimo. Basándome en este incidente, prefiero publicar el artículo en otro lugar.

Respetuosamente,

EINSTEIN

P.D.: El señor Rosen, que se ha ido a la Unión Soviética, me ha autorizado a representarle en este asunto.

Einstein se mantuvo fiel a su palabra. Escocido por su primer tropiezo con la denominada *revisión paritaria*, decidió enviar el artículo a una pequeña publicación a la que ya había recurrido anteriormente: el *Journal of the Franklin Institute*. Por fortuna, aún no lo había hecho cuando Infeld le transmitió su conversación con Robertson; de haberlo mandado, no habría tenido la oportunidad de corregir su error.

La clave de las ecuaciones del campo gravitatorio de Einstein era que estas habían de ser universales, o *covariantes*. Todos los observadores del universo debían ver las mismas leyes físicas, y estas no debían depender de la perspectiva concreta de nadie, lo que se denomina técnicamente un *sistema de coordenadas*.* Pero lo bueno de eso era que, si un cálculo resultaba difícil o imposible en un sistema de coordenadas, bastaba con cambiar

---

* La ubicación de una determinada ciudad podría especificarse, por ejemplo, diciendo que está a 30 kilómetros al norte y a 30 kilómetros al este de Londres, o diciendo que está a 42,4 kilómetros en dirección noreste. Ambos son ejemplos de *sistemas de coordenadas*.

a otro en el que dicho cálculo pudiera resultar más fácil de realizar. Eso era precisamente lo que Robertson había sugerido a Infeld que podía hacer Einstein.

Casualmente, el árbitro anónimo de *Physical Review* había propuesto la misma opción. En aquel momento Einstein había estado demasiado cegado por la ira para darse cuenta, pero cuando Infeld le transmitió su conversación con Robertson, no tuvo el menor inconveniente en reconocer su error.

Se sentó durante una hora en su despacho, garabateando correcciones en el margen del papel. Cuando terminó, se reclinó en su silla, perdido en sus pensamientos. Ahora estaba afirmando que las ondas gravitatorias existían. Tachó el título «Do Gravitational Waves Exist?» ('¿Existen las ondas gravitatorias?') y lo reemplazó por «On Gravitational Waves» ('Sobre las ondas gravitatorias').

Consideró el viaje intelectual que le había llevado hasta allí. En Berlín, en 1916, estaba seguro de que existían las ondas gravitatorias, pero luego la falta de certeza sobre su existencia le había estado acosando en el fondo de su mente durante dos décadas. Ese año, 1936, él y Rosen se habían convencido de que después de todo las ondas gravitatorias no existían y ahora, finalmente, volvía a estar seguro de que sí. No obstante, la única fuente astronómica plausible que había podido imaginar en 1918 —dos estrellas atrapadas en un abrazo mutuo y girando arremolinadas una en torno a la otra— crearía unas ondas gravitatorias tan increíblemente débiles que en la práctica resultarían imposibles de detectar.*

---

* Lo irónico del caso es que Einstein no creía en otra de las predicciones de su teoría de la gravedad: los agujeros negros. Al ser los objetos más compactos posibles, pueden girar unos alrededor de otros con mucha mayor proximidad que las estrellas, creando distorsiones mucho mayores del espacio-tiempo e irradiando ondas gravitatorias mucho más intensas.

Einstein le llevó el artículo a la que desde hacía largo tiempo era su secretaria, Helen Dukas, que le había acompañado desde Alemania. Mientras ella volvía a pasarlo a máquina, él regresó a su despacho y escribió una carta de presentación al director del *Journal of the Franklin Institute*.[3] A media tarde, cuando salía del instituto, la dejó en la mesa de Dukas.

Mientras iba caminando por Olden Lane, pasó junto a una excavadora amarilla que estaba estacionada en una parcela de tierra removida delante de una casa en construcción. La contempló por un momento bajo el sol de la tarde, preguntándose cómo sería conducir una máquina como aquella. Decidió que la próxima vez, si el operario estaba por allí, le preguntaría si podía intentarlo. Pese a sus inconvenientes, bastante considerables, la fama también tenía sus ventajas.[4]

Cuando giró a la derecha para enfilar Mercer Street rumbo a su casa, situada en el número 112, vio surgir una figura de Marquand Park, a la izquierda, cruzar la calle y desaparecer por Springdale Road. Era la inconfundible figura de Howard Robertson fumando su pipa. ¡Qué extraño —reflexionó— que la sugerencia de aquel hombre hubiera sido tan similar a la del árbitro anónimo![5]

Ese pensamiento ocupó su mente tan solo durante unos breves instantes; lo importante no era cómo había llegado a corregir el artículo que había escrito con Rosen, sino haberlo hecho. Ahora estaba seguro de que las ondas gravitatorias tenían que existir.

Hannover, septiembre de 2015

Las semanas y meses posteriores al 14 de septiembre de 2015 fueron especialmente arduas para Drago y todos los demás miembros del equipo LIGO-Virgo. Había una larga lista de comprobaciones de equipamiento y software que verificar, y debía examinarse cada elemento para confirmar que no se había producido alguna disfunción. «Nuestra primera prioridad era asegurarnos de que no estábamos engañándonos a nosotros mismos», explicaría más tarde Keith Riles, físico de la Universidad de Michigan y miembro del Comité de Detección de LIGO.

No se dejó nada en el aire; fue un trabajo minucioso, que requirió mucho tiempo y esfuerzo. ¿Cabía la posibilidad de que alguna fuente terrestre hubiera imitado una señal cósmica? Había que verificar los registros sísmicos de todo el planeta para descartar la posibilidad de que lo que se había detectado fuera en realidad un pequeño terremoto. ¿Era posible que hubiera ocurrido algo de manera simultánea en los dos sitios en el momento preciso en que se registró la señal? ¿Había pasado alguien en bicicleta? ¿Había chocado un automóvil en una carretera cercana? Para obtener señales idénticas en los dos detectores, tendría que haberse producido un suceso idéntico tanto en Hanford como en Livingston, lo que resultaba más bien improbable. Sin embargo, los descubrimientos excepcionales requieren niveles excepcionales de confianza. De modo que hubo que consultar todo tipo de registros, escuchar grabaciones sonoras y revisar vídeos de cámaras de circuito cerrado para descartar la posibilidad de que hubiera ocurrido siquiera algo como que se hubieran dado dos fuertes portazos al mismo tiempo.

La conclusión a la que se llegó al finalizar todo este trabajo fue que, de media, el ruido aleatorio podía generar dos señales simultáneas e idénticas como las detectadas en Hanford y Livingston menos de una vez cada 200.000 años. La realidad de la señal parecía estar, pues, fuera de toda duda. Pero había una última posibilidad que hizo pasar noches de insomnio a muchos de los miembros del experimento conjunto: que la señal que habían detectado tuviera una intención maliciosa.

¿Podía alguien haber pirateado los ordenadores de los dos puntos de detección de LIGO e inyectado las señales? Esta posibilidad resultaba difícil de descartar a ciencia cierta, pero el equipo llegó a la conclusión de que, para que un pirata informático se colara en los ordenadores e inyectara una falsa señal sin dejar rastro alguno de su acción, habría necesitado poseer un conocimiento extraordinario de muchos sistemas complejos. «Sería más fácil Misión Imposible», sostiene Drago.

A finales de 2015, el propio sistema LIGO vino a reforzar la confianza del equipo con respecto a que la señal del 14 de septiembre era genuina. La razón es que se produjeron dos nuevas señales de excitación en las gigantescas reglas de los dos puntos de detección —una el 12 de octubre y otra el 26 de diciembre—, y en cada uno de los dos casos la señal coincidía exactamente con lo que se había predicho para la fusión de los agujeros negros. Ambas señales eran más débiles y más difíciles de discernir que la primera. ¿Qué posibilidad había de que los prosaicos problemas terrestres del instrumento conspiraran para crear no una, sino tres señales? «Nos sentimos mucho más seguros», cuenta Drago.

El secretismo era primordial, y ninguno de los integrantes del experimento conjunto tenía permitido hablarles a sus amigos o familiares de lo que había descubierto LIGO. Para Drago, esto no resultó demasiado difícil: es cierto que el deseo de hablar a la gente del descubrimiento era enorme, pero estaba tan atareado que eliminó de su mente todo lo que no fuera el trabajo que tenía entre manos.

Drago y sus colegas se hallaban en la rara situación de saber algo que nadie más en el mundo sabía y que nadie en la historia de la humanidad había sabido jamás. El biógrafo británico Peter Ackroyd ha especulado con la posibilidad de que Isaac Newton disfrutase de esta sensación, lo que explicaría por qué no le habló a nadie de su ley de gravitación universal y sus leyes de movimiento hasta veinticinco años después de su descubrimiento. Pero tales pensamientos estaban lejos de la mente de Drago, demasiado ocupado para sentir otra cosa que agotamiento. Y, de todos modos, estaba convencido de que la opinión pública no tendría el más mínimo interés en el descubrimiento. ¡Qué equivocado estaba!

Aunque todos habían jurado guardar el secreto, es muy difícil mantener las cosas bajo control en un proyecto en el que participan alrededor de un millar de personas de dieciséis países distintos. Las cosas se complicaron aún más debido a la necesidad de informar a otras personas ajenas al equipo. El intervalo de tiempo transcurrido entre la llegada de las señales a Hanford y Livingston no permitió deducir con precisión la ubicación de la fuente emisora en el cielo, pero sí la redujo a una franja de firmamento relativamente estrecha. De modo que se notificó de ello a los astrónomos de los principales observatorios del mundo y se les pidió que escudriñaran esa franja con sus telescopios para ver si podían detectar algún suceso inusual en el cielo producido en torno al 14 de septiembre.

Inevitablemente, entre la comunidad científica empezó a circular el rumor de que se había realizado un descubrimiento importante. El 25 de septiembre, Lawrence Krauss, de la Universidad Estatal de Arizona en Tempe, tuiteó: «Rumor de detección de ondas gravitatorias en el detector LIGO. Increíble si es cierto. Publicaré detalles si se confirma». El tuit hizo que los periodistas empezaran a llamar a los miembros del equipo conjunto. «Fue un poco fastidioso para todos», afirma Drago.

Gabriela González, la portavoz argentino-estadounidense de LIGO, estaba consternada. Ya el 16 de septiembre, el día después de que Drago observara por primera vez la señal, ella y otros cuatro colegas habían enviado un correo electrónico a todos los miembros del experimento conjunto LIGO-Virgo. «Queremos recordarles a todos que debemos mantener una estricta confidencialidad», subrayaban. La publicidad prematura constituía un importante motivo de preocupación para González, puesto que resulta esencial estar seguro de un resultado científico antes de anunciarlo. Nadie quiere tener que retractarse de una declaración incorrecta en una fecha posterior y quedar en ridículo. De modo que, cuando los periodistas preguntaron, recibieron la respuesta oficial: «Necesitamos meses para analizar y comprender a fondo nuestros datos, por lo que en este momento no podemos decir nada».

A principios de 2016, la señal detectada inicialmente por Drago el 12 de septiembre de 2015 recibió un nombre: GW150914. En el mundo exterior, la expectación en torno a la posibilidad de que se hubiera descubierto algo importante iba en constante aumento. El 11 de enero, Krauss vino a fastidiarles aún más a todos, al tuitear esta vez: «Mi anterior rumor sobre LIGO ha sido confirmado por fuentes independientes. ¡Permaneced atentos! ¡¡Es posible que se hayan descubierto ondas gravitatorias!! ¡Emocionante!». Como cabría esperar, muchos de los miembros del equipo de LIGO lo vieron como un descarado intento de robarles el protagonismo.

La expectación llegó a su apogeo cuando el 8 de febrero se convocó una conferencia de prensa para el jueves siguiente, día 11. El evento se programó para que coincidiera con la publicación del artículo que anunciaba el descubrimiento en la revista *Physical Review Letters*.[6]

La conferencia de prensa se celebró en el Club Nacional de Prensa de Washington. Dio comienzo a las 10:30 de la mañana, hora del este de Norteamérica, con una breve introducción y un vídeo explicativo sobre el proyecto. En el estrado estaban, entre otros, Kip Thorne, un físico teórico de Caltech, y Rainer Weiss, del MIT. Aunque en el proyecto habían participado un millar de personas a lo largo de varias décadas, en general se consideraba a Weiss y Thorne los padres fundadores de LIGO.

David Reitze, subdirector de LIGO, se puso en pie, mientras, detrás de él, una pantalla de televisión mostraba una imagen simulada de dos agujeros negros. Observó a la expectante audiencia, hizo una pausa para suscitar su interés y luego dijo:

—Damas y caballeros, hemos detectado ondas gravitatorias. ¡Lo logramos!

»Muchos de quienes integramos el proyecto creíamos que, si alguna vez detectábamos una onda gravitatoria, sería una cosita diminuta; ni siquiera la veríamos —prosiguió Weiss—. Pero esto era tan grande que apenas tenías que esforzarte para verlo. ¡No paro de decirle a la gente que me encantaría poder ver la cara de Einstein en este momento!

El interés de la opinión pública superó con creces todas las expectativas de Drago. El descubrimiento de las ondas gravitatorias, casi exactamente cien años después de que Einstein predijera su existencia, fue una noticia sensacional en todo el mundo, y lo cierto es que a la opinión pública no le faltaban razones para sentirse emocionada. La ciencia había adquirido un «sentido» completamente nuevo. Imagina que fueras sordo de nacimiento y de repente, de la noche a la mañana, empezaras a oír. Algo parecido les sucedió a los físicos y los astrónomos: durante toda la historia habían podido «ver» el universo con sus ojos y sus telescopios; pero ahora, por primera vez, podían también «oírlo». Las ondas gravitatorias son «la voz del espacio».

No es infrecuente que los medios de comunicación exageren los descubrimientos científicos, pero se puede argumentar sin temor a equivocarse que la detección de ondas gravitatorias el 14 de septiembre de 2015 fue el avance más significativo producido en el ámbito de la astronomía desde que Galileo apuntara su nuevo telescopio hacia el firmamento en 1609.

Drago fue la primera persona en la historia que vio la impronta de las ondas gravitatorias. Cuando abrió aquel correo electrónico, estas llevaban viajando 1.300 millones de años a través del espacio, y ningún ser humano sabía de su existencia. «Podría haber optado fácilmente por irme a comer —afirma Drago—. Entonces algún otro habría sido el primero en ver la señal, no yo.»

Drago estaba en el lugar apropiado en el momento oportuno, algo que él reconoce sin tapujos. «Cuando Cristóbal Colón llegó a América, obviamente hubo una persona que resultó ser la primera en divisar tierra —comenta—. Pero todo el mundo sabe que hizo falta mucha gente, en el caso de Colón la tripulación de un barco entero, para llegar a ese punto. Lo mismo que sucedió con el descubrimiento de América pasó también con el descubrimiento de las ondas gravitatorias.»

Los dos agujeros negros cuya fusión creó las ondas gravitatorias que sacudieron la Tierra el 14 de septiembre de 2015 eran los vestigios de dos estrellas masivas que explotaron como *supernovas*. De forma paradójica, cuando una estrella explota de ese modo, su *núcleo* implosiona; de hecho, se cree que es precisamente esa implosión la que genera la explosión. A medida que el núcleo experimenta una contracción desenfrenada, su gravedad se va intensificando, hasta que llega a ser tan fuerte que nada, ni siquiera la luz, puede escapar a ella; así nace un agujero negro.

Por su propia naturaleza, un agujero negro no solo es negro, sino también pequeño. De ahí que nadie haya podido ver uno de forma directa, aunque en la actualidad una red global de radiotelescopios conocida como Telescopio del Horizonte de Sucesos está cerca de obtener la primera imagen de Sagitario A*, un *agujero negro supermasivo* situado en el oscuro corazón de la Vía Láctea, con una masa equivalente a 4,3 millones la del Sol.[7]

Las pruebas de la existencia de agujeros negros han sido necesariamente indirectas: por lo general la observación de una estrella o estrellas arremolinándose en torno a un objeto celeste invisible a una velocidad imposiblemente alta. Sin embargo, las ondas gravitatorias detectadas el 14 de septiembre de 2015 cambiaron todo eso. Dado que su impronta coincidía con exactitud con la que había predicho la teoría gravitatoria de Einstein para la fusión de dos agujeros negros, demostraron sin lugar a dudas que los agujeros negros existen de verdad.[8]

Lo que resulta irónico es que la existencia de los agujeros negros, una predicción de la relatividad general en la que Einstein no creía, se viera confirmada por la detección de ondas gravitatorias, una predicción en la que sí creía (o en la que creyó, dejó de creer y luego volvió a creer de nuevo).

Las ondas gravitatorias interceptadas por LIGO el 14 de septiembre de 2015 provenían de dos agujeros negros extraordinariamente masivos: 29 y 36 veces la masa del Sol respectivamente. En una explosión de tipo supernova, la mayor parte de la materia sale disparada al espacio y solo una cantidad relativamente pequeña termina absorbida en un agujero negro. De hecho, según las estimaciones de los astrofísicos, las estrellas precursoras deben de haber tenido al menos 300 veces la masa del Sol. Tales estrellas son tan raras que resultan casi inexistentes. Sin embargo, hay sólidas razones teóricas para creer que la primera generación de estrellas que se formaron tras el Big Bang (nuestro Sol es una estrella de tercera generación, engendrada a partir de los escombros de otras dos generaciones anteriores) eran mucho mayores que los soles actuales.[9] Si los agujeros negros de LIGO realmente fueran vestigios de las primeras estrellas, sería como caminar por las calles de Londres y ver entre la multitud de viandantes a dos legionarios romanos que hubieran sobrevivido de manera milagrosa en la ciudad desde el día en que los soldados del Imperio la abandonaron, en el año 410 d.C.

Es perfectamente plausible que ese par de agujeros negros llevaran miles de millones de años orbitando el uno en torno al otro, al tiempo que irradiaban ondas gravitatorias que les iban despojando de su energía orbital, haciendo así que poco a poco se fueran precipitando en una trayectoria espiral el uno hacia el otro. Pero solo durante aproximadamente sus últimas diez órbitas, cada una de ellas de alrededor de una centésima de segundo de duración, las convulsiones del espacio-tiempo fueron lo bastante violentas para crear ondas gravitatorias lo bastante potentes para ser detectables en la Tierra.

Aunque ese pulso de una décima de segundo llevaba viajando 1.300 millones de años, habría pasado desapercibido si Advanced LIGO se hubiera puesto en marcha un mes después. Parece, pues, que el proyecto conjunto tuvo una buena fortuna extraordinaria. Pero los físicos no creen en la suerte. El hecho de que LIGO capturara a su presa tan poco tiempo después de la puesta en marcha del instrumento podía significar, en cambio, que las fusiones de agujeros negros son frecuentes. Y así ha resultado ser.

Desde la primera fusión de agujeros negros se han detectado otras ocho. La más significativa fue la detección el 17 de agosto de 2017 de un pulso de ondas gravitatorias mucho más débil y de mayor duración de una fusión de dos *estrellas de neutrones*. Estas últimas, también generadas por explosiones supernovas, se forman cuando el núcleo de una estrella no es lo bastante masivo para que su gravedad lo aplaste hasta dar lugar a un agujero negro. Por lo general una estrella de neutrones tiene aproximadamente el tamaño del Everest y es tan densa que un volumen de su materia del tamaño de un terrón de azúcar pesaría tanto como toda la raza humana.

La diferencia crucial entre una estrella de neutrones y un agujero negro es que la primera no es simplemente un pozo sin fondo en el espacio-tiempo, sino un objeto hecho de «sustancia» real. Mientras que una fusión de agujeros negros no produce más que ondas gravitatorias —ya que toda la materia de las proximidades hace tiempo que ha sido aspirada por cada uno de los agujeros—, una fusión de estrellas de neutrones no solo genera ondas gravitatorias, sino también una bola de fuego de materia abrasadora. La radiación de esa bola de fuego fue detectada en los días posteriores al 17 de agosto de 2017 por unos setenta telescopios terrestres y espaciales sensibles a diferentes tipos de luz. Lo más significativo fue la detección de un intenso destello de rayos gamma de alta energía. Esto vino a resolver de una tirada varios misterios cósmicos.[10]

A finales de la década de 1960, los estadounidenses pusieron en órbita varios satélites destinados a detectar los rayos gamma emitidos por las pruebas nucleares soviéticas clandestinas. Para su sorpresa y consternación, descubrieron que aproximadamente una vez al día se producía un destello de rayos gamma que no surgía del suelo, sino que provenía del espacio. El descubrimiento de los que se daría en llamar *brotes de rayos gamma* no se reveló a la comunidad astronómica hasta la década de 1980, y hasta la de 1990 no se hizo evidente que sus fuentes se hallaban a distancias inmensas. Entonces se sugirió que el tipo más común podría ser el resultado de una fusión entre dos estrellas de neutrones, una teoría que se vería confirmada de manera espectacular con el descubrimiento de un brote de rayos gamma procedente de la fuente de las ondas gravitatorias detectadas el 17 de agosto de 2017.

Pero los rayos gamma también revelaron algo más. Los núcleos de diferentes átomos producen rayos gamma a energías discretas, que proporcionan una especie de huella digital única para cada tipo de átomo. Y lo que vieron los astrónomos al observar los rayos gamma fue nada menos que la súbita aparición de la huella digital del oro: la bola de fuego había forjado una masa de oro igual a unas veinte veces la masa terrestre.

Los astrónomos saben desde hace tiempo que todos los elementos más pesados que el hidrógeno y el helio se forjaron en los hornos nucleares de las estrellas, que, al explotar, los arrojaron al espacio, donde pasarían a incorporarse al material de sucesivas generaciones estelares. Pero aunque los astrofísicos nucleares habían identificado con éxito el origen de casi todos los 92 elementos naturales, desconocían cuál era el del oro. Ahora, por fin, lo sabían. ¿Puede haber una conexión más sorprendente entre lo mundano y más cercano a casa, y lo cósmico y más remoto? Si tienes un anillo o un collar de oro, piensa que sus átomos se forjaron mucho antes de que naciera la Tierra, en una bola de fuego causada por la cataclísmica fusión de dos estrellas de neutrones.

El equipo del proyecto LIGO-Virgo había predicho que 2017 sería el año en que su detector alcanzaría la sensibilidad necesaria para captar la primera señal de una fusión de estrellas de neutrones, y se demostró que tenían razón. Sin embargo, no cayeron en la cuenta de que existían fusiones de agujeros negros mucho más potentes, que ya en 2015 se detectarían con facilidad con un equipamiento menos sensible.

Todos los descubrimientos se hicieron con un instrumento extraordinario. Aunque oficialmente cada uno de los puntos de detección del proyecto LIGO contaba con una regla de cuatro kilómetros hecha de luz láser cuya extensión y compresión revelaban el paso de una onda gravitatoria, en realidad en cada sitio había dos reglas idénticas dispuestas en forma de «L». Ambas constituían los brazos de un *interferómetro*, un instrumento llamado así porque explota el fenómeno de la *interferencia* para medir cambios diminutos en la trayectoria de la luz.

Cuando dos ondas —que pueden ser ondas luminosas, ondulaciones en la superficie del agua o cualquier otra cosa— se superponen, y las crestas de una coinciden con las crestas de la otra, ambas se refuerzan mutuamente, en un proceso conocido como *interferencia constructiva*. Por el contrario, cuando las crestas de una onda coinciden con los valles de la otra, ambas se anulan entre sí, en lo que se conoce como *interferencia destructiva*. En cada uno de los puntos de detección de LIGO, la luz láser se divide en dos mitades: una mitad se envía por el tubo de vacío de un brazo del interferómetro y la otra mitad por el otro. Al final de cada brazo, un espejo suspendido refleja la luz y la envía de vuelta por donde ha venido. Luego vuelven a juntarse las dos mitades y se mide el brillo del haz de luz. La clave aquí es que, si uno de los brazos se ha extendido en relación con el otro, las dos ondas luminosas no coincidirán de manera exacta. Si las crestas de una onda coinciden con los valles de la otra, se anularán mutuamente, y el brillo medido será cero. De hecho, si existe siquiera la más mínima falta de sincronía entre las dos ondas luminosas, crearán un cambio evidente en el brillo del haz de luz recombinado. De ese modo, es posible discernir variaciones en la longitud de un brazo con respecto al otro de tan solo una fracción de la *longitud de onda* de la luz láser; esto es, de una fracción de una milésima de milímetro.

Aunque medir una variación tan pequeña en la longitud de un brazo de cuatro kilómetros de largo puede parecer una tarea impresionante, la detección de las ondas gravitatorias del 14 de septiembre de 2015 requirió medir una variación muchísimo menor aún. Cada brazo se vio sucesivamente extendido y comprimido no en una fracción de una milésima de milímetro, sino en una cienmillonésima parte del diámetro de un solo átomo. Si se tiene en cuenta que se necesitan diez millones de átomos extendidos en hilera para abarcar la anchura del punto que cierra esta frase, uno puede empezar a hacerse una idea de lo que supone el asombroso logro de detectar ondas gravitatorias.* «Las señales son infinitesimales. Las fuentes son astronó-

---

* Einstein predijo el láser. ¡Qué asombroso resulta, pues, que una de las predicciones de Einstein (las ondas gravitatorias), que confirmaba otra predicción

micas. Las sensibilidades son infinitesimales. Las recompensas son astronómicas», escribe Janna Levin en *El blues de los agujeros negros*.[11]

Dada la envergadura de esta hazaña, no fue casual que el Premio Nobel de Física de 2017 reconociera precisamente el descubrimiento de las ondas gravitatorias. Se consideraba que los tres padres fundadores de LIGO eran Weiss, Thorne y un físico experimental escocés llamado Ronald Drever. Este último tenía la enfermedad de Alzheimer, y estaba en una residencia de ancianos cerca de Glasgow.[12] Por desgracia, murió solo unos meses antes de la entrega del Premio Nobel, y finalmente Weiss y Thorne compartieron el premio con Barry Barish en lugar de con él.

En la actualidad se trabaja no solo para mejorar la sensibilidad de los detectores de LIGO, sino también para poner en línea más detectores en todo el mundo con el fin de localizar mejor la fuente de cualquier potencial emisión de ondas gravitatorias. El instrumento europeo Virgo, que empezó a funcionar poco después de Advanced LIGO, ha participado en algunos de sus descubrimientos, como el de la fusión de estrellas de neutrones. En 2020 se unirá a la red el Detector de Ondas Gravitatorias de Kamioka (KAGRA), situado en Japón, y en 2025 se incorporará otro detector ubicado en la India.

Las fusiones de estrellas de neutrones y agujeros negros no pillaron por sorpresa a los experimentadores de LIGO y Virgo, que esperaban detectarlas. Pero lo más emocionante de la «ventana» de ondas gravitatorias que han abierto al universo es la posibilidad de ver cosas que nadie espera y quedar absolutamente sorprendidos. «Los descubrimientos realizados por nuestro equipo internacional de un millar de personas son solo

---

de Einstein (los agujeros negros), se viera confirmada por un instrumento que utilizaba otra predicción de Einstein (el láser)!

el principio —afirma Sheila Rowan, física de LIGO y asesora científica del gobierno escocés—. Debería haber un montón más de historias asombrosas por venir.»

Podemos aprender una lección de la luz. Antaño solo conocíamos aquella que podíamos ver con nuestros ojos. Luego descubrimos que esta representa simplemente una pequeña fracción del *espectro electromagnético*, y que, además de los colores del arco iris, hay un millón de otros «colores invisibles». Cuando aprendimos a mirar el universo con ojos artificiales capaces de ver esos colores —rayos gamma, rayos X, ultravioletas, infrarrojos, ondas de radio, etc.— descubrimos todo tipo de cosas inesperadas. Descubrimos *púlsares* y fuentes emisoras de brotes de rayos gamma. Descubrimos *cuásares* y agujeros negros supermasivos. Descubrimos el «rescoldo» vestigial de la bola de fuego del Big Bang y planetas orbitando en torno a otras estrellas; más de cuatro mil en el último recuento.

Ahora, con el éxito de LIGO y Virgo, nos hallamos en los albores de una nueva era en la astronomía. «Conocemos los agujeros negros y las estrellas de neutrones, pero esperamos que haya otros fenómenos que podamos ver gracias a las ondas gravitatorias que emiten», explica Weiss.

Es como si hubiéramos estado sordos y ahora hubiéramos adquirido el sentido de la audición, solo que por el momento este es aún tosco y rudimentario. En el mismo límite de la audibilidad, hemos escuchado un sonido similar al distante bramido de un trueno, pero todavía hemos de escuchar el equivalente al canto de un pájaro, el llanto de un bebé o una pieza musical. A medida que LIGO y Virgo, y otros experimentos con ondas gravitatorias realizados en todo el mundo, vayan incrementando su sensibilidad, ¿quién sabe qué cosas maravillosas descubriremos cuando sintonicemos con la sinfonía cósmica?

10

La poesía de las ideas lógicas

> El milagro de la idoneidad del lenguaje de las matemáticas para la formulación de las leyes de la física es un maravilloso regalo que ni entendemos ni merecemos.
>
> EUGENE WIGNER
>
> La matemática pura es, a su manera, la poesía de las ideas lógicas.
>
> ALBERT EINSTEIN

Espero que las historias que he narrado hayan servido para ilustrar la magia esencial de la ciencia: su capacidad para predecir la existencia de cosas que, cuando la gente sale a buscarlas, de hecho resultan existir en el mundo real. Es una capacidad tan mágica que incluso a los propios exponentes de la ciencia les cuesta creer en ella. Como ya hemos mencionado antes, la cuestión de por qué a los físicos les resulta tan difícil creer en las predicciones de sus propias teorías era justamente uno de los temas sobre los que reflexionaba Steven Weinberg en su libro *Los tres primeros minutos del universo*.[1] Lo que más desconcertaba a Weinberg en relación con el tema del nacimiento del universo era por qué en 1948 se ignoró la predicción del rescoldo del Big Bang, de modo que la radiación cósmica de fondo no se descubrió hasta 1965, y además de forma accidental. «El problema no es que nos tomemos nuestras teorías demasiado en serio —concluía—, sino que no nos las tomamos lo suficiente.»

Es fácil ver por qué a los físicos les resulta tan difícil creer en sus propias teorías. Al fin y al cabo, ¿cómo es posible que unas oscuras fórmulas matemáticas garabateadas en pizarras puedan tener algo que ver con cosas reales del mundo real? ¿Cómo es posible que el universo de ahí arriba tenga un gemelo matemático aquí abajo que lo imita en todas las formas posibles?

Este extraordinario hecho ya era evidente incluso para Galileo en el siglo XVII: «La filosofía está escrita en el gran libro (esto es, el universo), que está constantemente abierto a nuestra mirada, pero que no puede comprenderse a menos que uno aprenda primero a entender el lenguaje e interpretar los caracteres en los que está escrito. Está escrito en el lenguaje de las matemáticas, y sus caracteres son triángulos, círculos y otras figuras geométricas, sin las cuales resulta humanamente imposible entender ni una sola palabra; sin ellas, uno no hace sino deambular por el oscuro laberinto».[2]

Isaac Newton, que nació en el mismo año en el que murió Galileo, logró expresar las leyes del movimiento y de la gravedad como fórmulas matemáticas precisas. Y en los años que siguieron las matemáticas obtuvieron cada vez más éxitos al describir áreas cada vez más extensas de la realidad física. En el siglo XIX, este éxito fue ejemplificado por el triunfo de las ecuaciones del electromagnetismo de Maxwell; y en el XX, por las ecuaciones de la teoría cuántica y de la teoría gravitatoria de Einstein (la relatividad general).

Pero, sin duda, la demostración más potente hasta la fecha de la profunda conexión existente entre las matemáticas y el universo físico es la ecuación de Dirac. Pese al hecho de que su triunfal descripción del electrón, compatible tanto con la teoría cuántica como con la teoría de la relatividad especial de Einstein, surgiera de la nada por pura coherencia matemática, Dirac predijo la existencia no solo del espín cuántico, sino también de un universo de antimateria hasta entonces insospechado. Tan asombrado como todos los demás, el propio Dirac concluyó: «Dios utilizó hermosas matemáticas para crear el mundo».[3]

En la década de 1930, Eugene Wigner escribió un ensayo que se haría famoso, cuyo título rezaba «The Unreasonable Effectiveness of Mathematics in the Natural Sciences» ('La irrazonable eficacia de las matemáticas en las ciencias naturales'). Escribía Wigner: «La enorme utilidad de las matemáticas en las ciencias naturales es algo que raya en lo misterioso. Y no tiene una explicación racional».[4]

Einstein se haría eco asimismo de la observación de Wigner: «¿Cómo es posible —se preguntaba— que las matemáticas, que al fin y al cabo son un producto del pensamiento humano que es independiente de la experiencia, resulten ser tan admirablemente apropiadas para los objetos de la realidad?».[5] En otra frase que se haría célebre, también comentó: «Lo más incomprensible del mundo es que sea comprensible», refiriéndose de manera implícita al hecho de que resultara comprensible para las matemáticas.

«Nuestro trabajo es un juego delicioso —señalaba Murray Gell-Mann, galardonado con el Premio Nobel por postular la existencia de los *quarks*, los elementos constitutivos últimos de la materia—. Con frecuencia me asombra que se traduzca tan a menudo en predicciones correctas de resultados experimentales. ¿Cómo es posible que escribiendo unas cuantas fórmulas sencillas y elegantes, como breves poemas regidos por reglas estrictas como las del soneto o el *waka*, puedan predecirse las regularidades universales de la naturaleza?»[6]

Pero ¿por qué las matemáticas resultan tan irrazonablemente eficaces en las ciencias naturales? ¿Por qué el universo es matemático? Lo primero que hay que aclarar aquí es que no todo el mundo cree que estas sean preguntas válidas. Según Stephen

Wolfram, el multimillonario creador del sistema algebraico y lenguaje de programación Mathematica, en realidad el universo no es matemático, sino que tan solo lo parece. Wolfram señala que la mayor parte de lo que sucede en el universo, como las turbulencias atmosféricas y la biología, es demasiado complejo para ser englobado por la física matemática. La mayoría de los físicos dirían que ello se debe a que en la actualidad carecemos de herramientas matemáticas lo bastante sofisticadas, pero que esta es solo una situación temporal y que algún día dispondremos de tales herramientas. Wolfram discrepa: él cree que la razón por la que no podemos describir fenómenos complejos como las turbulencias y la biología mediante las matemáticas es porque sencillamente resulta imposible.

Según Wolfram, nos hallamos en la misma situación del borracho que a medianoche busca las llaves de su coche, que se le ha caído en la calle, y las busca únicamente en la zona iluminada bajo una farola por la sola razón de que ese es el único sitio donde puede ver más o menos bien. «De manera similar —afirma Wolfram—, utilizamos las matemáticas para describir la única parte del universo que estas pueden describir.»

El matemático y filósofo británico del siglo xx Bertrand Russell habría coincidido con Wolfram. «La física es matemática —declaró— no porque sepamos mucho sobre el mundo físico, sino porque sabemos muy poco. Sus propiedades matemáticas son las únicas que podemos descubrir.» El físico estadounidense Percy Bridgman dijo algo similar: «Es la patente de las obviedades, evidente de inmediato a la observación menos sofisticada, que las matemáticas son una invención humana».[7] Arthur Eddington lo expresó así: «Las matemáticas no están hasta que las introducimos nosotros».

Si, como afirma Wolfram, el universo no es esencialmente matemático, no cabe la menor duda de que lo que hace está lejos de ser aleatorio. Hay una regularidad. Hay reglas más básicas que las ecuaciones matemáticas. Estas se hallan encapsuladas en sencillos programas informáticos, y son estos los que Wolfram cree que orquestan todo lo que vemos en el universo. Dichos programas son *recursivos*, lo que significa que su *output* se retroalimenta constantemente como un nuevo *input*, de manera similar a una serpiente que devorara su propia cola. A comienzos de la década de 1980, Wolfram había estado jugando con programas igualmente simples en uno de los primeros modelos de ordenador personal que se fabricaron, y descubrió que, de vez en cuando, dichos programas pueden llegar a generar una complejidad y una novedad infinitas. Fue una conclusión tan sorprendente que le llevó a preguntarse si ese podría ser el secreto de cómo la naturaleza crea una rosa, un bebé recién nacido o una galaxia.

En términos generales, la única forma de descubrir las consecuencias de un programa de este tipo es ejecutarlo y ver qué ocurre. Según Wolfram, esto vale para la mayor parte de lo que sucede en el universo, que él califica de *computacionalmente irreductible*. Sin embargo, hay un pequeño subconjunto de programas en los que es posible descubrir sus resultados antes de ejecutarlos. Wolfram los denomina «computacionalmente reducibles». El atajo especial que permite la predicción de sus resultados no es otro que la física matemática.

La mayoría de los físicos discrepan de Wolfram y creen que el universo sí es matemático. De modo que la cuestión sigue siendo: ¿por qué las matemáticas son tan eficaces en las ciencias naturales? ¿Por qué funciona la magia esencial de la ciencia? A lo largo de los años se han hecho muchos intentos de responder a estas preguntas. Uno especialmente notable es el del físico sueco-estadounidense Max Tegmark, que postula la existencia de múltiples universos.

En los últimos años se han ido acrecentando los indicios, procedentes de muchas direcciones distintas, de que nuestro universo no es el único. Por ejemplo, el hecho de que el universo naciera hace 13.820 millones de años implica que solo podemos ver aquellas galaxias cuya luz ha tardado menos de 13.820 millones de años en llegar a la Tierra. El universo *observable* está limitado, pues, por un *horizonte* similar a la membrana de una pompa de jabón; más allá de dicho horizonte hay galaxias cuya luz todavía no ha llegado hasta aquí. En otras palabras, hay otros dominios —posiblemente un número infinito de ellos— como nuestro universo observable, pero con diferentes estrellas y galaxias. El conjunto de tales universos se denomina *multiverso*.

Además de este multiverso, más bien «mundano», los físicos tienen razones para creer que puede haber otros universos con diferentes números de dimensiones, distintas leyes físicas, etc. Nadie sabe todavía cómo encajan todas esas concepciones de multiversos, ya que se trata solo de un *paradigma* emergente.

Tegmark lleva esta idea a su conclusión lógica y sugiere que puede haber un *conjunto último* de universos en los que se materializa cada realidad matemática. Así, por ejemplo, hay un universo que contiene solo espacio plano, o geometría *euclidiana*; otro que contiene solo aritmética, y así sucesivamente. En la mayoría de esos universos no sucede nada, ya que sus reglas son demasiado simples para crear algo de interés. Solo en los universos con matemáticas tan complejas como la *teoría del todo* que se cree que orquesta el nuestro es posible la aparición de cosas interesantes, como las estrellas, los planetas y la vida. La razón de que nos encontremos en un universo así, según la enrevesada lógica del *principio antrópico*, es que en un universo más simple no habríamos aparecido y, en consecuencia, no habríamos podido ser conscientes de ello.

Tegmark afirma que las matemáticas resultan irrazonablemente eficaces en las ciencias físicas por una razón del todo trivial: porque las matemáticas *son* física. «Nuestras teorías de éxito no son aproximaciones matemáticas a la física, sino aproximaciones matemáticas a las matemáticas», sostiene.[8] Heinrich Hertz tuvo una idea similar un siglo y medio antes: «Uno no puede evitar sentir que esas fórmulas matemáticas tienen una existencia independiente y una inteligencia propia, que son más sabias que nosotros, incluso más que sus descubridores».

Muchos físicos argumentarían que un multiverso que contiene una potencial infinidad de universos, la mayoría de los cuales no exhiben nada interesante, constituye un alto precio a pagar por una explicación de la observación de Wigner; pero otros muchos convendrían asimismo en que, por alguna misteriosa razón, el universo parece ser la manifestación de una estructura matemática subyacente. El escritor especializado en temas científicos Graham Farmelo revela potentes indicios de que tal es el caso en su libro *The Universe Speaks in Numbers* ('El universo habla en números'). Farmelo afirma que las matemáticas no solo proporcionan información sobre la física, sino que también la física proporciona información sobre las matemáticas; es una vía de doble sentido. El ejemplo más llamativo de ello es la *teoría de cuerdas*, que concibe los elementos constitutivos fundamentales de la materia, no como partículas puntuales, sino como secuencias de masa-energía que vibran en un espacio-tiempo decadimensional. Aunque esta teoría todavía no ha aportado predicciones verificables por parte de la física, ya ha abierto nuevas perspectivas de investigación para las matemáticas puras.

Las explicaciones de Tegmark y Wolfram sobre la irrazonable eficacia de las matemáticas no son las únicas. Al difunto físico estadounidense Victor Stenger le gustaba señalar que la física que hemos descubierto en realidad no es más que la física de «la nada».

Recordemos que, en 1918, Emmy Noether demostró que las grandes leyes de conservación de la física son una mera consecuencia de profundas simetrías. Así, por ejemplo, la ley de conservación de la energía, que establece que la energía no se crea ni se destruye, es una consecuencia de la llamada *simetría de traslación temporal*: el hecho de que el resultado de un experimento no depende de cuándo este se lleva a cabo. De manera similar, la conservación del momento es consecuencia de la denominada *simetría de traslación espacial*: el hecho de que un resultado experimental no depende de su ubicación en el espacio, es independiente de que el experimento se realice en Londres o en Nueva York. «Si las matemáticas son el lenguaje de la naturaleza, la simetría es su sintaxis», sostiene Gian Francesco Giudice.[9] Lo sorprendente de estas simetrías —señalaba Stenger— es que también son las de un universo completamente vacío. Al fin y al cabo, en un vacío del todo homogéneo, cada tiempo es exactamente como cualquier otro tiempo y cada lugar es exactamente como cualquier otro lugar.

Además de tales simetrías globales, nuestro universo mantiene también simetrías locales. Y, como ya hemos explicado antes, las fuerzas fundamentales de la naturaleza existen simplemente para garantizar que la *invariancia de gauge* local se aplique en todas partes del espacio y del tiempo.[10] Estas simetrías locales, como las simetrías globales del universo, son también las simetrías del espacio vacío.

Existen, por supuesto, otras leyes fundamentales de la naturaleza aparte de las que son mera consecuencia de simetrías profundas. Sin embargo, el químico británico Peter Atkins señala que también estas surgen de la nada; o, al menos, que no son las prescripciones sustanciales que a primera vista parecen ser.

Tomemos, por ejemplo, la ley que dicta qué trayectoria sigue un rayo de luz a través de un medio como el cristal, más conocida como *ley de refracción*. Resulta que hay otra forma completamente equivalente de determinar la trayectoria de la luz: esta sigue la trayectoria que requiere menos tiempo. No hay que pensar mucho para llegar a la conclusión de que la única forma en que un rayo de luz puede hacer tal cosa es probando todas las rutas posibles a través de, por ejemplo, un trozo de cristal, a fin de determinar el trayecto más rápido. Puede parecer descabellado, pero eso es más o menos lo que hace la luz.

El dato clave aquí es que la luz es una onda. Ahora, imagina que la luz que viaja a través de un trozo de cristal toma todos los trayectos posibles entre los puntos A y B. La luz tiene una longitud de onda pequeña, lo que implica que los rayos de luz que siguen trayectorias vecinas difieren de manera sustancial en la ubicación de sus crestas y valles. De hecho, por cada trayecto hay otro vecino para el que las crestas de una onda coinciden con los valles de la otra y viceversa; y, en consecuencia, se anulan mutuamente. El único trayecto que no sufre esta *interferencia destructiva* es el que corresponde al menor tiempo.

En cierto sentido, pues, la verdadera ley de refracción es que no hay ninguna ley: la luz sigue todas las rutas posibles, y el fenómeno pasivo de la interferencia las elimina todas excepto la que requiere menos tiempo. Para Atkins, la ley de refracción de la naturaleza no es más que una ley de la pereza, o la *indolencia*.

Puede parecer que la trayectoria seguida por un rayo de luz carece de la mayor trascendencia, pero de hecho la tiene. La razón es que en la teoría cuántica —nuestra mejor descripción del mundo microscópico de los átomos y sus componentes— el comportamiento de los elementos constitutivos de la materia se describe mediante una función de onda. Según la ecuación de Schrödinger, esta se propaga a través del espacio: allí donde la onda es grande o tiene una gran amplitud, existe una elevada probabilidad de encontrar una partícula, como un electrón, mientras que allí donde es pequeña dicha probabilidad es baja.

En esta interpretación de *múltiples historias* de la teoría cuántica, concebida por Richard Feynman, una partícula que viaja entre los puntos A y B prueba todos los trayectos concebibles. Y al igual que en el ejemplo de la luz, finalmente se elige uno por interferencia. Aquí, en lugar de ser el que requiere menos tiempo, es el que exige menos *acción*, pero el principio es el mismo.* Y como en el ejemplo del rayo de luz, la ley de la naturaleza no es más que una ley de la indolencia.

Así pues, no solo muchas de las leyes físicas son iguales a las leyes de la nada, como sostenía Stenger, sino que, además, las restantes tampoco son nada, o nacen de la indolencia, como afirma Atkins. «La nada es extraordinariamente fructífera —sostiene este último—. Dentro de la brújula infinita de la nada se encuentra en potencia todo, pero es un todo latente plenamente irrealizado.»[11]

Aunque vivimos en un universo cuyas leyes posiblemente son las mismas que en un universo vacío, sigue habiendo una cuestión problemática: ¿por qué, en lugar de vivir en un universo de nada, vivimos en un universo de nada organizada? La respuesta, obviamente, nadie la sabe.

En cuanto a la magia esencial de la ciencia, ¿qué progresos hemos hecho para llegar a comprenderla? Recordemos que Paul Murdin y Louise Webster descubrieron Cygnus X-1, el primer candidato a agujero negro en la Vía Láctea, en 1971. La existencia de tal entidad la había predicho en 1916 Karl Schwarzschild mientras estaba en el Frente Oriental, consumiéndose a causa de una enfermedad autoinmune que cubría su piel de feas y dolorosas ampollas. Murdin, como cualquier otro científico que haya confirmado alguna vez una predicción científica, se sintió asombrado por su descubrimiento. «Lo sorprendente es que los agujeros negros resultan ser objetos reales —sostiene Murdin—. Aunque parezca mentira, ¡existen de verdad!» El hecho

---

* En física, la acción es una magnitud que involucra tanto la energía potencial como la energía de movimiento de una partícula.

es que los físicos siguen estando tan perplejos ante la irrazonable eficacia de las matemáticas y el increíble poder de predicción de la ciencia como lo estaban en los días de Urban Le Verrier. La magia esencial de la ciencia sigue siendo tan mágica, e inexplicable, como siempre.

Notas[*]

Introducción: La magia esencial de la ciencia

1. Eden Phillpotts, *A Shadow Passes*; citado en Harry Bingham, *The Strange Death of Fiona Griffiths*.
2. Richard Dawkins, *The Ancestor's Tale: A Pilgrimage to the Dawn of Evolution*, Weidenfeld & Nicolson, Londres, 2005.
3. Marcus Chown, *The Ascent of Gravity: The Quest to Understand the Force that Explains Everything*, Weidenfeld & Nicolson, Londres, 2017.
4. Jean Rostand, *Pensée d'un biologiste* (1939).

1. Mapa del mundo invisible

1. William Whewell, *Philosophy of the Inductive Sciences*, vol. 2, 1847, p. 62.

---

[*] En las presentes notas reproducimos tal cual las ediciones inglesas consultadas por el autor —aunque se trate de obras publicadas originalmente en otros idiomas o haya traducción española—, dado que en general se hace referencia a páginas concretas de dichas ediciones. En cambio, en la Bibliografía que sigue a continuación, para facilitar la consulta al lector, daremos directamente la versión española de las obras cuando la haya. (*N. del t.*)

2. Camille Flammarion, *Astronomy for Amateurs* (1915), Kessinger Publishing, Whitefish, 2008, p. 171.
3. John Pringle Nichol, *The Planet Neptune: An Exposition and History*, Kessinger Publishing, Whitefish, 2010, p. 90.
4. Audio de la entrevista (en inglés) donde Venetia Burney, a sus ochenta y cinco años, cuenta cómo cuando tenía once dio nombre al planeta Plutón: https://www.nasa.gov/mp3/141071main_the_girl_who_named_pluto.mp3
5. Konstantin Batygin y Mike Brown, «Evidence for a Distant Giant Planet in the Solar System», *Astronomical Journal*, vol. 151, 20 de enero de 2016, p. 22.

2. Voces en el cielo

1. Richard Feynman, Robert Leighton y Matthew Sands, *The Feynman Lectures on Physics*, vol. II, Addison-Wesley, Boston, 1989.
2. Ron Pethig y David Peacock, «Tartan rosette: an animated recreation of James Clerk Maxwell's "Tartan Ribbon" photograph, the world's first colour photograph», James Clerk Maxwell Foundation, https://vimeo.com/130333096.
3. La invención de la lámpara de seguridad de Davy generó una disputa en torno a la autoría original de la idea, ya que el ingeniero George Stephenson concibió un diseño parecido en el mismo año.
4. Ernest Rutherford tuvo una experiencia similar. Como siempre quedaba el segundo en los exámenes, perdió en 1895 ante otro colega neozelandés una de las codiciadas becas para viajar a Gran Bretaña que se concedían gracias a los beneficios que había dado la Gran Exposición de 1851. Pero en el último momento su competidor, que se había casado hacía poco, prefirió aceptar un empleo estable y bien pagado como funcionario en Auckland. Rutherford estaba plantando patatas en la granja familiar, cerca de Nelson, cuando recibió la buena noticia. Años después, cuan-

do se encontraba en la cúspide de la ciencia mundial como lord Rutherford, el más grande físico experimental del siglo XX, recordar lo cerca que había estado de que su vida fuera por otros derroteros casi le hacía llorar.

5. En *Frankenstein o el moderno Prometeo*, Mary Shelley se basa en Humphry Davy como modelo para su personaje del profesor Waldman. Este último es profesor de Victor Frankenstein en la Universidad de Ingolstadt, en Baviera. La conferencia que imparte Waldman en dicha universidad, muy similar al «Discurso introductorio a un curso de conferencias sobre química» que impartió Davy en 1802, inspira a Frankenstein a buscar el secreto de la vida.
6. El propio Volta le dio una pila a Faraday cuando él y Davy conocieron al gran hombre, que por entonces tenía sesenta y nueve años, en Italia, en junio de 1814.
7. «Faraday's Notebooks: Electromagnetic Rotations», Royal Institution of Great Britain: https://www.rigb.org/docs/faraday_notebooks__rotations_o.pdf
8. Fue James Clerk Maxwell quien llamó a Ampère «el Newton de la electricidad», principalmente porque el francés formuló una ley que expresaba la fuerza eléctrica entre *elementos de corriente* del mismo modo que Newton formuló una ley que expresaba la fuerza gravitatoria entre masas.
9. Carta a Christian Schönbein, 13 de noviembre de 1845, *The Letters of Faraday and Schoenbein, 1836-1862*, 1899, p. 148.
10. En 1899, el museo de South Kensington pasó a llamarse museo de Victoria y Alberto.
11. Francis Crick, *What Mad Pursuit: A Personal View of Scientific Discovery*, Basic Books, Nueva York, 1990.
12. Actualmente es el número 16 de Palace Gardens Terrace.
13. «Granulomatosis with polyangiitis (Wegener's granulomatosis)»: https://www.nhs.uk/conditions/granulomatosis-with-polyangiitis.
14. D. Cichon y W. Wiesbeck, *The Heinrich Hertz Wireless Experiments at Karlsruhe in the View of Modern Communication*, Universidad de Karlsruhe, octubre de 1995.

15. Andrew Norton, *Dynamic Fields and Waves*, CRC Press, Boca Ratón, 2000, p. 83.

3. A través del espejo

1. Jagdish Mehra (ed.), *The Physicist's Conception of Nature: Symposium on the Development of the Physicist's Conception of Nature in the Twentieth Century*, 1973, p. 271.
2. Michael Berry, «Paul Dirac: The Purest Soul in Physics», *Physics World*, 1 de febrero de 1998: https://physicsworld.com/a/paul-dirac-the-purest-soul-in-physics.
3. Robert Andrews Millikan fue un científico controvertido, y lo cierto es que desde su muerte en 1953 se han vertido muchas acusaciones contra él: se ha dicho que era un misógino, que era antisemita, y que cometió fraude científico al descartar los datos que no encajaban en su hipótesis en el famoso experimento de la gota de aceite, en el que midió la carga en el electrón. En lo referente a las dos primeras acusaciones, probablemente Millikan fue tan solo un hombre de su tiempo, con las opiniones que prevalecían entonces; y con respecto a la última, en realidad apenas se sostiene (véase David Goodstein, «In Defense of Robert Andrews Millikan», *Engineering and Science*, vol. 63, n.º 4, p. 30; http://calteches.library.caltech.edu/4014/1/Millikan.pdf). Sin embargo, una cosa de la que Millikan sí es culpable es de atribuirse en exclusiva el mérito de haber medido la carga del electrón. El experimento se llevó a cabo con la colaboración de un estudiante de posgrado, Harvey Fletcher, y en él se descubrieron dos cosas: por un lado, la carga del electrón; por otro, que una gota de aceite, suspendida en el aire por un campo de fuerza eléctrica que equilibra la gravedad, es «zarandeada» por las moléculas de aire, un efecto conocido como *movimiento browniano*. Para poder presentar un artículo científico como tesis doctoral, Fletcher necesitaba ser el único autor, de modo que Millikan optó por asignarle a Fletcher el descubrimiento del movimiento browniano y a sí mismo la medición

de la carga eléctrica, consciente de que este último hallazgo era el más importante de los dos. Tenía razón, y mientras él alcanzó la fama al recibir el Premio Nobel, Fletcher fue olvidado.
4. «Seth Neddermeyer (1907-88)», entrevista de John Greenberg, California Institute of Technology Archives, 7 de mayo de 1984: http://oralhistories.library.caltech.edu/199/1/Neddermeyer_OHO.pdf
5. «Carl Anderson (1905-91)», entrevista de Harriett Lyle, California Institute of Technology Archives, 9 de enero - 8 de febrero de 1979: https://oralhistories.library.caltech.edu/89/1/OH_Anderson_C.pdf
6. «Recollections of 1932-33», *Engineering and Science*, vol. 46, n.º 2, p. 15: http://calteches.library.caltech.edu/3353/1/Recollections.pdf.
7. Hoy sabemos que los rayos cósmicos son núcleos atómicos de alta energía —principalmente núcleos de hidrógeno— procedentes del espacio. Las partículas de menor energía provienen del Sol, mientras que las de mayor energía —algunas de las cuales tienen energías decenas de millones de veces superiores a las que es posible lograr en aceleradores como el Gran Colisionador de Hadrones— provienen del espacio profundo. Una fuente extragaláctica identificada en 2018 es una galaxia de tipo *blazar*, alimentada por un agujero negro supermasivo, bautizada como TXS 0506+056 (IceCube Collaboration, «Neutrino Emission from the Direction of the Blazar TXS 0506+056 Prior to the IceCube-170922A Alert», 23 de julio de 2018: https://arxiv.org/pdf/1807.08794.pdf).
8. James Chadwick, «Possible Existence of a Neutron», *Nature*, vol. 129, 27 de febrero de 1932, p. 312.
9. Graham Farmelo (ed.), *It Must Be Beautiful: The Great Equations of Modern Science*, Granta Books, Londres, 2002.
10. Graham Farmelo, *The Strangest Man: The Hidden Life of Paul Dirac, Quantum Genius*, Faber & Faber, Londres, 2010.
11. *Ibíd*.
12. Werner Heisenberg, Max Born y Pascual Jordan idearon una descripción equivalente del mundo cuántico, conocida como *mecánica matricial*, también en 1925.

13. Frank Close, *Antimatter*, Oxford University Press, Oxford, 2007.
14. Este efecto fue revelado por primera vez en 1896 por el físico holandés Pieter Zeeman. Las leyes de la teoría cuántica permiten que los electrones de los átomos ocupen solo un conjunto discreto de órbitas, cada una de ellas con su propia energía. Cuando un electrón realiza una transición de un nivel de energía a otro, emite o absorbe un fotón de energía igual a la diferencia entre los dos niveles. Sin embargo, Zeeman descubrió que, si una sustancia como el sodio se coloca en un campo magnético de gran intensidad, la energía de sus fotones característicos deja de estar bien definida. En lugar de ser nítidas, las *líneas espectrales que producen en un espectroscopio* pasan a ser difusas. Posteriormente, el uso de instrumentos más potentes revelaría que en realidad las líneas se subdividen en dos o más, lo que constituía un enigma desconcertante. En palabras de Wolfgang Pauli: «Un colega con el que me tropecé paseando sin rumbo fijo por las hermosas calles de Copenhague me dijo en tono cordial: "Pareces muy triste"; a lo que yo respondí con vehemencia: "¿Cómo puede uno parecer contento cuando está pensando en el anómalo efecto Zeeman?"». Sin embargo, la división de las líneas espectrales es exactamente lo que cabría esperar si el electrón es un pequeño imán que puede alinearse o bien en la dirección del campo magnético, o bien en la opuesta, dado que las dos posibilidades tienen una energía ligeramente distinta.
15. O puede que fuera a primeros de diciembre.
16. P. A. M. Dirac, «The Quantum Theory of the Electron», *Proceedings of the Royal Society A*, vol. 177, n.º 778, 1 de febrero de 1928: http://rspa.royalsocietypublishing.org/content/royprsa/117/778/610.full.pdf).
17. P. A. M. Dirac, «Quantised Singularities in the Electromagnetic Field», *Proceedings of the Royal Society A*, vol. 133, n.º 821, 1 de septiembre de 1931.
18. «Lectures on Quantum Mechanics», Universidad de Princeton, octubre de 1931.
19. Sheldon Glashow, «The Standard Model», *Inference*, 2018: http://inference-review.com/article/the-standard-model.

20. Mark Twain, *Life on the Mississippi* (1883).
21. En realidad, la impronta de los positrones ya se había detectado, aunque no identificado, el 6 de mayo de 1929. En Leningrado, el físico ruso Dmitri Skobeltsyn había estado utilizando una cámara de niebla para investigar los *rayos gamma* de alta energía, pero estos no solo expulsaban electrones de los átomos del gas de la cámara, sino también de las paredes de esta. Para deshacerse de estos últimos, que interferían en sus mediciones, tuvo la idea de quitarlos de en medio empleando un campo magnético; fue entonces cuando vio las inexplicables trayectorias de electrones que se desviaban en la dirección equivocada.
22. Graham Farmelo (ed.), *It Must Be Beautiful*, Granta Books, Londres, 2002.
23. Richard Feynman, «The Reason for Antiparticles (Dirac Memorial Lecture)», University of Cambridge, 1986.
24. Entrevista de Thomas Kuhn a Paul Dirac en casa de este último, Cambridge, 7 de mayo de 1963.
25. P. A. M. Dirac, «Pretty Mathematics», *International Journal of Theoretical Physics*, vol. 21, n.º 8-9, agosto de 1982, p. 603.
26. Graham Farmelo, *The Strangest Man: The Hidden Life of Paul Dirac, Mystic of the Atom*, Faber & Faber, Londres, 2009, p. 435.
27. Paul Dirac, «The Evolution of the Physicist's Picture of Nature», *Scientific American*, vol. 208, mayo de 1963, p. 45.
28. De una conversación entre Gerardus 't Hooft y Graham Farmelo, biógrafo de Dirac, según me la relató el propio Farmelo.

4. Un universo bien afinado

1. Fred Hoyle, *Home Is Where the Wind Blows: Chapters from a Cosmologist's Life*, University Science Books, California, 1994, p. 264.
2. No pasó desapercibido el hecho de que Hoyle se hubiera dedicado a sus actividades astronómicas mientras estaba en Estados Unidos trabajando oficialmente en el tema del radar para el Al-

mirantazgo. A su regreso en el Reino Unido, le pidieron explicaciones de su visita al Observatorio del monte Wilson después de que alguien de la embajada británica en Washington lo denunciara. Pensando a toda velocidad una respuesta, Hoyle adujo que estaba interesado en la conocida inversión térmica de la cuenca de Los Ángeles, que provocaba un salto en la densidad del aire, con posibles consecuencias para la propagación de pulsos de radar. La propagación anómala de tales pulsos había sido precisamente el tema de la conferencia a la que había asistido en Washington. Al aunar de manera tan limpia sus digresiones astronómicas con su «misión oficial», escapó de cualquier posible reprimenda o castigo.

3. De hecho, más tarde se descubriría que en la primera gran prueba con una bomba H realizada en el mundo —en el atolón Enewetak, en el Pacífico, el 1 de noviembre de 1952— se crearon ciertos elementos muy pesados como el californio, el plutonio, el einsteinio y el fermio.

4. Un descubrimiento clave que haría Paul Merrill en 1952 es el de la huella del tecnecio en la luz de las estrellas. Dado que el elemento se desintegra —o *decae*— en solo unos pocos cientos de miles de años, solo puede persistir en las estrellas si se produce de manera continuada.

5. Fred Hoyle, «The Chemical Composition of the Stars», *Monthly Notices of the Royal Astronomical Society*, vol. 106, 1946, p. 255.

6. Hoyle demostró tener razón incluso cuando estaba equivocado, ya que realmente existen en el espacio esas densas nubes de hidrógeno. Tales *nubes moleculares gigantes* son el crisol donde nacen las estrellas. Sin embargo, durante décadas la idea de su existencia —tal como la postularon Hoyle y Lyttleton— siguió siendo tan controvertida que el único lugar donde Hoyle pudo presentarla fue en una novela de ciencia ficción, *The Black Cloud* (William Heinemann, Londres, 1957).

7. William Fowler, «Experimental and Theoretical Nuclear Astrophysics: The Quest for the Origin of the Elements», discurso de aceptación del Premio Nobel, 8 de diciembre de 1983: https://www.nobelprize.org/uploads/2018/06/fowler-lecture.pdf.

8. Entrevista de Shelley Irwin a Ward Whaling, California Institute of Technology Archives, abril-mayo de 1999: http://oralhistories.library.caltech.edu/122/1/Whaling_OHO.pdf
9. Fred Hoyle, *Home Is Where the Wind Blows: Chapters from a Cosmologist's Life*, University Science Books, California, 1994, p. 265.
10. En realidad, hicieron falta alrededor de tres meses para concretar el resultado con precisión. Hoyle estaba de regreso en Cambridge cuando Whaling y su equipo escribieron su artículo, al que añadieron el nombre del primero: F. Hoyle, D. N. F. Dunbar, W. A. Wenzel y W. Whaling, «A State in Carbon-12 Predicted from Astrophysical Evidence», *Physical Review*, vol. 92, n.º 4, 1953, p. 1095a.
11. Entrevista de Charles Weiner a William Fowler, *American Institute of Physics*, 6 de febrero de 1973: https://www.aip.org/history-programs/niels-bohr-library/oral-histories/4608-4.
12. Helge Kragh, «When Is a Prediction Anthropic? Fred Hoyle and the 7.65 MeV Carbon Resonance», Universidad de Aarhus, mayo de 2010: http://philsci-archive.pitt.edu/5332/1/3alphaphil.pdf.
13. E. M. Burbidge, G. R. Burbidge, W. A. Fowler y F. Hoyle, «Synthesis of the Elements in Stars», *Reviews of Modern Physics*, vol. 29, 1957, p. 547. Alastair Cameron publicó casi al mismo tiempo ideas similares en «Nuclear Reactions in Stars and Nucleogenesis», *Proceedings of the Astronomical Society of the Pacific*, vol. 69, 1957, p. 201.

5. Los cazafantasmas

1. Jacob Schneps *et al.* (eds.), *Proceedings of the 13th International Conference on Neutrino Physics & Astrophysics*, World Scientific, p. 575, 1989.
2. John Noble Wilford, «Frederick Reines Dies at 80; Nobelist Discovered Neutrino», *New York Times*, 28 de agosto de 1998: http://

www.nytimes.com/1998/08/28/us/frederick-reines-dies-at-80-nobelist-discovered-neutrino.html
3. Herald W. Kruse, «KSU Physics Ernest Fox Nichols Lecture», 1 de marzo de 2010: http://www.phys.ksu.edu/alumni/nichols/2010/kruse-lecture.pdf
4. Doug Pardue, «Deadly legacy: Savannah River site near Aiken one of the most contaminated places on Earth», *The Post and Courier*, 21 de mayo de 2017: https://www.postandcourier.com/news/deadly-legacy-savannah-river-site-near-aiken-one-of-the/article_d325f494-12ff-11e7-9579-6b0721ccae53.html.
5. *Ibíd.*
6. Citado en William Cropper, *Great Physicists*, Oxford University Press, Nueva York, 2001, p. 257. Se dice que Pauli hizo ese comentario en sus días de estudiante en Múnich, cuando Einstein dio una conferencia en un coloquio abarrotado de gente.
7. C. D. Ellis y W. A. Wooster, «The Average Energy of Disintegration of Radium E», *Proceedings of the Royal Society*, vol. A 117, 1 de diciembre de 1927, p. 109.
8. Carta a Oskar Klein, 10 de marzo de 1930.
9. Esther Inglis-Arkell, «The Romance that Led to a Legendary Science Burn», *Gizmodo*, 17 de febrero de 2015: https://i09.gizmodo.com/the-romance-that-led-to-a-legendary-science-burn-1686216120.
10. Charles Enz, *No Time to Be Brief: A Scientific Biography of Wolfgang Pauli*, Oxford University Press, 2010, p. 210.
11. Carta de Wolfgang Pauli a Gregor Wentzel, 7 de septiembre de 1931.
12. Pauli quedó tan afectado por la ruptura de su matrimonio que, tras divorciarse el 26 de noviembre de 1930, recurrió nada menos que a Carl Jung en busca de consejo. El gran psicoanalista supo ver de inmediato que Pauli era un académico que había descuidado su vida social en aras de su vida intelectual. Consideró que debía ser una mujer, y no un hombre, quien le ayudara a restablecer el equilibrio en sus asuntos, y lo remitió a su discípula Erna Rosenbaum. Esta, una analista relativamente inexperta, le pidió a

Pauli que le escribiera y enviara sus sueños para que ella pudiera interpretarlos, algo de lo que posiblemente acabaría arrepintiéndose cuando, con el tiempo, Pauli terminara enviándole un total de 1.300 (Charles Enz, *No Time to Be Brief: A Scientific Biography of Wolfgang Pauli*, Oxford University Press, 2010, p. 243).

13. Jagdish Mehra y Helmut Rechenberg, *The Historical Development of Quantum Theory*, vol. 1, parte 1, *The Quantum Theory of Planck, Einstein, Bohr, and Sommerfeld. Its Foundation and the Rise of Its Difficulties, 1900-25*, Springer, Heidelberg, 1982.
14. Carta de Pauli del 4 de diciembre de 1930 donde postula la existencia del neutrino, que él denomina inicialmente *neutrón* (en alemán, con traducción al inglés): http://microboone-docdb.fnal.gov/cgi-bin/RetrieveFile?docid=953;filename=pauli%20letter1930.pdf
15. Concretamente $h/2\pi$, donde h en la constante de Planck, una diminuta magnitud igual a $6{,}62607004 \times 10^{-34}$ m²kg/s.
16. David Schwartz, *The Last Man Who Knew Everything*, Basic Books, Nueva York, 2018.
17. «Fundamental Forces», *Eric Weisstein's World of Physics*: http://scienceworld.wolfram.com/physics/FundamentalForces.html.
18. C. P. Enz y K. Von Meyenn (eds.), *Wolfgang Pauli. Writings on Physics and Philosophy*, Springer, Berlín, 1994.
19. Michael Chabon, *Wonder Boys*, Fourth Estate, Londres, 2008.
20. Leon Lederman y Dick Teresi, *The God Particle: If the Universe Is the Answer, What Is the Question?*, Mariner Books, Wilmington, 2006.
21. «Discovery or Manufacture? (Tarner Lecture)» (1938), reproducido en Arthur Eddington, *The Philosophy of Physical Science*, University of Michigan Press, Ann Arbor, 1958.
22. «The Reines-Cowan Experiments: Detecting the Poltergeist»: http://permalink.lanl.gov/object/tr?what=info:lanl-repo/lareport/LA-UR-97-2534-02
23. F. Reines y C. L. Cowan Jr., «A Proposed Experiment to Detect the Free Neutrino», *Physical Review*, vol. 90, 1 de mayo de 1953, p. 492.

24. Herald W. Kruse, «KSU Physics Ernest Fox Nichols Lecture», 1 de marzo de 2010: https://www.phys.ksu.edu/alumni/nichols/2010/kruse-lecture.pdf.
25. *Ibíd.*
26. C. L. Cowan Jr., F. Reines, F. B. Harrison, H. W. Kruse y A. D. McGuire, «Detection of the Free Neutrino: A Confirmation», *Science*, vol. 124, 20 de julio de 1956, p. 103. Frederick Reines y Clyde Cowan Jr., «The Neutrino», *Nature*, vol. 178, p. 446.
27. Por desgracia, Clyde Cowan murió en 1974, de modo que no pudo compartir el Premio Nobel con Frederick Reines.
28. Posiblemente, Reines confundió los hechos con un episodio anterior en el que Pauli estaba ebrio. Una noche de finales de 1953, cuando a Pauli ya le habían llegado noticias sobre los primeros indicios de la existencia del neutrino descubiertos por Reines y Cowan en Hanford, él y sus amigos subieron después de cenar al monte Üetliberg, en las inmediaciones de Zúrich. Al descender de nuevo, más tarde aquella misma noche, Pauli, tambaleándose por el vino que había bebido en la cena, tuvo que apoyarse en sus amigos para evitar caerse (Charles Enz, *No Time to Be Brief: A Scientific Biography of Wolfgang Pauli*, Oxford University Press, 2010).
29. Herald W. Kruse, «KSU Physics Ernest Fox Nichols Lecture», 1 de marzo de 2010: https://www.phys.ksu.edu/alumni/nichols/2010/kruse-lecture.pdf.
30. Gracias al descubrimiento del problema de los neutrinos solares, en 2002 Ray Davis fue uno de los galardonados con el Premio Nobel de Física.
31. De manera independiente, Takaaki Kajita, en el detector Súper-Kamiokande (en Japón), y Arthur McDonald, en el Observatorio de Neutrinos de Sudbury (en Canadá), obtuvieron la prueba de que en su travesía del espacio los neutrinos oscilan entre tres *sabores* distintos y, en consecuencia, tienen masa. Ambos compartieron el Premio Nobel de Física de 2015.
32. John Updike se equivocaba, pues, al declarar en su famoso poema «Cosmic Gall» ('Hiel cósmica') que los neutrinos «no tienen carga ni masa», y también erraba al afirmar que «no interactúan

en absoluto», puesto que de hecho sí que lo hacen (aunque es cierto que raras veces) a través de la fuerza nuclear débil, y, obviamente, a través de la gravedad. ¡Pero me encanta el poema!

33. Una de las imágenes más sorprendentes de toda la historia de la ciencia fue la que creó el detector de neutrinos Súper-Kamiokande, situado a muchos metros bajo tierra en los Alpes japoneses. Es una imagen del Sol tomada por la noche, pero no mirando hacia el cielo, sino hacia abajo, a través de los 12.700 kilómetros del diámetro terrestre, y generada no por la luz, sino por los neutrinos. Es difícil encontrar mejor ilustración del hecho de que, para los neutrinos, la Tierra no es más que una ligera neblina.

34. De haber habido mucho más que tres generaciones de neutrinos, la gravedad de su masa adicional habría frenado la expansión de la bola de fuego del Big Bang, haciendo que el universo se mantuviera más denso y caliente durante más tiempo, de modo que las reacciones nucleares habrían forjado una cantidad de helio distinta de la que observan los astrónomos. Sin embargo, es posible tener más de tres tipos a condición de que sean de la clase conocida como *estéril*. Los neutrinos normales, aunque de naturaleza «insociable», interactúan de vez en cuando con la materia normal a través de la *fuerza nuclear débil*; los neutrinos estériles ni siquiera hacen eso: su única interacción con la materia normal se da a través de la fuerza gravitatoria.

35. Katia Moskvitch, «Neutrinos Suggest Solution to Mystery of Universe's Existence», *Quanta Magazine*, 12 de diciembre de 2017: https://www.quantamagazine.org/neutrinos-suggest-solution-to-mystery-of-universes-existence-20171212.

36. Frank Close, *Neutrino*, Oxford University Press, Oxford, 2010.

6. El día sin ayer

1. Arthur C. Clarke «Extra-Terrestrial Relays», *Wireless World*, octubre de 1945, p. 305.
2. El desplazamiento y la sustracción se realizan electrónicamente.

3. Aunque parezca increíble, hasta 1913 en Estados Unidos era posible enviar un bebé por correo (Danny Lewis, «A Brief History of Children Sent Through the Mail», Smithsonian.com, 14 de junio de 2016: https://www.smithsonianmag.com/smart-news/brief-history-children-sent-through-mail-180959372).
4. Un insólito amigo de George Gamow fue el teórico cuántico inglés Paul Dirac. A Gamow le gustaba hablar y a Dirac le encantaba escucharlo, y el parlanchín Gamow incluso enseñó a su taciturno amigo a montar en moto.
5. El término *Big Bang* fue acuñado en 1949 por Fred Hoyle, quien, irónicamente, nunca creyó en él.
6. Fred Hoyle descubriría más tarde que la ruta para construir elementos más pesados involucraba la colisión de tres núcleos de helio para formar un núcleo de carbono. Este proceso *triple alfa*, altamente improbable, adquiría plena relevancia en el interior de las estrellas, dado que estas mantenían elevadas densidades y altas temperaturas no solo durante diez minutos, sino a lo largo de millones e incluso miles de millones de años.
7. Ralph Alpher, Hans Bethe y George Gamow, «The Origin of the Chemical Elements», *Physical Review*, vol. 73, 1948, p. 803.
8. El hijo de Ralph Alpher, Victor, escribe que Herman decepcionó a Gamow al negarse a cambiar su nombre por «Delta» (Victor Alpher, «The History of Cosmology as I Have Lived Through It», *Radiations*, vol. 15, n.º 1, primavera de 2009, p. 8).
9. Si el universo se redujera en una octava parte, la densidad de energía de las partículas de materia se multiplicaría por ocho. Sin embargo, los fotones duplicarían su energía, de modo que la densidad de energía de la radiación de hecho se multiplicaría por dieciséis. Así, aunque hoy vivimos en un universo dominado por la materia, en el pasado la radiación debió de ser muy importante; de hecho, durante los primeros cientos de miles de años de su existencia, el universo estuvo dominado por ella.
10. El término *cuerpo negro* resulta de lo más desafortunado en tanto que hace referencia al espectro de una brillante bola de fuego. Sin embargo, los desvaríos de los físicos no dejan de tener su lógica.

Un cuerpo negro es un cuerpo ideal que absorbe todos los fotones que caen sobre él y no irradia nada; de ahí su negrura. En el interior del cuerpo, esos fotones rebotan de un lado a otro, compartiendo su energía total y generando un espectro de cuerpo negro. Obviamente, para poder observar el espectro habría que hacer un agujerito en el cuerpo a fin de dejar salir algo de luz.

11. R. A. Alpher y R. C. Herman, «Evolution of the Universe», *Nature*, vol. 162, 13 de noviembre de 1948, p. 774.

12. Dicke creía en la existencia de la radiación térmica vestigial en el universo por la razón opuesta a Gamow, Alpher y Herman. En lugar de un universo originado en un Big Bang único, él suscribía la idea de un universo que se expande y se contrae eternamente como un gigantesco corazón palpitante. Tal *universo oscilante* esquivaba la incómoda pregunta de «¿Qué ocurrió antes del Big Bang?», pero planteaba otro problema. En 1957, Fred Hoyle y sus colaboradores tuvieron éxito donde había fallado Gamow, y encontraron un horno en el que podían forjarse los elementos más pesados que el helio: las estrellas. Pero si el universo empezó solo como hidrógeno, y luego las estrellas convirtieron parte de este en elementos pesados, ¿qué fue de los elementos pesados que se habrían formado durante el anterior ciclo de expansión y contracción del universo? Debería haber algún proceso que destruyera todos los elementos pesados del universo entre el gran colapso producido al final de una fase de contracción y el Big Bang que daba comienzo a la expansión siguiente, y Dicke dedujo que el responsable de dicho proceso sería el calor extremo. Durante su compresión, el universo debía de haberse calentado mucho, a muchos miles de millones de grados. A esa temperatura, los elementos pesados habrían chocado tan violentamente entre sí que se habrían desintegrado en hidrógeno, borrando todo rastro de la era anterior de la historia cósmica. Una consecuencia inevitable de tal bola de fuego primordial era la radiación que llevaba aparejada. Dicke, como Gamow, concluyó que el universo primigenio debía de estar invadido por el calor residual.

13. Hacían falta unas cuantas evidencias más para probar la teoría del Big Bang más allá de toda duda. Era necesario, por ejemplo, medir

el rescoldo de la creación a diferentes frecuencias para demostrar que efectivamente se ajustaba al espectro de radiación del cuerpo negro. Y hacía falta observar el universo más remoto (y, por lo tanto, más antiguo). A principios de la década de 1960, dichas observaciones revelaron la presencia de *cuásares*, que ya no existen en el universo actual. Estos confirmaban la predicción de la teoría del Big Bang de que vivimos en un universo cambiante, y no en uno inmutable, como predice la teoría rival del *estado estacionario* de Fred Hoyle, Tommy Gold y Hermann Bondi.

14. Arno Penzias y Robert Wilson, «A Measurement of Excess Antenna Temperature at 4,080 Megacycles per Second», *Astrophysical Journal*, vol. 142, julio de 1965, p. 419.

15. En realidad, la radiación cósmica de fondo ya había sido predicha y descubierta antes de que se produjera su descubrimiento «oficial». No solo Alpher y Herman habían predicho su existencia diecisiete años antes, en 1948, sino que incluso una década antes de eso, en 1938, Walter Adams, utilizando el que entonces era el mayor telescopio del mundo —el enorme reflector de 2,5 metros del monte Wilson—, había observado algo desconcertante. En las frías soledades del espacio había pequeñas moléculas de cianógeno en forma de mancuerna que giraban más deprisa de lo que debían. El astrónomo canadiense Andrew McKellar sugirió que había algo que las «zarandeaba»: ondas de radio a una temperatura de unos pocos grados por encima del cero absoluto. Con el descubrimiento de la radiación cósmica de fondo, que impregna todos los poros del universo, de repente se hizo evidente qué era ese «algo».

16. Steven Weinberg, *The First Three Minutes*, Basic Books, Nueva York, 1993.

17. *Ibíd.*

7. Agujeros en el cielo

1. Douglas Adams, *The Hitchhiker's Guide to the Galaxy*, William Heinemann, Londres, 1995.

2. En 1974, Louise Webster regresó a Australia para trabajar en el Telescopio Anglo-Australiano del Observatorio de Siding Spring. Se casó con un radioastrónomo británico llamado Tony Turtle, pero lamentablemente, pese a ser la receptora del primer trasplante de hígado realizado en Australia, murió con solo cuarenta y nueve años (véase http://asa.astronomy.org.au/profiles/Webster.pdf).
3. Paul Murdin y Louise Webster, «Optical Identification of Cygnus X-1», *Nature*, vol. 233, 10 de septiembre de 1971, p. 110.
4. En la actualidad se calcula que la masa de HDE 226868 es el doble de la media estimada en 1971. En consecuencia, se sabe que el agujero negro de Cygnus X-1 tiene aproximadamente quince veces la masa del Sol. Dado que los agujeros negros son el resultado de la implosión del núcleo de una estrella masiva en una *supernova* que expulsa el 90 % del material de la estrella al espacio, la estrella precursora debía de ser un monstruo de al menos 150 masas solares.
5. «Oral Histories: Martin Schwarzschild», *American Institute of Physics*, 10 de marzo de 1977: https://www.aip.org/history-programs/niels-bohr-library/oral-histories/4870-1.
6. *Ibíd.*
7. Aunque hoy en día el pénfigo vulgar sigue siendo una afección incurable, pueden controlarse sus síntomas con una combinación de medicamentos que impiden que el sistema inmunitario ataque al cuerpo. En la mayoría de los casos se empieza administrando altas dosis de esteroides, que ayudan a detener la formación de nuevas ampollas y permiten que cicatricen las existentes. Luego se va disminuyendo poco a poco la dosis y se administra otro medicamento que reduce la actividad del sistema inmunitario. Si los síntomas no reaparecen, existe la posibilidad de interrumpir la medicación, pero en la mayoría de los casos se requiere un tratamiento continuo para evitar rebrotes.
8. De *The Prelude, Book Three* ('El preludio, Libro III'), de William Wordsworth: «La antesala donde se alzaba la estatua | de Newton con su prisma y su rostro silencioso, | marmóreo exponente de

una mente siempre | viajando sola por los extraños mares del pensamiento».

9. Helge Kragh, *Masters of the Universe: Conversations with Cosmologists of the Past*, Oxford University Press, Oxford, 2014.
10. En cierto modo, fue una suerte que Erwin Freundlich no pudiera observar el eclipse total del 21 de agosto de 1914, ya que la predicción de Einstein con respecto a la desviación de la luz de las estrellas por la gravedad del Sol resultaba errónea: solo la mitad del valor que prediciría su teoría gravitatoria definitiva en noviembre de 1915.
11. La teoría de la relatividad especial formulada por Einstein en 1905 había demostrado que en realidad el espacio y el tiempo son aspectos de una misma y única entidad: el espacio-tiempo. Como expresó Hermann Minkowski —el profesor de matemáticas de Einstein—, dirigiéndose a los asistentes a la VIII Asamblea de Médicos y Científicos Naturales Alemanes, el 21 de septiembre de 1908: «Las visiones del espacio y el tiempo que deseo exponer ante ustedes han brotado en el terreno de la física experimental, y ahí reside su fuerza. Son radicales. En adelante el espacio por sí solo, y el tiempo por sí solo, están condenados a desvanecerse en meras sombras, y solo una especie de unión entre ambos preservará una realidad independiente».
12. Debemos al físico estadounidense John Wheeler este breve resumen de la teoría gravitatoria de Einstein.
13. «Oral Histories: Martin Schwarzschild», *American Institute of Physics*, 10 de marzo de 1977.
14. En realidad, las ecuaciones de campo de Einstein que describen la gravedad contienen matrices numéricas de 4×4, lo que significa que de hecho hay un total de 16 ecuaciones. Sin embargo, empleando *argumentos de simetría*, Einstein pudo reducir el número de ecuaciones a 10.
15. H. Voigt (ed.), *Karl Schwarzschild: Collected Works*, Springer, Berlín, 1992.
16. Carta de Karl Schwarzschild a Albert Einstein, fechada el 22 de diciembre de 1915 (*The Collected Papers of Albert Einstein*, vol. 8,

parte A, *The Berlin Years: Correspondence 1914-1917*, documento 169, pp. 224-225 [en alemán]: http://einsteinpapers.press.princeton.edu/vol8a-doc/296)

17. Don Howard y John Stachel, *Einstein and the History of General Relativity*, Birkhauser, Boston, 1989, p. 213.
18. Christian Heinicke y Friedrich Hehl, «Schwarzschild and Kerr Solutions of Einstein's Field Equation: An Introduction», 7 de marzo de 2015: https://arxiv.org/pdf/1503.02172.pdf.
19. Helge Kragh, *Masters of the Universe: Conversations with Cosmologists of the Past*, Oxford University Press, Oxford, 2014.
20. Louise Webster y Paul Murdin, «Cygnus X-1: A Spectroscopic Binary with a Heavy Companion?», *Nature*, vol. 235, 1972, p. 37.
21. El agujero negro de Cygnus X-1 fue descubierto también de forma independiente y casi simultánea por el astrónomo estadounidense Tom Bolton en el Observatorio David Dunlap de la Universidad de Toronto. Su artículo se publicó unas semanas después que el de Murdin y Webster (Tom Bolton, «Identification of Cygnus X-1 with HDE 226868», *Nature*, vol. 235, 4 de febrero de 1972, p. 271).
22. Escribo este relato en gran parte porque en 1972, a la edad de doce años, fui con mi padre a una reunión de la Sociedad Astronómica Juvenil celebrada en Caxton Hall, en Londres. El tema que se trató fue justamente el posible candidato a agujero negro Cygnus X-1, y el orador no fue otro que Paul Murdin. ¡Me quedé alucinado!
23. En 1963, el físico neozelandés Roy Kerr había encontrado una solución de la teoría gravitatoria einsteiniana para la deformación espacio-temporal de un agujero negro en rotación.
24. Véase Marcus Chown, *Quantum Theory Cannot Hurt You: Understanding the Mind-Blowing Building Blocks of the Universe*, Faber, Londres, 2008.
25. Susan Lewis, «Galactic Explorer Andrea Ghez», *NOVA*, 31 de octubre de 2006: http://www.pbs.org/wgbh/nova/space/andrea-ghez.html.
26. Suele atribuirse a John Wheeler el mérito de haber acuñado el término *agujero negro*, pero en realidad únicamente lo popularizó: «En el otoño de 1967 [me invitaron] a una conferencia [...] sobre

púlsares —escribió—. En mi charla, sostuve que deberíamos considerar la posibilidad de que el centro de un púlsar fuera un objeto gravitacionalmente colapsado por completo. Comenté que uno no podía seguir repitiendo "objeto gravitacionalmente colapsado por completo" una y otra vez: hacía falta una expresión descriptiva más breve. "¿Qué tal *agujero negro*?", preguntó alguien del público. Yo llevaba meses buscando el término apropiado, pensando en ello en la cama, en la bañera, en el coche, cada vez que tenía un momento de tranquilidad. De repente ese nombre me parecía exactamente apropiado. Cuando di una conferencia más formal para las sociedades académicas Sigma Xi y Phi Beta Kappa... el 29 de diciembre de 1967, utilicé el término, y luego lo incluí en la versión escrita de la conferencia, publicada en la primavera de 1968» (John Wheeler, *Geons, Black Holes and Quantum Foam*, W.W. Norton, Nueva York, 2000, p. 296).
27. EHT Collaboration, «First M87 Event Horizon Telescope Results: The Shadow of the Supermassive Black Hole», *Astrophysical Journal Letters*, vol. 875, n.º 1, 10 de abril de 2019.

8. El dios de las pequeñas cosas

1. Max Tegmark, «Life Is a Braid in Spacetime», *Nautilus*, 9 de enero de 2014: http://nautil.us/issue/9/time/life-is-a-braid-in-spacetime.
2. William Blake, «The Tyger», *Songs of Experience*, 1794.
3. Ian Sample, *Massive: The Hunt for the God Particle*, Virgin Books, Londres, 2010.
4. P. W. Higgs, «Broken Symmetries, Massless Particles and Gauge Fields», *Physics Letters*, vol. 12, 13 de septiembre de 1964, p. 132.
5. «Peter Higgs in Conversation with Graham Farmelo at the Centre for Life», Newcastle, 1 de noviembre de 2016: http://www.youtube.com/watch?v=LZh15QK_TFg
6. Brian Skinner, *A Children's Picture-Book Introduction to Quantum Field Theory*: https://www.ribbonfarm.com/2015/08/20/qft.
7. Agradezco la idea de esta analogía a Jon Butterworth.

8. Gian Francesco Giudice, *A Zeptospace Odyssey*, Oxford University Press, Oxford, 2010.
9. Para determinar el mecanismo por el que la ruptura espontánea de la simetría dota de masa a las partículas, Higgs se inspiró en el fenómeno de la superconductividad, por el que un metal enfriado hasta una temperatura próxima al cero absoluto (−273 °C) pierde toda resistencia al paso de una corriente eléctrica. El físico estadounidense Philip Anderson había señalado que, dentro de un superconductor, el campo colectivo de todas las partículas rompe la simetría del electromagnetismo, dotando al fotón de una oscilación longitudinal y, por lo tanto, en la práctica de masa. El hecho de que los fotones tengan masa hace que el campo magnético —que, según la teoría de campos cuánticos, está compuesto de fotones— tenga un corto alcance y solo puede penetrar ligeramente en el superconductor. Este *efecto Meissner* constituye una analogía perfecta del modo como el campo de Higgs rompe la simetría de gauge y dota también de un corto alcance a las partículas portadoras de fuerza carentes de masa. La idea de que algo similar al mecanismo superconductor podía funcionar en otro ámbito de la física y, en particular, ser el responsable de dotar de masa a las partículas de gauge provenía del físico nipo-estadounidense Yoichiru Nambu, que ejerció una gran influencia en el pensamiento de Higgs.
10. Steven Weinberg, «Conceptual Foundations of the Unified Theory of Weak and Electromagnetic Interactions», discurso de aceptación del Premio Nobel, 8 de diciembre de 1979: https://www.nobelprize.org/prizes/physics/1979/weinberg/lecture.
11. P. W. Higgs, «Broken Symmetries and the Masses of the Gauge Bosons», *Physical Review Letters*, vol. 13, n.º 16, 19 de octubre de 1964.
12. Peter Higgs, «Evading the Goldstone Theorem», discurso de aceptación del Premio Nobel, 8 de diciembre de 2013: https://www.nobelprize.org/prizes/physics/2013/higgs/lecture.
13. Einstein demostró que el hecho de que veas un campo eléctrico o magnético depende íntegramente de tu velocidad, lo que

revela que ninguno de los dos tiene un carácter fundamental y que, de hecho, ambos son aspectos de un único campo electromagnético.
14. Julian Schwinger, «A Theory of the Fundamental Interactions», *Annals of Physics* 2, 1956, p. 407.
15. En el modelo estándar, la fuerza nuclear fuerte resulta de una teoría de gauge basada en una simetría no rota SU(3) llamada *cromodinámica cuántica*, mientras que las fuerzas nuclear débil y electromagnética surgen de una teoría de gauge basada en una simetría rota SU(2) × U(1).
16. Si Robert Brout, el colaborador de Englert, no hubiera muerto el 3 de mayo de 2011, probablemente también habría compartido con ellos el Premio Nobel de Física.
17. «Facts and Figures about the LHC»: http://home.cern/resources/faqs/facts-and-figures-about-lhc
18. Frank Close, *The Infinity Puzzle*, Oxford University Press, Oxford, 2013, p. 342.
19. Las partículas W^+, W^- y Z^0 se descubrieron en el Súper Sincrotrón Protón-Antiprotón del CERN a comienzos de la década de 1980. Con un peso respectivo de 80,4, 80,4 y 91,2 veces la masa de un protón, cada uno de estos bosones era casi tan masivo como un núcleo atómico de plata. En 1984, Carlo Rubbia y Simon van der Meer ganaron el Premio Nobel de Física por el descubrimiento.

9. La voz del espacio

1. En 1975 se descubrieron pruebas indirectas de la existencia de ondas gravitatorias. Estas provenían del *púlsar binario* PSR B1913+16, un sistema en el que dos *estrellas de neutrones* supercompactas giran juntas en una trayectoria espiral. Las minuciosas observaciones de Russell Hulse y Joseph Taylor revelaron que las estrellas pierden energía orbital exactamente a la velocidad que cabría esperar si irradiaran ondas gravitatorias. En 1993 los dos astrónomos

estadounidenses ganaron el Premio Nobel de Física por su descubrimiento.
2. Para ser exactos, la fuerza gravitatoria entre un electrón que orbita en torno a un protón en un átomo del elemento más ligero, el hidrógeno, es aproximadamente 10^{40} veces más débil que la fuerza electromagnética que mantiene unidas las partículas.
3. Albert Einstein y Nathan Rosen, «On Gravitational Waves», *Journal of the Franklin Institute*, vol. 223, n.º 1, enero de 1937, p. 43.
4. Aquí estoy mezclando varias cosas, pero la anécdota de Einstein pidiendo que le dejaran conducir una excavadora es cierta. Una amiga de nuestra familia, Loretta Donato, cuenta que su tío estaba trabajando en una obra en Princeton: «Durante varios días hubo un viejecito sentado en un banco viendo trabajar a mi tío —cuenta Donato—. Cierto día, el viejecito le preguntó a mi tío si le enseñaría a manejar la excavadora, y mi tío accedió. El viejecito era Einstein... Mi tío enseñó a Einstein a manejar una excavadora. ¡Pero nuestra broma familiar es que mi tío fue profesor de Einstein en Princeton!».
5. Daniel Kennefick, «Einstein Versus the *Physical Review*», *Physics Today*, vol. 58, n.º 9, 2005, p. 43: https://doi.org/10.1063/1.2117822.
6. B. P. Abbott *et al.*, LIGO Scientific Collaboration y Virgo Collaboration, «Observation of Gravitational Waves from a Binary Black Hole Merger», *Physical Review Letters*, vol. 116, 11 de febrero de 2016, p. 061102.
7. Véase https://eventhorizontelescope.org.
8. La señal gravitatoria de la fusión de dos agujeros negros habría sido imposible de predecir de no haber sido por un importante avance realizado por el físico sudafricano-canadiense Frans Pretorius en 2005. Aunque resulta extraordinariamente difícil obtener *soluciones* exactas a las ecuaciones gravitatorias de Einstein, Pretorius superó el reto y encontró una para dos agujeros negros que orbitan el uno alrededor del otro (Frans Pretorius, «Evolution of Binary Black Hole Spacetimes», *Physical Review Letters*, vol. 95, 14 de septiembre de 2005, p. 121101: https://arxiv.org/pdf/gr-qc/0507014.pdf).

9. La gravedad puede reducir una nube interestelar de polvo y gas hasta formar una estrella compacta solo si la nube puede desprenderse de su calor interno, dado que la presión hacia fuera que ejerce el gas caliente contrarresta la fuerza gravitatoria. Esto sucede cuando las moléculas irradian energía en forma de infrarrojo lejano, un tipo de radiación que puede escapar a una nube de gas. Sin embargo, las moléculas de la nube están compuestas por átomos pesados como el carbono y el oxígeno, que se han ido formando en el interior de las estrellas a partir del hidrógeno desde el Big Bang, hace 13.820 millones de años. En un primer momento tales moléculas no existían; en consecuencia, se requerían mayores masas con mayor gravedad para vencer el calor interno de las nubes de gas y engendrar estrellas. Debido a ello, las estrellas de la primera generación debieron de ser gigantescas en comparación con los estándares actuales.
10. Tras recorrer 130 millones de años luz a través del espacio desde la galaxia elíptica NGC 4993, los rayos gamma llegaron solo 1,7 segundos después de la ráfaga de ondas gravitatorias. A partir de ahí, los físicos dedujeron que la velocidad de las ondas gravitatorias es una milbillonésima parte de la velocidad de la luz (B. P. Abbott *et al.*, «GW170817: Observation of Gravitational Waves from a Binary Neutron Star Inspiral», *Physical Review Letters*, vol. 119, 16 de octubre de 2017, p. 161101).
11. Janna Levin, *Black Hole Blues: And Other Songs from Outer Space*, The Bodley Head, Londres, 2016.
12. Marcus Chown, *The Ascent of Gravity: The Quest to Understand the Force that Explains Everything*, Weidenfeld & Nicolson, Londres, 2017.

10. La poesía de las ideas lógicas

1. Steven Weinberg, *The First Three Minutes: A Modern View of the Origin of the Universe*, Basic Books, Nueva York, 1993.
2. Galileo Galilei, *Il Saggiatore* (1623).

3. Heinz Pagels, *The Cosmic Code: Quantum Physics as the Language of Nature*, Dover Publications, Nueva York, 2012.
4. Eugene Wigner, «The Unreasonable Effectiveness of Mathematics in the Natural Sciences», en Jagdish Mehra (ed.), *The Collected Works of Eugene Wigner*, vol. VI, Springer Verlag, Berlín, 1995.
5. «Geometría y experiencia», versión ampliada de un discurso pronunciado por Albert Einstein en la Academia Prusiana de las Ciencias de Berlín el 27 de enero de 1921.
6. Murray Gell-Mann, «Symmetry and Currents in Particle Physics», discurso de aceptación del Premio Nobel, 11 de diciembre de 1969: http://www.nobelprize.org/prizes/physics/1969/ceremony-speech
7. Las matemáticas se construyen a partir de unos componentes básicos que los matemáticos denominan *sistemas formales*. Existe una gran cantidad de tales sistemas, como, por ejemplo, el *álgebra booleana* o la *teoría de grupos*. Un sistema formal consiste en un conjunto de premisas, o *axiomas*, y las consecuencias, o *teoremas*, que pueden deducirse de ellos aplicando las reglas de la lógica. Por ejemplo, los axiomas de la geometría euclidiana incluyen proposiciones como «dos líneas paralelas nunca se juntan», mientras que los teoremas que pueden deducirse de dichos axiomas incluyen proposiciones como «los ángulos internos de un triángulo siempre suman 180 grados».
8. Max Tegmark, *Our Mathematical Universe: My Quest for the Ultimate Nature of Reality*, Penguin, Londres, 2015.
9. Gian Francesco Giudice, *A Zeptospace Odyssey: A Journey into the Physics of the LHC*, Oxford University Press, Oxford, 2010.
10. Percy Bridgman, *The Logic of Modern Physics*, Macmillan, Nueva York, 1927.
11. Peter Atkins, *Conjuring the Universe: The Origins of the Laws of Nature*, Oxford University Press, Oxford, 2018.

Bibliografía

1. Mapa del mundo invisible

CHOWN, MARCUS: *Gravedad: una historia de la fuerza que lo explica todo*, Blackie Books, Barcelona, 2019.

LEVENSON, THOMAS: *The Hunt for Vulcan: How Albert Einstein Destroyed a Planet and Deciphered the Universe*, Random House, Londres, 2015.

SCHILLING, GOVERT: *The Hunt for Planet X: New Worlds and the Fate of Pluto*, Copernicus, Berlín, 2008.

STANDAGE, TOM: *The Neptune File: A Story of Astronomical Rivalry and the Pioneers of Planet Hunting*, Penguin, Londres, 2000.

2. Voces en el cielo

BODANIS, DAVID: *El universo eléctrico: la verdadera y sorprendente historia de la electricidad*, Planeta, Barcelona, 2006.

FORBES, NANCY, y MAHON, BASIL: *Faraday, Maxwell and the Electromagnetic Field: How Two Men Revolutionized Physics*, Prometheus Books, Nueva York, 2014.

HAMILTON, JAMES: *Faraday: The Life*, HarperCollins, Londres, 2002.

Mahon, Basil: *The Man Who Changed Everything: The Life of James Clerk Maxwell*, John Wiley, Chichester, 2003.

3. A través del espejo

Close, Frank: *Antimatter*, Oxford University Press, Oxford, 2007.
Farmelo, Graham: *The Strangest Man: The Hidden Life of Paul Dirac, Quantum Genius*, Faber & Faber, Londres, 2010.
Farmelo, Graham (ed.): *Fórmulas elegantes: grandes ecuaciones de la ciencia moderna*, Tusquets, Barcelona, 2004.

4. Un universo bien afinado

Chown, Marcus: *The Magic Furnace: The Search for the Origins of Atoms*, Vintage, Londres, 2000.
Hoyle, Fred: *Home Is Where the Wind Blows: Chapters from a Cosmologist's Life*, University Science Books, California, 1994.
Mitton, Simon: *Fred Hoyle: A Life in Science*, Aurum, Londres, 2005.

5. Los cazafantasmas

Close, Frank: *Neutrino: la partícula fantasma*, RBA, Barcelona, 2012.
Enz, Charles: *No Time to Be Brief: A Scientific Biography of Wolfgang Pauli*, Oxford University Press, Oxford, 2010.
Pais, Abraham: *Inward Bound: Of Matter and Forces in the Physical World*, Oxford University Press, Oxford, 1988.

8. El dios de las pequeñas cosas

Butterworth, Jon: *Smashing Physics: Inside the World's Biggest Experiment*, Headline, Londres, 2014.

CARROLL, SEAN: *La partícula al final del universo: del bosón de Higgs al umbral de un nuevo mundo*, Debate, Barcelona, 2013.

CLOSE, FRANK: *The Infinity Puzzle: The Personalities, Politics, and Extraordinary Science Behind the Higgs Boson*, Oxford University Press, Oxford, 2013.

FARMELO, GRAHAM (ed.): *Fórmulas elegantes: grandes ecuaciones de la ciencia moderna*, Tusquets, Barcelona, 2004.

GIUDICE, GIAN FRANCESCO: *Odisea en el zeptoespacio*, Jot Down Books, Sevilla, 2013.

HOOFT, GERARD 'T: *Partículas elementales: en busca de las estructuras más pequeñas del universo*, Crítica, Barcelona, 2017.

LEDERMAN, LEON, y TERESI, DICK: *La partícula divina: si el universo es la respuesta, ¿cuál es la pregunta?*, Crítica, Barcelona, 2019.

SAMPLE, IAN: *Massive: The Hunt for the God Particle*, Virgin Books, Londres, 2010.

WEINBERG, STEVEN: *El sueño de una teoría final: la búsqueda de las leyes fundamentales de la naturaleza*, Crítica, Barcelona, 2010.

9. La voz del espacio

LEVENSON, THOMAS: *Einstein in Berlin*, Bantam Books, Nueva York, 2003.

SCHILLING, GOVERT: *Ripples in Spacetime: Einstein, Gravitational Waves, and the Future Astronomy*, Harvard University Press, Cambridge, 2017.

10. La poesía de las ideas lógicas

ATKINS, PETER: *Conjuring the Universe: The Origins of the Laws of Nature*, Oxford University Press, Oxford, 2018.

FARMELO, GRAHAM: *The Universe Speaks in Numbers: How Modern Maths Reveals Natures Deepest Secrets*, Faber & Faber, Londres, 2019.

Livio, Mario: *¿Es Dios un matemático?*, Ariel, Barcelona, 2011.

Stenger, Victor: *The Comprehensible Cosmos: Where Do the Laws of Physics Come From?*, Prometheus, Nueva York, 2006.

Tegmark, Max: *Nuestro universo matemático: en busca de la naturaleza última de la realidad*, Antoni Bosch, Barcelona, 2015.

Wolfram, Stephen: *A New Kind of Science*, Wolfram Media, Illinois, 2002.

Agradecimientos

Deseo expresar aquí mi agradecimiento a las siguientes personas, que me ayudaron de manera directa, me inspiraron o simplemente me alentaron durante la redacción de este libro: Karen, Laura Hassan, Felicity Bryan, Rowan Cope, Anne Owen, Nick Humphrey, Michele Topham, Manjit Kumar, Graham Farmelo, Paul Murdin, Michela Massimi, Govert Schilling, Marco Drago, Jon Butterworth, Christine Sutton, Ken Strain, Sheila Rowan y Loretta Donato.

Índice alfabético

51 Pegasi b, 27

abadía de Westminster, 10, 89
Aberdeen, 32
aberración relativista, 71
Academia Prusiana, 196, 200, 202
acción a distancia, 40
acción, 290
   véase también principio de
   menor acción
acelerador de partículas, 92, 119-120
Ackroyd, Peter, 268
Acuario (constelación), 18, 19
Adams, Douglas, 186
Adams, John Couch, 23-25, 27
Adams, Walter, 102
ADN, 97
Advanced LIGO, 257, 278
agujero negro, 201
   entropía, 209
   evaporación, 210
   fusión, 209, 212, 253, 257, 276
   horizonte aparente, 209, 213
   horizonte de sucesos, 210, 213
   imagen, 214
   masa estelar, 211, 212
   masa joviana, 28
   origen del término, 201
   primer descubrimiento, 205, 211
   singularidad, 207-208
   supermasivo, 163, 211, 212, 272, 279
Aiken, 128
Airy, George Biddell, 24
Alamogordo, 141
Albemarle Street (Londres), 11, 32, 37
Alberto, príncipe, 49
Albertópolis, 49
Alemania nazi, 163, 262
Alfa Centauri, 93
Alpher, Bethe y Gamow, 171
Alpher, Ralph, 166-167, 169-175, 178-184
alubia carilla, 150
Amman, Julius, 29, 51, 52
Ampère, André-Marie, 37
Anderson, Carl, 59-68, 84-87, 137
anestesia, 52
Anillo Antiprotones de Baja
   Energía (LEAR), 92
Annalen der Physik, 263

antena de bocina, *véase* bocina de microondas
antimateria, 10, 12, 83, 87-89, 91-95, 137, 156, 283
antineutrino, 138, 142, 144-147, 156
antineutrón, 92
antipartícula, 88, 91, 92, 144, 208
antiprotón, 83, 92
antisemitismo, 193
Aquitania (barco), 100
arco iris, 49-50, 229, 239
armada británica (Royal Navy), 203
«artículo B2FH», 124
asquenazíes, 194
asteroide, 254
astronomía de neutrinos, 153
Astronomische Nachrichten, 19
astrónomo real (título), 24
Astrophysical Journal Letters, The, 177-178
Astrophysical Journal, The, 177
AT&T, 160-162, 165
Atkins, Peter, 288-290
Atkinson, Robert, 110
Atlántico, océano, 41, 100, 103
ATLAS, 216, 242, 244, 245
átomo, 54, 55, 60, 66, 68, 70, 76, 82, 98-99, 107, 131, 132, 143, 172-173, 205-206, 232, 275
Australia, 160
Australopithecus afarensis, 7
axioma, 227

Baade, Walter, 102-103, 105, 107, 108, 113
Babilonia, 8
bacteria, 253
Baltimore, 167
barrera del berilio, 123

Base de la Fuerza Aérea Vandenberg (California), 183
Bath, 15
Batygin, Konstantin, 27
Baur au Lac, hotel, 134
Bazalgette, Joseph, 46
Becquerel, Henri, 131
Bekenstein, Jacob, 209
Bell, Jocelyn, 192
berilio, 99, 121, 123, 124
Berlín, 13, 14, 20, 103, 133, 196, 197, 202, 265
Observatorio, 14, 15, 19, 20, 193, 195, 200
Universidad, 30
Betelgeuse, 110
Bethe, Hans, 114, 115, 138, 144, 171
Bevatrón, 92
Bhagavad Gita, 141
Big Bang, 9, 28, 94, 108, 111-113, 155, 169, 170, 177, 182
acuñación del término, 169
construcción de elementos, 110, 112, 115, 169, 170, 179, 182
de altas temperaturas, 108, 172, 178, 179, 181
rescoldo, 172-174, 176, 179, 181, 182, 184
Blackett, Patrick, 85-87
Blake, William, 215
bobina de inducción, 29
bocina de microondas, 161-162, 176
Bohr, Niels, 76, 90, 132, 167
bomba atómica, 81, 103, 109, 129, 141, 145
pruebas, 129
bomba H, 161
bomba nuclear, *véase* bomba atómica

bombardero B-29, 128
Bondi, Hermann, 113
Born, Max, 263
bosón, 215, 240
   de Goldstone, 232-236, 241, 250
   de Higgs, 241, 244, 247-250
   escalar, 229, 232, 236
   vectorial, 236, 240
Boulder (Colorado), 178
Bradbury, Norris, 146
brazo espiral, 107, 254
Bridgman, Percy, 284
Bristol, 76, 219
Brontë, Charlotte, 49
Brookhaven, Nueva York, 153
Brout, Robert, 236
Brown, Mike, 27
brújula, 36, 43, 231, 290
Bruselas, 236
Burbidge, Geoffrey, 124
Burbidge, Margaret, 124
Burke, Bernie, 175-176
Burney, Venetia, 26
Butterworth, Jon, 215-216, 242, 245-247

cable telegráfico trasatlántico, 41
cadena protón-protón, 115, 243
cadmio, 146, 149
caja negra, 203
calcio, 35, 99, 125
Caltech, *véase* Instituto de Tecnología de California
cámara de niebla, 61-63, 65, 66, 85-87
Cambridge, 24, 61, 68, 69, 76, 83, 84, 85, 101, 103, 109
   Observatorio, 24
   St. John's College, 75

telescopio de tránsito, 24
Trinity College, 40
Universidad, 23, 42, 68, 85, 101, 109, 132, 138, 192
Cameron, Alastair, 301
Campaña para el Desarme Nuclear, 217
campo de fútbol americano de la Universidad de Chicago, 143
campo de Higgs, 154, 229, 230, 232, 234, 235, 241, 249-251
campo de misiles de Arenas Blancas, 161
campo de pruebas de Semipalátinsk, 130
campo de pruebas nucleares de Nevada, 146
campo, 39, 91, 262
   cuántico, 219, 220, 233, 235
   eléctrico, 39, 42, 45, 47, 55
   electromagnético, 49-50, 91, 224
   gravitatorio, 198, 230, 262, 264
   magnético, 39, 42, 45, 47, 55, 66, 74, 230, 238
campo escalar, 229, 232, 251
Capricornio (constelación), 18, 19
carbono, 98, 99, 116, 117, 121, 239
carga en frío, 164, 176, 182
Carolina, reina, 49
Carter, Brandon, 122
castillo de Herstmonceux (Sussex), 185, 188, 189, 202, 203
Caxton Hall (Londres), 311
CERN, 92, 151, 216, 242, 243, 245, 246, 314
cero absoluto, 163-164, 174, 180
Chabon, Michael, 139
Chadwick, James, 68, 131, 132, 137, 170, 206

Challis, George, 24
champán, 151-152
Chandrasekhar, Subrahmanyan, 185, 206
Charlie y la fábrica de chocolate (Charlie and the Chocolate Factory, Dahl), 34
Chicago, 153
   Universidad de, 143
cianógeno, 308
ciclo CNO, 114
cinta de aluminio, 165
cinturón de Kuiper, 26, 27
cinturones de Van Allen, 164
circuito cerrado, 267
circuito oscilador, 29, 30
Cisne (constelación), 187
City Philosophical Society (Londres), 33
Clarke, Arthur C., 160-161
cloruro de cadmio, 149
Close, Frank, 157, 248
Club Athenaeum, 64
Club Nacional de Prensa (Washington), 270
CMS, 216, 242, 244, 245
Coca-Cola, 152
Cockcroft, John, 114
cohete de antimateria, 93
coincidencia retardada, 146
Colón, Cristóbal, 272
colores,
   del arco iris, 49, 50, 229
   invisibles, 50, 279
combustión del silicio, 123
cometa, 15, 16, 21, 254
Compton, Arthur, 61
comunicaciones por satélite, 160, 162
conjunto último de universos, 286

Consejo de Estructuras de Ciencia y Tecnología (Reino Unido), 216
constante de Planck, 54
constantes fundamentales, 122
construcción de elementos, 110, 123, 168
   en el Big Bang, 115, 170, 179
   en las estrellas, 118
Copenhague, 36
Cosmic Background Explorer (COBE), 183
cosmología, 95, 112, 113, 211
covarianza, 264
Cowan, Clyde, 143-152
crac bursátil de Wall Street, 63
Crawford Hill (Nueva Jersey), 159, 161, 162, 175-178
Creador, 22, 76, 106, 168
Crick, Francis, 50
Crimea, 196
Crimen y castigo (Dostoyevski), 69
cuantos, 54, 82, 91, 136
   amplitud cuántica, 70-71
   cuantificación, 220
   efecto túnel cuántico, 110
   espín cuántico, 240
   incertidumbre cuántica, 249
   onda cuántica, 110, 205, 207, 241
   teoría cuántica, 54, 70, 77, 79, 83, 88, 91, 120, 131-133, 136, 139, 166, 205, 209, 219, 282, 289
   teoría de campos cuánticos, 219-221, 225, 226, 228, 232-234, 241
cuásar, 211, 279
   descubrimiento, 211
cuerpo negro, 174
   espectro de radiación, 174
Cygnus X-1, 187-188, 202, 203, 205, 211, 290

Dahl, Roald, 34
Dance, George, 34
D'Arrest, Heinrich, 13-15, 20
Darwin, Charles, 49, 76
Davis, Raymond, 152-154
Davy, Humphry, 34-37
Dawkins, Richard, 7
Departamento de Magnetismo Terrestre (Instituto Carnegie de Washington), 28, 176
Deppner, Kathe, 133, 134
desacoplamiento de radiación de la materia, 173
Deschanel, Zooey, 13
desintegración alfa, 110
desintegración beta, 131, 132, 134, 135, 137-139, 142, 144, 151, 170, 238, 240
desintegración beta inversa, 138, 144, 151
enigma, 131
inversa, 138, 144, 151
teoría de Fermi, 137-139, 142
Detector de Ondas Gravitatorias de Kamioka (KAGRA), 278
deuterio, 118
deuterón, 118
diagrama de Hertzsprung-Russell, 101
Dicke, Robert, 176, 177, 178, 180, 181
Dickens, Charles, 49
Dios como matemático, 90
Dirac, Paul, 10, 11, 59, 84, 94, 101, 219, 221, 226, 241, 282-283
disco de acreción, 188-189, 214
dispersión de Compton, 61
Doeleman, Shep, 214
Donato, Loretta, 315
Drago, Marco, 255-260, 266, 268-272

Drever, Ronald, 278
Dukas, Helen, 266
Dumfries (Escocia), 33
Dunbar, Noel, 119

$E = mc^2$, 73
Echo 1 (satélite), 162
École Polytechnique (París), 15, 17
ecuación de Dirac, 10, 68-69, 72, 76-90
soluciones de energía negativa, 77-80
ecuación de Schrödinger, 70-72, 75, 289
ecuación de Yang-Mills, 225
ecuaciones del electromagnetismo de Maxwell, 53
Eddington, Arthur Stanley, 110, 111, 139, 140, 168, 203, 284
Edimburgo, 56, 217, 218
Academia de, 43
Universidad de, 247
Edison, Thomas, 65
efecto Doppler, 190, 229
Ehrgott, Vic, 119
Einstein, Albert, 55, 71, 73, 110, 130-131, 154, 167, 168, 195-200, 206, 208, 212, 219, 221, 222, 224, 225, 227, 228, 233, 235, 255
y el Big Bang, 9, 110
y las ondas gravitatorias, 9, 212
y los agujeros negros, 9, 202, 205
einsteinio, 300
El blues de los agujeros negros (*Black Hole Blues*; Levin), 278
El mensajero (*The Go-Between*; Hartley), 251
electricidad, 32, 35-39, 47-48
campo, 39, 55

carga, 39, 45, 55, 62, 88, 137, 238, 240
   conservación, 88, 221
   cuantificación, 220
   corriente, 36-39, 44, 45, 52, 63
   dinamo, 38
   fuerza, 39, 45, 56, 71
   motor, 36, 43
   potencial, 53
electromagnetismo, 10, 47, 52-56
   campo electromagnético, 49, 50, 55, 56, 91, 224-226, 229
   ecuaciones de Maxwell, 53
   fuerza electromagnética, 56, 122, 223, 224
      alcance, 227, 238
      intensidad comparada con la gravedad, 252
   onda electromagnética, 10, 45, 46, 47, 52
      equivalencia con la luz, 10, 47
      velocidad, 45, 46
electrón, 60, 65-68, 70-77, 80-85, 91, 98, 122, 134-138, 173, 221-224
electroquímica, 35
electroscopio, 60
elemento químico, 35, 106, 115, 168-169
elementos del grupo del hierro, 109
Ellis, Charles, 132
   «agujero», 206
   medición de la carga, 216
   presión de degeneración, 206
Elugelab, islote, 129
embajada británica en Washington, 101
enanas blancas, 192, 206
Encke, Johann Franz, 14, 19, 20

energía,
   de movimiento, 73-74, 78
   del vacío, 227
   en reposo, 73
   gravitatoria, 209, 261
   ley de conservación, 88, 221
   nuclear, 103, 123
   orbital, 274
   oscura, 251
   potencial, 78-79
   y masa, 88, 92
Enewetak, atolón, 129, 141
Enterprise, 93
entropía, 209
envío de bebés por correo, 306
Enz, Charles, 302, 303, 304
equilibrio termodinámico, 108, 109, 124
equilibrio termodinámico nuclear, 109, 124
era espacial, 161
escintilador líquido, 145-147, 149, 150
escuela de Cotham (Bristol), 219
espacio-tiempo, 12, 54, 55, 71, 196-201, 224, 241, 254, 257, 274
   decadimensional, 287
   deformado, 196-198, 201
espectro, 49, 189-191, 279
espectrómetro, 189
estación de Pensilvania (Nueva York), 101
estadio Rose Bowl (Pasadena), 67
Estocolmo, 94
estrella de Jorge, 16
estrella de neutrones, 195, 207, 274
   fusión, 125, 275
estrellas, 28, 94, 107, 110-115
   Población I, 107
   Población II, 107

estroncio, 35
Everest, monte, 274
excrementos de paloma, 175
exoplanetas, 27
explosión nuclear, 142, 143, 146, 172

Falcke, Heino, 214
Faraday, Michael, 7, 32-43, 47, 48, 55, 56, 238
George (sobrino), 37
faraones, 1119
Farmelo, Graham, 287
Fermi, Enrico, 136-139, 142-143, 152, 248
fermión, 79, 80, 136, 240, 242, 249, 250
Ferrocarril Metropolitano (Londres), 46
Feynman, Richard, 29, 89, 289
fisión nuclear, 103, 134
Fizeau, Hippolyte, 47
Flammarion, Camille, 22-23
Flamsteed, John, 16
Fletcher, Harvey, 296
Ford, Kent, 28
fotografía en color, 32
fotomultiplicador, 145, 146
fotón, 66, 80, 81, 88, 135, 136, 154, 173, 220, 225-227, 232, 233, 241
Fowler, William, 97-100, 115, 118, 121, 124
Frankenstein (Mary Shelley), 35
Frankenstein, Victor, 64
Freundlich, Erwin, 196
Fridman, Aleksandr, 168-169
Frisch, Otto, 103, 109
fuerza aérea británica (RAF), 160
fuerza nuclear, 207, 236-237, 243
    débil, 238

fuerte, 207, 236-237, 243
fuerzas (o interacciones) fundamentales, 139
función de onda, 221-225, 289
fusión nuclear, 110

galaxia, 107, 113, 156, 163, 211
    elíptica, 316
    espiral, 28
    formación, 113, 166
Galilei, Galileo, 136, 271, 282
Galle, Johann, 13-14, 19-22, 24, 27
Galvani, Luigi, 35
Gamow, George, 108, 110-112, 159, 166-169, 171, 172, 174, 178-179, 181-182
    libros de «Mr. Tompkins», 166
gauge, 56, 223-226, 228, 230-234, 236, 237, 239-241, 248, 288
Gauss, Carl Friedrich, 198
Gell-Mann, Murray, 77, 237, 283
geometría de Riemann, 198
geometría euclidiana, 286
Ghez, Andrea, 207
Giacconi, Riccardo, 187
Gianotti, Fabiola, 242
gigantes rojas, 111, 124
Ginebra, 92, 151, 216, 246
Giudice, Gian Francesco, 225, 288
Glasgow, 103, 278
Glashow, Sheldon, 240, 241
Glenlair (Escocia), 11, 33, 43, 44, 46, 48
gluón, 237, 240, 242, 244
Gold, Tommy, 113
Goldinger, Paul, 133
Goldschmidt, Victor, 109
Goldstone, Jeffrey, 232
González, Gabriela, 269

331

grafito, 143
Gran Colisionador de Hadrones (LHC), 216, 242
Gran Colisionador Electrón-Positrón (LEP), 243
Gran Depresión, 63, 67
Gran Exposición de 1851, 49
Gran Nube de Magallanes, 156
granulomatosis de Wegener, 57
gravedad, 8, 15-17, 26-28, 39, 40, 54, 105-106, 195-199, 224, 257, 261
    repulsiva, 251
gravitón, 248
Greenstein, Jesse, 118
Guía del autoestopista galáctico (The Hitchhiker's Guide to the Galaxy, Adams), 308
Guralnik, Gerry, 236
GW150914, 270

Hagen, Dick, 236
Hampton Court (Londres), 32
Händel, Georg Friedrich, 127
Hanford (Washington), 147, 152, 256, 258, 259, 267, 269
Hanford Engineer Works, 147
Hannover, 15, 255, 266
Harrison, F. B., 150
Hartley, L. P., 251
Hastings (Londres), 204
Hawking, Stephen, 159, 208, 209, 210, 213
HDE 226868, 186, 188-191, 203, 204
Heaviside, Oliver, 53
Heisenberg, Werner, 59, 78, 133, 167, 208
helio, 60, 98, 99, 110-112, 114-119, 122, 123, 170, 171, 179, 182, 275
    líquido, 243-244

Herman, Robert, 166, 167, 184
Herschel, Caroline, 15
Herschel, William, 15-16
Hertz, Elisabeth, 29
Hertz, Heinrich, 29-31, 51-52, 57, 287
Hertz, Johanna, 29
Hess, Victor, 60, 87
hidrógeno, 71, 72, 76, 92, 98, 99, 106, 107, 110-112, 114, 116, 118, 163, 168, 170, 181, 275
    pesado, *véase* deuterio
hierro, 36, 37, 38, 41, 109, 123, 124, 239
Higgs, Peter, 217, 241, 246
Hiroshima, 129
Holmdel (Nueva Jersey), 159-160, 163, 164, 175, 176, 178, 179
Homestake (mina de oro), 153, 154
Hooft, Gerardus 't, 91, 228
horizonte de sucesos, 210, 214
horno de microondas, 57, 159
Houtermans, Fritz, 110
Hoyle, Barbara, 100
Hoyle, Fred, 98-106, 108, 109, 111-114, 116-121, 123-125, 177
Hubble, Edwin, 99, 113, 169, 260
hugonotes, 33
Hulse, Russell, 314
Hyde Park (Londres), 11, 32, 48

IceCube Collaboration, 297
implosión, 105-106, 156, 272
Incandela, Joe, 242
inducción electromagnética, 38, 39
Infeld, Leopold, 260-261, 264-265
infinitudes, 226, 228, 230, 234, 263
inflatón, 251
infrarrojos, 279

Instituto Albert Einstein, *véase*
Instituto Max Planck de Física
Gravitacional
Instituto Carnegie, 28
Instituto de Estudios Avanzados,
260, 262
Instituto de Física Káiser
Guillermo, 195
Instituto de Tecnología de
California (Caltech), 27, 60, 137
Instituto de Tecnología de
Massachusetts (MIT), 213, 214
Instituto Federal de Tecnología de
Zúrich, 132, 151
Instituto Max Planck de Física
Gravitacional, 255
invariancia de gauge, 288
global, 288
local, 56, 288
partículas, 289
invariancia de Lorentz, 229
invención de la escritura, 8
«Investigaciones experimentales
en electricidad» (*Experimental
Researches in Electricity*;
Faraday), 41
inyección aleatoria, 259
irradiación relativista, 71
irreductibilidad computacional, 285
Irwin, Shelley, 301
isótopos, 103

jansky (unidad), 163
Jansky, Karl, 162-163
jirafas, 248
Jones, Richard, 150
Jordan, Pascual, 297
Jorge II, rey, 49
Jorge III, rey, 16

Journal of the Franklin Institute, 264,
266, 315
judíos, 193, 194
Juegos Olímpicos de Ámsterdam
(1928), 67
Juegos Olímpicos Los Ángeles
(1932), 66-67
Jung, Carl, 302
Junta Metropolitana de Obras
Públicas (Londres), 46
Júpiter, 16, 17, 164
ondas de radio, 164

Kajita, Takaaki, 304
Kansas City, 143, 144
Kapitsa, Piotr, 69, 81
Karlsruhe, 29, 51, 57
Universidad, 295
Kellogg, Jerome, 146
Kellogg, Will Keith, 114
Kemmer, Nick, 103, 104
Kensington (Londres), 11, 32
Kensington Gardens (Londres), 11,
48, 50
Kerr, Roy, 311
Kibble, Tom, 236
King's College (Londres), 11, 31, 32,
46
Kohlrausch, Rudolf, 11, 46
Kragh, Helge, 301
Krauss, Lawrence, 269, 270
Kruse, Herald, 151
Kuhn, Thomas, 299

La creación del Universo (*The
Creation of the Universe*;
Gamow), 179
La nube negra (*The Black Cloud*;
Hoyle),

La Palma (Canarias), 189
Laboratorio Aeronáutico
    Guggenheim, 59, 63, 64, 85
Laboratorio Cavendish, 85, 86
Laboratorio de Astrofísica
    Robinson, 63, 117, 118, 120
Laboratorio de Radiación Kellogg,
    97, 98, 114, 115, 117, 118, 120
laboratorio magnético de Faraday,
    36
Laboratorio Nacional Fermi
    (Fermilab), 153
Laboratorios Bell, 160, 180
láser, 240, 256, 276, 277
Lauritsen, Charles, 114
Le Verrier, Urbain, 9, 15, 17-27
Lead (Dakota del Sur), 153
Lederman, Leon, 139, 249
legionarios romanos, 273
Leighton, Robert, 294
Leningrado, 299
LEP, *véase* Gran Colisionador
    Electrón-Positrón
leptón, 249
Levin, Janna, 278
ley de la gravitación universal de
    Newton, 23, 39-40, 56, 268
ley de Titius-Bode, 18
leyes del movimiento de Newton,
    222, 282
LHC, *véase* Gran Colisionador de
    Hadrones
LIGO, *véase* Observatorio de
    Ondas Gravitatorias por
    Interferometría Láser
LIGO-Virgo, 255, 258, 259, 266, 269,
    276
límite de Chandrasekhar, 206
líquido limpiador, 152, 153

Livingston (Luisiana), 256, 258, 259,
    267, 269
Londres, 31-33, 37, 46, 48, 89, 160,
    204, 215, 216, 236, 242, 245, 273,
    288
longitud de onda, 52, 213, 229, 277,
    289
Lord Rosse, 19
Los Álamos, 109, 128, 129, 140, 142,
    143, 144, 146, 149, 151
Los tres primeros minutos del
    universo (*The First Three
    Minutes*; Weinberg), 308, 316
Luftwafe, 104
Luna, 8, 98, 188, 254
    eclipse, 8, 196
    fases, 8
    órbita en torno a la Tierra, 98
Lundgren, Andrew, 258-259
luz,
    caja, 48
    plano de polarización, 47
    polarización, 45, 47
    velocidad, 222
    longitud de onda, 52, 213, 229,
        277, 289
    como onda electromagnética, 10,
        45, 47, 52
luz ultravioleta, 279
Lyttleton, Ray, 101, 111

M87, 212, 214
magnesio, 35, 123
magnetismo, 10, 32, 36-38, 47-48
    botella magnética, 93
    campo magnético, 39, 45-46, 47,
        55, 62, 63, 65-66, 76, 119, 136,
        164, 238, 263
    fuerza magnética, 39, 41, 43, 44

líneas, 41, 42, 164
  potencial magnético, 53
  terrestre, 27-28
Mar de la Tranquilidad, 254
mareas, 8
Marte, 16, 25, 204, 254
masa, 28, 44, 62, 72-73, 81, 91, 155,
    191, 195, 227-234, 250
  como forma de energía, 72-73,
    88, 227, 261
  en reposo, 27
  inercial, 44, 72
masa crítica, 104
masa-energía, 73, 88, 92, 195, 227,
  237, 261, 287
matemáticas, 9, 21, 23, 40-42, 53, 54,
  75, 90, 197, 198, 201, 282-287
  irrazonable eficacia, 283-291
materia, 27-28, 88, 94
  estabilidad, 79-80
materia oscura, 28, 155, 252
material dieléctrico blanco, 165
materiales dieléctricos, 45, 165
Mathematica, 284
Mather, John, 184
matriz, 74
Mattauch, Josef, 109
Maxwell, James Clerk, 10, 11, 29,
  31-33, 36, 40-57, 220, 223, 238,
  261, 262, 282
Maxwell, Katherine, 11, 32, 44, 48, 51
McDonald, Arthur, 304
McGuire, Austin, 150
McKellar, Andrew, 308
McMillan, Ed, 84
mecánica matricial, 74
Mehra, Jagdish, 296, 317
Meitner, Lise, 103, 134
mercurio (elemento), 36

Mercurio (planeta), 25, 26, 197
  movimiento anómalo, 197-199
Merrill, Paul, 300
métrica de Schwarzschild, 199
Mickey Mouse, 69
microondas, 161-162, 173-176, 181-183
Millikan, Robert, 60-62, 64, 66, 67,
  83-85, 87
Mills, Robert, 225
Minkowski, Hermann, 310
misil guiado, 167
modelo estándar, 241-242
  conservación, 137
momento, 62
  angular, 137
  ley de conservación, 88
monstruo de Frankenstein, 64
Montreal, 103, 104
multiverso, 286-287
muón, 242
Murdin, Paul, 185-191, 202-205, 290
Museo de South Kensington, 49
Mussolini, Benito, 143

Nambu, Yoichiru, 313
NASA, 162, 183, 188, 211
Nature, 175, 203, 204
nazis, 160, 163, 262
Neddermeyer, Seth, 297
Neptuno, 9, 21, 22-27, 215
  descubrimiento, 9, 22-25
  predicción, 22, 25
neutrino, 135-136, 138-157
  electrónico, 241-242
  masa, 139
  muónico, 153, 242
  solar, 152
  tauónico, 242
neutrón, 68, 91, 135-138, 146

335

descubrimiento, 68, 138, 170, 206
New York Times, 177, 178
Newton, Isaac, 8, 23, 39, 189, 268, 282
NGC 4993, 316
Nichol, John Pringle, 23
nitrógeno, 97, 118
Noether, Emmy, 221-222, 287
nubes moleculares gigantes, 300
núcleo atómico, 65, 71, 97, 110, 131, 138, 139, 143, 225, 237, 242
   división, *véase* fisión
   fisión, 103, 104, 134, 147
   rico en neutrones, 91
núcleo de carbono, 98, 99, 115, 121-123
   estado excitado, 99, 116, 118
   estado fundamental, 99, 116, 117
núcleo de neutrones, 156
nucleón, 98, 112, 171
nucleosíntesis, 110, 114, 168, 171
   en el Big Bang, 110
   estelar, 114
Nueva York, 100, 127, 128, 153, 161, 164, 171, 186, 288

objetos del cinturón de Kuiper, 27
Observatorio David Dunlap, 311
Observatorio de Neutrinos de Sudbury, 153
Observatorio de Ondas Gravitatorias por Interferometría Láser (LIGO), 125, 257, 276
Observatorio de París, 18, 25
Observatorio del Monte Palomar, 63
Observatorio del Monte Wilson, 99, 102, 113, 120, 169
Observatorio del Roque de los Muchachos, 189
Observatorio Haystack, Massachusetts, 213
Occhialini, Giuseppe, 86-87
Olimpo, monte, 25
Omni, 179
onda,
   estacionaria, 51, 52
   interferencia, 276
   longitudinal, 233
ondas gravitatorias, 125, 212, 253-254, 256-258, 260-263, 265, 266, 269-275, 277-279
Oort, Jan, 28
Oppenheimer, Robert, 81, 82, 85, 141
órbita geosíncrona, 160
Orión (constelación), 110, 254
   brazo espiral, 254
oro, 124-125, 275, 276
Ørsted, Hans Christian, 36, 37, 39, 43, 238
Oxford Street (Londres), 33
oxígeno, 99, 116, 122, 239
Özel, Feryal, 214

Pacífico, océano, 128, 129
Pagels, Heinz, 317
palomas, 165, 175
París, 15, 17, 18, 21, 22
partícula alfa, 60, 110, 115, 131
partícula beta, 131
partícula de Dios, 249
partícula de Higgs, 248-249
partícula virtual, 227
Pasadena, 27, 59, 60, 64, 67, 84, 97, 102, 114, 117, 136, 163
pastel de manzana, 97

Pauli, Wolfgang, 78, 103, 127, 130-140, 151-152, 157
Peebles, Jim, 176, 178
Peierls, Rudolph, 138, 144
pénfigo vulgar, 194
Penge Place (Londres), 49
Penzias, Arno, 159, 163-166, 175-178, 180
período de la última dispersión, 173
Phillpotts, Eden, 7
Physical Review Letters, 235, 259, 270
Physical Review, 179, 263, 265
Physics Letters, 217, 218, 233, 235
Piccadilly (Londres), 11, 32, 48, 49
pila atómica, *véase* reactor nuclear
Pixley, Ralph, 119
Planck, Max, 54, 165
planeta enano, 27
«Planeta X», 26
planetas, 16-18, 25, 27, 68, 106, 197, 254, 279
planta de energía nuclear de Savannah River, 128
plomo, 47, 62, 66, 67, 135, 139, 147, 150
Plutón, 26-27
plutonio, 103, 104, 105, 129, 142, 147
Pontecorvo, Bruno, 152, 154
positrón, 68, 87, 91, 92, 137, 138, 144, 146, 243
potasio, 35
potencial del sombrero mexicano, 231
Potsdam, 195
Premio Napoleón, 35
Premio Nobel de Física, 59, 60, 61, 62, 87, 124, 143, 180, 181, 246, 278
Prentki, Jacques, 218, 235
Prestwick (Escocia), 103

Pretorius, Frans, 315
Primera Guerra Mundial, 196
 Frente Oriental, 192, 193, 194, 197, 199, 205, 290
principio antrópico, 122, 286
principio de exclusión de Pauli, 131
principio de incertidumbre de Heisenberg, 208
prisión de Newgate, 33
proceso alfa, 123, 124
proceso triple alfa, 116-117, 122
Programa Apolo, 41
protón, 66, 68, 71, 72, 81, 91, 99, 118, 135, 136-139, 146, 170, 240, 245
Proust, Marcel, 225
Proyecto Manhattan, 81, 129, 140, 141, 171
Proyecto Poltergeist, 144, 147-150
Pryce, Maurice, 103, 104
púlsar, 192, 279
 binario, 314
 descubrimiento, 192

quark, 135, 153, 219, 220, 234, 237-238, 241, 242, 250, 252, 283
 abajo, 135, 238, 241, 242
 antiquark, 237
 arriba, 135, 220, 238, 241, 242
 chorros, 244
 cima, 241, 249, 252
 confinamiento, 238
 encanto, 241
 extraño, 241
 fondo, 241, 249

radar, 57, 100, 108, 143, 160
radiación cósmica de fondo, 174, 177, 180, 182, 183, 281
radiación de Hawking, 209-210, 213

radio,
    antena de bocina, 161-162
    interferencias, *véase* ondas de radio
    ondas, 10, 57, 161-165, 173, 187
    radioastronomía, 162, 163, 173
    receptor, 162, 164, 165, 176
    transmisor, 160
radio de Schwarzschild, 201
rayos catódicos, 55
rayos cósmicos, 60, 62, 64, 66, 82, 84-87, 137-138, 148, 153
rayos gamma, 60-62, 66, 94, 125, 131, 141, 144-146, 150, 279
    brotes, 275
rayos X, 80, 114, 187-189, 202, 279
reacción nuclear en cadena, 103, 104, 140-141, 143
reactor nuclear, 103, 146-148
Reactor P (Savannah River), 130, 148, 152
Real Academia de las Ciencias de Suecia, 180
Real Observatorio de Greenwich, 24, 185, 188, 203
reducibilidad computacional, 285
registrador gráfico de pluma, 166
Reines, Frederick, 127-130, 140-152, 162
Reitze, David, 253, 271
relatividad,
    especial, 55, 71, 72, 77, 83, 87, 154, 195, 206, 219, 224, 250, 251, 282
    general, 26, 168, 196, 197, 200, 214, 224, 261, 273, 282
renormalización, 226, 228
Ribeau, George, 33, 34
Rickson, Jerry, 180

Riemann, Bernhard, 198
Robertson, Howard Percy, 260-261, 264, 265, 266
Roma, 113, 136, 137, 142
Rosen, Nathan, 261-266
Rosenbaum, Erna, 302
Rostand, Jean, 9
Rowan, Sheila, 279
Roy, Arundhati, 249
Royal Institution (Londres), 11, 32, 34, 35, 37
    conferencias navideñas, 32
Royal Society (Londres), 76, 82
Rubbia, Carlo, 314
Rubin, Vera, 28
Russell, Bertrand, 284
Russell, Henry Norris, 101-102
Rutherford, Ernest, 86, 131

Sagan, Carl, 97
Sagitario A*, 211, 212, 214, 272
Salam, Abdus, 238-240
Salpeter, Ed, 115-117
Sample, Ian, 312
San Diego, 63, 102
San Gabriel, sierra, 67, 102, 120
Sandage, Allan, 109
Sands, Matthew, 294
Santa Barbara Street (Pasadena), 102
Saturno, 16, 17, 22
Schmidt, Maarten, 211
Schneider, Martin, 180
Schrödinger, Erwin, 70, 87
Schumacher, Heinrich, 19
Schwarzschild, Karl, 192-202, 205, 290
Schwinger, Julian, 224, 239, 240
Science, 68, 84, 85

Scientific American, 179
Segunda Guerra Mundial, 103, 129, 143
Serpentine (Londres), 48, 49, 50
serrín, 149, 150
Shelley, Mary, 35
simetría, 94, 220-225, 231, 238, 241, 288
   de carga eléctrica, 94
   de gauge local, 225, 232, 237, 240, 241, 248
   de gauge, 223
   de traslación temporal, 221, 288
   izquierda-derecha, 239
   materia-antimateria, 95
   rotura espontánea, 231
singularidad, 207-208
sistema de coordenadas, 264
sistema formal, 317
sistema inmunitario, 57
sistema solar, 17, 21, 22, 25, 27, 94, 164, 197, 211, 254
sistemas de dos cuerpos, 98
sistemas de múltiples cuerpos, 97
   interpretación de múltiples historias de la teoría cuántica, 289-290
Skobeltsyn, Dmitri, 299
Sociedad Estadounidense de Física, 117, 136
sodio, 35, 99
Sol, 16-18, 26-27, 109, 110, 141, 153, 162, 164, 196-198, 201, 273
   eclipse total, 8, 196
   salida y puesta, 8
solenoides, 38
solución de Schwarzschild, 199
Somerset House (Londres), 46
Spock, Sr., 10, 69

Sputnik 1, 161
St. Mary le Strand (Londres), 31
Stalin, Iósif, 167
Starfish Prime, 164
Stenger, Victor, 287, 288, 290
Stephenson, George, 294
Strand (Londres), 11, 32, 46
Strassman, Fritz, 103
Struve, Friedrich, 19
submarinos alemanes, 100
Sullivan, Walter, 177
Súper Sincrotrón Protón-Antiprotón, 314
superenfriamiento, 61
supergigantes, 191
Súper-Kamiokande, 304
Supernova 1987A, 156
supernova, 102, 103, 105, 106, 108, 109, 112, 124, 138, 156, 272-274

Tate, John, 263
Taylor, Joseph, 314
tecnecio, 300
Tegmark, Max, 215, 285, 286, 287
telescopio de 2,5 metros del monte Wilson (Hooker), 99, 102, 113, 120, 169
Telescopio del Horizonte de Sucesos (EHT), 212, 272
telescopio espacial Hubble, 211
telescopio Fraunhofer, 14, 20, 21
telescopio Hooker, 102
televisión, 57, 160, 162, 177, 271
Telstar (satélite), 162
Tennyson, Alfred, 49
teorema de Goldstone, 232-233
teorema de Noether, 221-222
teoría de grupos, 317
teoría de la inflación, 251

teoría de la relatividad general, *véase* relatividad
teoría del estado estacionario, 113, 117, 177
teoría del todo, 155, 286
tetracloruro de carbono, 152
Thomson, J. J., 55
Thomson, William, 40-41
Thorne, Kip, 270, 278
Throop College (Pasadena), 60
Tierra, 20, 25, 27, 40, 60, 94, 98, 125, 154, 160, 161, 164, 187, 189, 196, 201, 254
   primera fotografía desde el espacio, 161
   masa, 27
Tierras Altas (Escocia), 217, 218
tomografía por emisión de positrones (PET), 92
trasplante de hígado, 309
Truman, Harry, 129
Tube Alloys, 103
Tubinga, 134, 135, 137
tubo de rayos X, 114
tubo de vacío, 55, 277
tubo Geiger-Müller, 86
Turtle, Tony, 309
Twain, Mark, 83
Tyburn (Reino Unido), 33

Uhuru (satélite), 188
Unión Astronómica Internacional, 27, 113
Unión Soviética, 152, 263
Universidad Cornell (Ithaca), 115, 116
Universidad de Princeton, 82, 101, 143, 176, 260, 262, 263
Universidad George Washington, 167

Universidad Johns Hopkins, 167
Universidad Radboud (Nimega), 214
Universidad Rice (Houston), 100
universo,
   en expansión, 168, 169
   foto «de pequeño», 183
   horizonte, 286
   observable, 286
   origen, 168
Updike, John, 88-89
uranio, 60, 72, 103, 106, 142, 143, 168
Urano, 15-17, 21-23, 25, 26

V2, 160-161
Van der Meer, Simon, 314
Van Vleck, John, 77
Vía Láctea, 107, 156, 163, 188, 211, 212, 254, 272, 290
   halo de gas hidrógeno frío, 107, 163
vidrio de borosilicato de plomo, 47
Virdee, Jim, 216
viruela, 48
Vojminzeva, Liúbov, 167
Volta, Alessandro, 36
von Helmholtz, Hermann, 30
Vulcano, 25, 26

Waldman, profesor, 295
Walton, Ernest, 114
Warren, Martin, 151
Washington, 28, 100, 101, 102, 147, 166, 167, 171, 176, 179, 256, 270
WCBS, 180
Weber, Wilhelm, 11, 46
Webster, Louise, 185, 186, 188-192, 202-204, 211, 290
Weinberg, Steven, 182-183, 234, 238-240, 281

Weiner, Charles, 301
Weiss, Rainer, 257, 270, 271, 278, 279
Wenzel, Bill, 119
Westminster Central Hall (Londres), 215, 242, 245, 246
Weyl, Hermann, 223
Whaling, Ward, 100, 117-120
Wheeler, John, 207
Whewell, William, 13
Whippany (Nueva Jersey), 165
wifi, 57
Wigner, Eugene, 9, 281, 283, 287
Wilczek, Frank, 89
Willetts, David, 216
Williamson, Jody, 217
Wilson, Charles, 61, 62
Wilson, Robert, 159, 163-166, 175-180
Wireless World, 160
Wolfram, Stephen, 284-285, 287
Womersley, John, 216
Woolley, Richard, 188, 203, 204
Wooster, William, 132
Wordsworth, William, 309
Wright, Stephen, 185
Wu, Chien-Shiung, 239

yacimiento de Laetoli (Tanzania), 7, 254
Yang, Chen Ning, 225

Zeeman, Pieter, 298
Zweig, George, 237
Zwicky, Fritz, 28, 103, 118